水利水电工程施工技术全书

# 第三卷 混凝土工程

## 第七册

# 混凝土施工

席浩 牛宏力 等 编著

中国水利水电出版社
www.waterpub.com.cn

·北京·

# 内 容 提 要

本书是《水利水电工程施工技术全书》第三卷《混凝土工程》中的第七分册。本书系统阐述了混凝土施工的施工技术和方法。主要内容包括：综述、混凝土生产与运输、混凝土浇筑、混凝土养护和表面保护、混凝土温控防裂综合措施、低温季节及雨季混凝土施工、混凝土接缝灌浆、质量控制和主要安全技术措施等。

本书可作为水利水电工程施工领域的工程技术人员、工程管理人员和高级技术工人的工具书，也可供从事水利水电工程科研、设计、建设及运行管理和相关企事业单位的工程技术人员、工程管理人员使用，并可作为大专院校水利水电工程及机电专业师生教学参考书。

## 图书在版编目（ＣＩＰ）数据

混凝土施工 / 席浩，牛宏力等编著. -- 北京 ： 中国水利水电出版社，2016.7（2022.6重印）
（水利水电工程施工技术全书. 第三卷. 混凝土工程；第七册）
ISBN 978-7-5170-4618-9

Ⅰ．①混… Ⅱ．①席… ②牛… Ⅲ．①混凝土施工
Ⅳ．①TU755

中国版本图书馆CIP数据核字(2016)第190198号

| 书　　名 | 水利水电工程施工技术全书<br>**第三卷　混凝土工程**<br>**第七册　混凝土施工**<br>HUNNINGTU SHIGONG |
| --- | --- |
| 作　　者 | 席浩　牛宏力　等 编著 |
| 出版发行 | 中国水利水电出版社<br>（北京市海淀区玉渊潭南路1号D座　100038）<br>网址：www.waterpub.com.cn<br>E-mail：sales@mwr.gov.cn<br>电话：（010）68545888（营销中心） |
| 经　　售 | 北京科水图书销售有限公司<br>电话：（010）68545874、63202643<br>全国各地新华书店和相关出版物销售网点 |
| 排　　版 | 中国水利水电出版社微机排版中心 |
| 印　　刷 | 清淞永业（天津）印刷有限公司 |
| 规　　格 | 184mm×260mm　16开本　13.75印张　326千字 |
| 版　　次 | 2016年7月第1版　2022年6月第2次印刷 |
| 印　　数 | 3001—4500册 |
| 定　　价 | **56.00元** |

# 《水利水电工程施工技术全书》
## 编审委员会

顾　　问：　潘家铮　中国科学院院士、中国工程院院士
　　　　　　谭靖夷　中国工程院院士
　　　　　　陆佑楣　中国工程院院士
　　　　　　郑守仁　中国工程院院士
　　　　　　马洪琪　中国工程院院士
　　　　　　张超然　中国工程院院士
　　　　　　钟登华　中国工程院院士
　　　　　　缪昌文　中国工程院院士
名誉主任：　范集湘　丁焰章　岳　曦
主　　任：　孙洪水　周厚贵　马青春
副 主 任：　宗敦峰　江小兵　付元初　梅锦煜
委　　员：　（以姓氏笔画为序）

| | | | | | |
|---|---|---|---|---|---|
| 丁焰章 | 马如骐 | 马青春 | 马洪琪 | 王　军 | 王永平 |
| 王亚文 | 王鹏禹 | 付元初 | 江小兵 | 刘永祥 | 刘灿学 |
| 吕芝林 | 孙来成 | 孙志禹 | 孙洪水 | 向　建 | 朱明星 |
| 朱镜芳 | 何小雄 | 和孙文 | 陆佑楣 | 李友华 | 李志刚 |
| 李丽丽 | 李虎章 | 沈益源 | 汤用泉 | 吴光富 | 吴国如 |
| 吴高见 | 吴秀荣 | 肖恩尚 | 余　英 | 陈　茂 | 陈梁年 |
| 范集湘 | 林友汉 | 张　晔 | 张为明 | 张利荣 | 张超然 |
| 周　晖 | 周世明 | 周厚贵 | 宗敦峰 | 岳　曦 | 杨　涛 |
| 杨成文 | 郑守仁 | 郑桂斌 | 钟彦祥 | 钟登华 | 席　浩 |
| 夏可风 | 涂怀健 | 郭光文 | 常焕生 | 常满祥 | 楚跃先 |
| 梅锦煜 | 曾　文 | 焦家训 | 戴志清 | 缪昌文 | 谭靖夷 |
| 潘家铮 | 衡富安 | | | | |

主　　编：　孙洪水　周厚贵　宗敦峰　梅锦煜　付元初　江小兵
审　　定：　谭靖夷　郑守仁　马洪琪　张超然　梅锦煜　付元初
　　　　　　周厚贵　夏可风
策　　划：　周世明　张　晔
秘 书 长：　宗敦峰（兼）
副秘书长：　楚跃先　郭光文　郑桂斌　吴光富　康明华

# 《水利水电工程施工技术全书》
## 各卷主（组）编单位和主编（审）人员

| 卷序 | 卷名 | 组编单位 | 主编单位 | 主编人 | 主审人 |
|---|---|---|---|---|---|
| 第一卷 | 地基与基础工程 | 中国电力建设集团（股份）有限公司 | 中国电力建设集团（股份）有限公司<br>中国水电基础局有限公司<br>葛洲坝基础公司 | 宗敦峰<br>肖恩尚<br>焦家训 | 谭靖夷<br>夏可风 |
| 第二卷 | 土石方工程 | 中国人民武装警察部队水电指挥部 | 中国人民武装警察部队水电指挥部<br>中国水利水电第十四工程局有限公司<br>中国水利水电第五工程局有限公司 | 梅锦煜<br>和孙文<br>吴高见 | 马洪琪<br>梅锦煜 |
| 第三卷 | 混凝土工程 | 中国电力建设集团（股份）有限公司 | 中国水利水电第四工程局有限公司<br>中国葛洲坝集团有限公司<br>中国水利水电第八工程局有限公司 | 席　浩<br>戴志清<br>涂怀健 | 张超然<br>周厚贵 |
| 第四卷 | 金属结构制作与机电安装工程 | 中国能源建设集团（股份）有限公司 | 中国葛洲坝集团有限公司<br>中国电力建设集团（股份）有限公司<br>中国葛洲坝建设有限公司 | 江小兵<br>付元初<br>张　晔 | 付元初 |
| 第五卷 | 施工导（截）流与度汛工程 | 中国能源建设集团（股份）有限公司 | 中国能源建设集团(股份)有限公司<br>中国葛洲坝集团有限公司<br>中国水利水电第八工程局有限公司 | 周厚贵<br>郭光文<br>涂怀健 | 郑守仁 |

# 《水利水电工程施工技术全书》
## 第三卷《混凝土工程》编委会

主　　编：席　浩　戴志清　涂怀健

主　　审：张超然　周厚贵

委　　员：（以姓氏笔画为序）

　　　　　牛宏力　王鹏禹　刘加平　刘永祥　刘志和

　　　　　向　建　吕芝林　朱明星　李克信　肖炯红

　　　　　姬脉兴　席　浩　涂怀健　高万才　黄　巍

　　　　　戴志清　魏　平

秘 书 长：李克信

副秘书长：姬脉兴　赵海洋　黄　巍　赵春秀　李小华

# 《水利水电工程施工技术全书》
## 第三卷《混凝土工程》
## 第七册《混凝土施工》
### 编写人员名单

主　编：席　浩　牛宏力

审　稿：席　浩　李克信

编写人员：牛宏力　王裕彪　李克信　郭兴忠

　　　　　杨晓伟　赵海峰　吴　涛　顾锡学

# 序　一

　　水利水电工程建设在我国作为一项基础建设事业，已经走过了近百年的历程，这是一条不平凡而又伟大的创业之路。

　　新中国成立66年来，党和国家领导一直高度重视水利水电工程建设，水电在我国已经成为了一种不可替代的清洁能源。我国已经成为世界上水电装机容量第一位的大国，水利水电工程建设不论是规模还是技术水平，都处于国防领先或先进水平，这是几代水利水电工程建设者长期艰苦奋斗所创造出来的。

　　改革开放以来，特别是进入21世纪以后，我国的水利水电工程建设又进入了一个前所未有的高速发展时期。到2014年，我国水电总装机容量突破3亿kW，占全国电力装机容量的23%。发电量也历史性地突破31万亿kW·h。水电作为我国当前重要的可再生能源，为我国能源电力结构调整、温室气体减排和气候环境改善做出了重大贡献。

　　我国水利水电工程建设在新技术、新工艺、新材料、新设备等方面都取得了突破性的进展，无论是技术、工艺，还是在材料、设备等方面，都取得了令人瞩目的成就，它不仅推动了技术创新市场的活跃和发展，也推动了水利水电工程建设的前进步伐。

　　为了对当今水利水电工程施工技术进展进行科学的总结，及时形成我国水利水电工程施工技术的自主知识产权和满足水利水电建设事业的工作需要，全国水利水电施工技术信息网组织编撰了《水利水电工程施工技术全书》。该全书编撰历时5年，在编撰过程中组织了一大批长期工作在工程建设一线的中青年技术负责人和技术骨干执笔，并得到了有关领导、知名专家的悉心指导和审定，遵循"简明、实用、求新"的编撰原则，立足于满足广大水利水电工程技术人员的实际工作需要，并注重参考和指导价值。该全书内容涵盖了水利水电工程建设地基与基础工程、土石方工程、混凝土工程、金属结构制作与机电安装工程、施工导（截）流与度汛工程等内容的目标任务、原理方法及工程实例，既有理论阐述，又有实例介绍，重点突出，图文并茂，针对性及可操作性强，对今后的水利水电工程建设施工具有重要指导作用。

《水利水电工程施工技术全书》是对水利水电施工技术实践的总结和理论提炼，是一套具有权威性、实用性的大型工具书，为水利水电工程施工"四新"技术成果的推广、应用、继承、创新提供了一个有效载体。为大力推动水利水电技术进步和创新，推进中国水利水电事业又好又快地发展，具有十分重要的现实意义和深远的科技意义。

水利水电工程是人类文明进步的共同成果，是现代社会发展对保障水资源供给和可再生能源供应的基本需求，水利水电工程施工技术在近代水利水电工程建设中起到了重要的推动作用。人类应对全球气候变化的共识之一是低碳减排，尽可能多地利用绿色能源就成为重要选择，太阳能、风能及水能等成为首选，其中水能蕴藏丰富、可再生性、技术成熟、调度灵活等特点成为最优的绿色能源。随着水利水电工程建设与管理技术的不断发展，水利水电工程，特别是一些高坝大库能有效利用自然条件、降低开发运行成本、提高水库综合效能，高坝大库的（高度、库容）记录不断被刷新。特别是随着三峡、拉西瓦、小湾、溪洛渡、锦屏、向家坝等一批大型、特大型水利水电工程相继建成并投入运行，标志着我国水利水电工程技术已跨入世界领先行列。

近年来，我国水利水电工程施工企业积极实施走出去战略，海外市场开拓业绩突出。目前，我国水利水电工程施工企业在亚洲、非洲、南美洲多个国家承建了上百个水利水电工程项目，如尼罗河上的苏丹麦洛维水电站、号称"东南亚三峡工程"的马来西亚巴贡水电站、巨型碾压混凝土坝泰国科隆泰丹水利工程、位居非洲第一水利枢纽工程的埃塞俄比亚泰克泽水电站等，"中国水电"的品牌价值已被全球业内所认可。

《水利水电工程施工技术全书》对我国水利水电施工技术进行了全面阐述。特别是在众多国内外大型水利水电工程成功建设后，我国水利水电工程施工人员创造出一大批新技术、新工法、新经验，对这些内容及时总结并公开出版，与全体水利水电工作者分享，这不仅能促进我国水利水电行业的快速发展，提高水利水电工程施工质量，保障施工安全，规范水利水电施工行业发展，而且有助于我国水利水电行业走进更多国际市场，展示我国水利水电行业的国际形象和实力，提高我国水利水电行业在国际上的影响力。

该全书的出版不仅能提高水利水电工程施工的技术水平，而且有助于提高我国水利水电行业在国内、国际上的影响力，我在此向广大水利水电工程建设者、工程技术人员、勘测设计人员和在校的水利水电专业师生推荐此书。

2015 年 4 月 8 日

# 序 二

《水利水电工程施工技术全书》作为我国水利水电工程技术综合性大型工具书之一，与广大读者见面了！

这是一套非常好的工具书，它也是在《水利水电工程施工手册》基础上的传承、修订和创新。集中介绍了进入 21 世纪以来我国在水利水电施工领域从施工地基与基础工程、土石方工程、混凝土工程、金属结构制作与机电安装工程、施工导（截）流与度汛工程等方面采用的各类创新技术，如信息化技术的运用：在施工过程模拟仿真技术、混凝土温控防裂技术与工艺智能化等关键技术，应用了数字信息技术、施工仿真技术和云计算技术，实现工程施工全过程实时监控，使现代信息技术与传统筑坝施工技术相结合，提高了混凝土施工质量，简化了施工工艺，降低了施工成本，达到了混凝土坝快速施工的目的；再如碾压混凝土技术在国内大规模运用：节省了水泥，降低了能耗，简化了施工工艺，降低了工程造价和成本；还有，在科研、勘察设计和施工一体化方面，数字化设计研究面向设计施工一体化的三维施工总布置、水工结构、钢筋配置、金属结构设计技术，推广复杂结构三维技施设计技术和前期项目三维枢纽设计技术，形成建筑工程信息模型的协同设计能力，推进建筑工程三维数字化设计移交标准工程化应用，也有了长足的进步。因此，在当前形势下，编撰出一部新的水利水电施工技术大型工具书非常必要和及时。

随着水利水电工程施工技术的不断推进，必然会给水利水电施工带来新的发展机遇。同时，也会出现更多值得研究的新课题，相信这些都将对水利水电工程建设事业起到积极的促进作用。该全书是当今反映水利水电工程施工技术最全、最新的系列图书，体现了当前水利水电最先进的施工技术，其中多项工程实例都是曾经创造了水利水电工程的世界纪录。该全书总结的施工技术具有先进性、前瞻性，可读性强。该全书的编者们都是参加过我国大型水利水电工程的建设者，有着非常丰富的各专业施工经验。他们以高度的社会责任感和使命感、饱满的工作热情和扎实的工作作风，大力发展和创新水电科学技术，为推进我国水利水电事业又好又快地发展，做出了新的贡献！

近年来，我国水利水电工程建设快速发展，各类施工技术日臻成熟，相继建成了三峡、龙滩、水布垭等具有代表性的水电工程，又有拉西瓦、小湾、溪洛渡、锦屏、糯扎渡、向家坝等一批大型、特大型水电工程，在施工过程中总结和积累了大量新的施工技术，尤其是混凝土温控防裂的施工方法在三峡水利枢纽工程的成功应用，高寒地区高拱坝冬季施工综合技术在拉西瓦等多座水电站工程中的应用……，其中的多项施工技术获得过国家发明专利，达到了国际领先水平，为今后水利水电工程施工提供了参考与借鉴。

目前，我国水利水电工程施工技术已经走在了世界的前列，该全书的出版，是对我国水利水电工程建设领域的一大贡献，为后续在水利水电开发，例如金沙江上游、长江上游、通天河、黄河上游的水电开发、南水北调西线工程等建设提供借鉴。该全书可作为工具书，为广大工程建设者们提供一个完整的水利水电工程施工理论体系及工程实例，对今后水利水电工程建设具有指导、传承和促进发展的显著作用。

《水利水电工程施工技术全书》的编撰、出版是一项浩繁辛苦的工作，也是一项具有创造性的劳动过程，凝聚了几百位编、审人员近 5 年的辛勤劳动，克服各种困难。值此该全书出版之际，谨向所有为该全书的编撰给予关心、支持以及为此付出了辛勤劳动的领导、专家和同志们表示衷心的感谢！

2015 年 4 月 18 日

# 前 言

由全国水利水电施工技术信息网组织编写的《水利水电工程施工技术全书》第三卷《混凝土工程》共分为十二册，《混凝土施工》为第七册，由中国水利水电第四局工程局有限公司编写。

随着我国水利水电工程的快速发展，水工混凝土工程技术伴随着工程建设的需要和科学技术的发展而不断进步。进入 20 世纪中下叶，特别是跨入 21 世纪以来，随着长江三峡、雅砻江二滩、黄河拉西瓦、澜沧江小湾、金沙江溪洛渡、金沙江向家坝、雅砻江锦屏一级等一批大型、超大型水利水电站工程的建设，人们对水工混凝土施工技术的认识越来越深刻，尤其在研究和使用新技术、新材料、新工艺和新设备方面取得了一批突破性的科技成果，很多施工关键技术的研究已走在世界前列，水工混凝土筑坝技术在整体上处于世界领先水平。

本册紧密结合近 10 年来我国水工混凝土施工领域技术进步和科技创新成果，在编写过程中强调对实际工作的指导性，本着求新、求准、求实用的原则，结合水工混凝土施工工艺、施工流程，较全面地反映了近年来我国在水工混凝土施工技术方面所取得的成就。编写内容在吸取相关工具书经验的基础上，大量收集了近年来取得的新成果并结合工程实例，对水工混凝土施工工艺进行阐述。

在此对关心、支持、帮助过该书出版、发行的领导、专家、技术工作人员表示衷心的感谢。

本书在编写时难免存在挂一漏万之处，希望广大读者在学习使用过程中，多提批评指导意见，以利改正。

**作者**

2015 年 9 月 28 日

# 目　录

# 1 综　　述

　　自 20 世纪 50 年代以来，我国的水利水电工程建设事业取得了突飞猛进的发展，相继建成了龙羊峡水电站、水口水电站、李家峡水电站、二滩水电站、三峡水利枢纽、拉西瓦水电站、小湾水电站、溪洛渡水电站、向家坝水电站、锦屏水电站等一批水利水电工程，其中混凝土坝枢纽工程已建和在建的坝高 100m 以上的大中型水电站占 50％以上，占据主导地位，是我国水利水电工程建设中的一个重要组成部分。

　　纵观我国混凝土坝建设的发展历程，新中国成立以后的 30 年里，在国家计划经济环境条件下，发展速度较慢。在改革开放以后，施工技术得到了长足发展，工程建设取得了辉煌成就。进入 21 世纪后，混凝土坝施工在新技术、新工艺、新材料、新设备等方面都取得了突破性的进展，形成了一系列能够满足特大型复杂建筑结构施工要求的施工工艺和方法，我国混凝土坝建设正在向 300m 级高拱坝发展。小湾、溪洛渡、锦屏、拉西瓦等水电站超高拱坝，坝高已进入世界前列，其中锦屏一级水电站坝高达 305m，系世界上最高混凝土坝。以这些大型、特大型混凝土坝工程为依托开展施工技术研究，使我国的混凝土坝施工技术达到了世界领先水平。

## 1.1　水工混凝土施工特点

　　水工混凝土质量要求与一般工业与民用建筑混凝土不同，除强度要求以外，还要根据其所处部位和工作条件，分别满足抗渗、抗冻、抗裂（抗拉）、抗冲耐磨、抗风化和抗侵蚀等设计要求。水工混凝土施工，一般具有以下几个特点：

　　（1）工程量大、混凝土浇筑强度高。大中型水利水电工程的混凝土工程量通常在几十万立方米至几百万立方米，从基础混凝土开始到工程建成蓄水（或第一台机组发电），一般需要经历 3～5 年完成。如三峡水利枢纽工程大坝全长 2309.5m，最大坝高 181m，混凝土总量达 1600 万 $m^3$，从 1998 年开始浇筑混凝土，1999—2001 年连续 3 年浇筑量均在 400 万 $m^3$ 以上，其中 2000 年浇筑强度 548 万 $m^3$、月浇筑强度 55.35 万 $m^3$、日浇筑强度 2.2 万 $m^3$。小湾水电站坝体混凝土总量 870 万 $m^3$、2007 年浇筑混凝土 235 万 $m^3$、月最高强度达 23 万 $m^3$、日强度 1 万 $m^3$。为了保证混凝土质量和加快施工进度，采用了综合机械化施工手段，选择了技术先进、经济合理的施工方案。

　　（2）施工条件困难。水工混凝土施工多为大范围、露天高空作业，且多位于高山峡谷地区，其施工运输、机械设备布置等受工程所处位置的地形、地质、水文气象等自然条件限制，施工条件差，施工困难。

　　（3）施工季节性强。水工混凝土施工，由于受气温、降水、施工导流和度汛等因素的制约，有时不能连续施工，有时为了达到挡水拦洪、安全度汛目标，汛前必须达到一定的工程形象面貌，因此，施工的季节性强、施工强度高。

（4）施工工期较长。主要是受严格施工工序、混凝土龄期、混凝土后期强度增长的因素影响，混凝土施工比较占用工程直线工期。加快进度也是有前提的。

（5）温度控制要求严格。水工混凝土多为大体积混凝土，为防止混凝土（特别是基础约束部位的混凝土）产生温度裂缝，通常需对坝体采用分缝、分块、分层进行浇筑。同时，还需根据当地条件对混凝土采取综合的温控措施。

（6）施工技术复杂。水工建筑物因其用途和工作条件不同，一般体型复杂，常采用多种强度等级的混凝土。另外，混凝土浇筑与基础开挖、固结灌浆、帷幕灌浆、接缝灌浆、金属结构安装交叉作业，施工干扰大。

# 1.2 水工混凝土施工技术发展

水工混凝土工程技术伴随着工程建设的需要和科学技术的发展而不断进步。进入 21 世纪以来，随着三峡水利枢纽工程、拉西瓦水电站、小湾水电站、溪洛渡水电站和向家坝水电站、锦屏水电站等一批大型、超大型水利水电工程的建设，在混凝土的运输、浇筑、养护及表面保护、施工缝处理及温控防裂等方面发展成熟了一批新型工艺和技术。

## 1.2.1 混凝土原材料

（1）胶凝材料。水工混凝土的特点决定了所用的水泥必须具有较低的水化热，较好地耐侵蚀性和体积稳定性。常用的水泥以中热硅酸盐水泥、低热矿渣硅酸盐水泥为主，水泥等级有 42.5 级和 52.5 级；有硫酸盐侵蚀的部位，应用抗硫酸盐水泥和铁铝酸盐水泥，也可用中、低热水泥；有溶出侵蚀部位应用矿渣硅酸盐水泥、火山灰质硅酸盐水泥。

随着水利水电工程技术的发展，对水泥的性能提出了更高的要求。低热硅酸盐水泥是新发展起来的一种高性能水泥，该水泥具有低热、高强、高耐久性、干缩率低、体积稳定性好的特点，应用前景广阔。

（2）骨料。在混凝土中砂石骨料是最主要的原材料，骨料的好坏直接影响混凝土的性能。骨料分为天然骨料和人工骨料两类。天然骨料外形圆滑、质地坚硬、生产费用低，但岩石种类多、级配分布不均匀，可能含有有害成分。人工骨料岩种单一、级配控制方便、表面粗糙、与水泥黏结性好，目前已被广泛采用；但孔隙率和比表面积较大、生产费用高。

（3）外加剂。随着混凝土外加剂技术的发展，品种越来越多，性能越来越好，技术也越来越成熟，外加剂已成为现代混凝土不可缺少的重要组成部分之一。在混凝土中掺外加剂，已被认为是节约水泥用量、节省能耗、提高混凝土强度、改善性能，特别是提高混凝土抗裂性和耐久性等方面的有效措施，它能够保证混凝土在不利的搅拌、输送、浇筑、养护条件下仍有所需的浇筑质量，满足混凝土在施工过程中的一些特殊要求。因此，在混凝土中必须掺外加剂已成行业规定。目前，常用的外加剂有：引气剂、普通减水剂、缓凝减水剂、引气减水剂、高效减水剂、缓凝高效减水剂、缓凝剂、泵送剂等。

减水剂的发展经历了三代产品：第一代以木质素磺酸盐为代表的普通减水剂；第二代

以萘磺酸盐缩合物为代表的高效减水剂；第三代以聚羧酸系为代表的高效减水剂。减水剂的产品性能也从单一的减水作用发展到集减水、保坍、减缩等作用于一身的综合性减水剂。另外，减水剂品种不断增加的同时，混凝土外加剂的家族也不断壮大，早强剂、缓凝剂、速凝剂、引气剂、阻锈剂、膨胀剂、防水剂、泵送剂、养护剂、脱模剂，以及各种复合型外加剂相继出现，为高性能混凝土技术发展打下了坚实的基础。

（4）掺合料。掺合料为水工混凝土中不可缺少的组分，混凝土中掺入掺合料后，可以降低水化热，抑制碱骨料反应，节约水泥，降低成本，综合效益十分显著。大、中型水利水电工程已普遍掺用掺合料，其品种有粉煤灰、矿渣粉、磷渣粉、硅粉、石灰石粉、火山灰等。目前，混凝土中掺入粉煤灰、抗冲磨部位掺入硅粉已大量采用，高炉矿渣微粉已开始应用，也有选用其他品种掺合料的，如漫湾水电站工程掺用凝灰岩粉，大朝山水电站工程掺用磷渣粉加凝灰岩粉，景洪水电站工程掺用的双掺料中一半是石灰石粉，龙江水电站工程采用火山灰等。因此，将石灰石粉和火山灰列入掺和料品种。选用何种掺和料，应遵循就近取材、技术可靠、经济合理的原则。为改善混凝土抗裂性能，也可掺入钢纤维、化学纤维、天然纤维等材料。目前，应用最广泛是钢纤维混凝土、玻璃纤维混凝土和丙烯纤维混凝土。纤维混凝土对于限制在外力作用下混凝土裂缝的扩展，与普通混凝土相比，具有抗拉强度高、极限延伸率大、抗碱性好、韧性提高幅度大等优点，可以克服普通混凝土抗拉强度低、极限延伸率小、性脆等缺点。溪洛渡水电站工程大坝混凝土中掺加的是聚乙烯醇改性纤维，一般称"PVA纤维"。

### 1.2.2　混凝土运输

（1）混凝土运输计算机综合监控。在多品种混凝土同时运输的情形下，需要对其正确识别，传统的方法是在车辆的前部显著位置设置标志，然而这种方法易于出错。为解决这一问题，在三峡水利枢纽工程中开发研制了混凝土生产运送浇筑计算机综合监控系统，实现了混凝土施工过程的实时监控、动态调整和优化调度。针对混凝土浇筑的复杂状况，对施工方案和施工计划进行科学的选择和安排，突破了传统的经验判断模式，成功开发了混凝土浇筑施工计算机模拟系统。从而保证了三峡水利枢纽二期工程大坝混凝土施工的顺利实施，极大地提高了施工管理水平和工程施工质量，实现了工程建设优质、高效、低耗的目标。

（2）混凝土水平和垂直运输一体化。皮带机以连续运输为特征，具有较高的生产效率。随着塔带机（顶带机）和胎带机在三峡水利枢纽、龙滩水电站、溪洛渡水电站、向家坝水电站、锦屏水电站等水电工程的应用，混凝土水平运输和垂直运输已经合二为一，使混凝土运输方式发生了重大变革。塔带机具有浇筑连续、生产效率高、可实现混凝土浇筑工厂化生产的特点。以三峡水利枢纽工程为例，在二期工程中共布置 4 台塔带机、2 台顶带机，单台设计生产能力为 $300\text{m}^3/\text{h}$，由于三峡水利枢纽工程大坝仓面混凝土分区复杂，钢筋较多，实际平均生产率为 $150\text{m}^3/\text{h}$，高峰时达 $200\text{m}^3/\text{h}$ 以上。特别是成功创立了塔带机浇筑四级配和 1 个仓号多品种混凝土同时浇筑工法，解决了运输过程中的骨料分离、砂浆损失、卡料、温度回升以及运行可靠性偏低等技术问题，为实现大坝混凝土优质快速施工发挥了关键性作用。

（3）陡坡与垂直运输新技术。① 负压（真空）溜槽。在江垭、普定等诸多水利水电工程中采用了负压（真空）溜槽作为垂直运输手段。负压（真空）溜槽采用真空负压挟裹混凝土，能自动控制混凝土下卸速度，结构简单，使用方便，运行噪音小，无污染，制造成本低，适用于坡度为 $1：0.75\sim1：1$ 陡面运输。② MY－BOX 溜管。在三峡水利枢纽工程永久船闸竖井混凝土浇筑中，采用了具有二次搅拌功能的垂直连续式运输设备 MY－BOX。该设备为日本前田公司的专利产品，混凝土料在 MY－BOX 内自上而下自由下落，每经过 1 节就会增加 2 倍次的混合，当经过 $n$ 节，即增加 $2^n$ 倍次的混合，能有效避免混凝土垂直运输中的离析，使用方便，既解决了洞井施工干扰矛盾，又保证了浇筑质量，缩短了工期。

（4）大型混凝土垂直运输设备。混凝土浇筑施工方案与施工设备是密不可分的，在大中型混凝土坝的施工组织设计中，混凝土浇筑施工方案主要指混凝土垂直运输设备和水平运输设备的选择和布置。随着水利水电施工的发展和机械制造技术的提高，混凝土浇筑施工设备正向着大型化、高效化发展。

1）大型缆机。缆机具有跨距大、效率高、工作范围大的特点，是适合于在较狭窄河谷上浇筑大坝混凝土的主要起重机。缆机按两岸塔架布置型式和运动方式分为：固定式缆机、摆塔式缆机、平移式缆机、辐射式缆机、索轨式缆机等几种基本机型。另外还派生出H 形与 M 形缆机、斜平移缆机、辐射双弧移缆机、摆塔辐射式缆机等多种机型。

三峡水利枢纽工程中首次在国内安装使用了世界上最为先进的摆塔式缆机。每台缆机主塔高 152m，跨度 1416m，承载索直径 106mm，正常运行时，单台缆机靠左右摆动能覆盖施工面 50m，钓钩扬程 215m，最大载重量 25t。

小湾水电站共布置 6 台 30t 平移式缆机作为大坝混凝土主要浇筑入仓手段，采取“双层双平”的布置方式。2007 年创造了缆机日吊运大坝混凝土 $11330m^3$、月吊运 $222357m^3$ 和年吊运 248.67 万 $m^3$ 的国内高拱坝缆机日、月、年吊运混凝土最多的新纪录。

2）大型门（塔）机。在水利水电工程中采用的门（塔）机具有拆卸及安装快、起重量大的特点。当门（塔）机用于浇筑混凝土时，各机构运行速度快，施工高峰期每小时可达 12～15 个工作循环。

门（塔）机主要适用于河床宽、混凝土工程量大、浇筑强度高、工期长的大坝和厂房工程。

在三峡水利枢纽工程中，使用了 MQ2000 型门机用于混凝土浇筑，其工作幅度达 71m（起重量 20t），提升高度 100m，一台门机月调运混凝土达 $15000m^3$，还设计研制了 MQ6000 型专用门机用于金属结构的安装。

3）混凝土塔带（顶）机。塔（顶）带机是将塔式起重机和胶带机有机结合而成的一种大坝混凝土浇筑设备，将混凝土水平运输、垂直运输及仓面布料的功能融为一体，适应于连续高强度混凝土施工。

三峡水利枢纽工程使用的 ROTEC TC－2400 型塔带机由塔身、起吊臂和皮带机三部分组成。

三峡水利枢纽工程使用的 MD2200 型顶带机，主要由 POTA 塔机、布料皮带和皮带供料线组成。塔机覆盖半径 80m，最大起重量 60t；布料皮带附着在塔机上，分为 2 节，可 $\pm25°$ 俯仰，工作幅度 105m；塔机、布料皮带和皮带供料线均可根据浇筑高度的要求进行顶升。

4）混凝土胎带机。胎带机（即车载液压伸缩节胶带机）可用来浇筑建筑高度不大的导墙、护坦、闸室底板大坝和厂房基础等部位。

三峡水利枢纽工程中使用的 CC2200 型胎带机，主要有机身、给料输送皮带和伸缩式皮带输送机 3 部分组成。水平伸缩距离可达 61m，可 +30°～-15°俯仰和 360°旋转。混凝土先由自卸车卸入受料机，再由给料输送皮带运至伸缩式皮带输送机，最后到达作业仓面。

5）三级配混凝土输送泵。某些特殊工程部位，因受到场地条件、结构特性、施工环境、施工进度等因素的影响，需要采用混凝土泵输送混凝土至仓号浇筑。采用二级配混凝土泵输送，允许最大骨料粒径为 40mm，混凝土坍落度在 10cm 以上。二级配混凝土胶凝材料用量比较高，经济效率低；混凝土水化热比较大，温度控制难。因此，水利水电工程施工中迫切需要大级配的混凝土输送泵。

在百色水利枢纽工程大坝消力池（混凝土量约 24 万 m³）等部位的施工中，采用了混凝土输送泵输送三级配混凝土，取得了较好的效果，这是国内水电行业首次使用。该泵为 HBT120A 型，主要技术性能参数为：输送管径 260mm，输出压力 10.5MPa，输送量 120m³/h，最大输送距离水平 400m，垂直 100m，最大骨料粒径卵石 80mm，碎石 70mm，自重 12t，最大拖行速度 15km/h，混凝土坍落度 8～10cm。

### 1.2.3 仓面设备

在水工常态混凝土施工中，常用的仓面设备有平仓机、振捣机、高压水冲毛机、仓面吊、仓面喷雾机等，俗称仓面"五小机"。随着技术不断进步，对混凝土浇筑质量的要求越来越高，许多新的混凝土仓面设备如混凝土抹面机、提浆机等不断研制出来，并得到广泛使用。

在三峡水利枢纽、二滩水电站等许多大型水电工程的大仓位混凝土浇筑中，平仓采用了专用平仓铲，主振捣设备已采用带有多个振捣棒头的振捣机，这对加快浇筑进度、保障浇筑质量起到了积极的作用。

高压水冲毛是一项高效、经济的缝面处理技术。采用冲毛机冲毛时，其冲毛压力为 20～50MPa。冲毛时间以收仓后 24～36h 为宜，冲毛以每平方米延时 0.75～1.25min 效果最佳。

仓面吊主要用于辅助仓内模板、钢筋安装等工作。仓面吊体积小、自重轻、运转灵活，可适应于全仓位作业。

仓面喷雾机在浇筑仓面上空形成一道雾化屏障，以隔离仓外气温进而形成小气候的温控设施。在夏季混凝土浇筑中，采用仓面喷雾，其仓内小气候温度要比仓外气温降低 4～6℃，温控效果十分明显。

### 1.2.4 混凝土浇筑仓面工艺设计

混凝土浇筑仓面工艺设计直接关系到混凝土浇筑的质量。在三峡水利枢纽工程的施工中，对每一个仓号都进行仓面工艺设计。三峡水利枢纽工程的混凝土浇筑实践证明：混凝土仓面工艺设计是保证混凝土浇筑质量的重要措施，对结构复杂、混凝土强度等级、级配切换频繁的高强度混凝土工程施工，进行仓面工艺设计十分必要。仓面工艺设计应进行仓面特性分析，明确混凝土质量技术要求，选择科学的施工工艺，合理配置仓面资源，制定技术质量保证措施。

### 1.2.5　保温保压浇筑蜗壳二期混凝土技术

蜗壳二期混凝土为水电站厂房混凝土最关键和最难浇的部位。三峡水利枢纽工程左岸水电站厂房采用对蜗壳充水保温保压模拟运转状态浇筑二期混凝土技术。充水保压浇筑蜗壳外围二期混凝土的过程，是把钢蜗壳假设成一个密封的压力容器，人工模拟蜗壳在运行水头作用下机理，利用钢蜗壳的温度变形和保压水头的膨胀作用，充水加压使蜗壳预先膨胀，维持一定的内水压力浇筑外围混凝土，待全部浇完后放水卸压。卸压后蜗壳收缩，与混凝土之间将产生一定的间隙，此间隙即为蜗壳在运行水头作用下膨胀所需间隙。

### 1.2.6　混凝土养护与表面保护技术

（1）混凝土养护。混凝土浇筑完毕后，应保持适当的温度和足够的湿度，对混凝土进行养护。混凝土养护的目的，一是创造有利条件，使水泥充分水化，加速混凝土硬化；二是防止混凝土成型后因暴晒、风吹、干燥等自然因素影响，出现不正常的收缩、裂缝等现象。

（2）混凝土表面保护。夏季高温季节混凝土表面养护；冬季低温季节混凝土表面保温；冬季低温季节长间歇混凝土表面浇筑特殊混凝土，并埋设限裂钢筋等一系列综合性防列措施。主要目的是对大体积混凝土表面进行保护，提高混凝土表面抗裂性能，避免因混凝土内外温差过大（包括气温骤降冲击）而产生裂缝。如在三峡水利枢纽工程中，采用聚乙烯塑料保温被（厚度2~3cm）对施工期的混凝土进行临时保温；采用外贴聚苯乙烯板并刷防水涂料对大坝上下游永久外露面进行保温；采用喷涂厚2cm聚氨酯对进水孔周边等体形不规则边角部位进行保温，取得了较好的效果。

### 1.2.7　混凝土施工缝处理工艺

混凝土施工缝是坝体的薄弱环节，为使新、老混凝土结合良好，保证建筑物的整体性，在新混凝土浇筑前，必须对老混凝土表面的水泥膜（又称乳皮）清除干净，并使其表面新鲜整洁、呈有石子半露的麻面，以利于新老混凝土的紧密结合。对于要进行接缝灌浆的缝面可不凿毛，只需冲洗干净即可。目前，混凝土施工缝处理方法主要有：风砂枪喷毛、高压水冲毛、刷毛机刷毛、化学处理剂刷毛、风镐凿毛或人工凿毛等。

在水工混凝土中，为保证浇筑层面新老混凝土的紧密结合，在混凝土浇筑前仓上需铺设厚2~3cm水泥砂浆。近年来，在浇筑层面处理方法上，出现了施工缝面采用二级配富浆混凝土代替传统的铺设砂浆的工艺，取得了良好的效果。

### 1.2.8　混凝土温控防裂技术及工艺

在保证大体积混凝土原材料质量的前提下，导致混凝土产生裂缝的主要原因是混凝土温度梯度形成的应力和自身收缩形成的体积变形的双重作用。为了有效防止裂缝，在三峡、拉西瓦、小湾等水电站工程实践中，从混凝土施工技术和混凝土工艺层面研究，摸索出了一整套全过程综合措施防止混凝土产生裂缝的温控防裂技术，对防止混凝土裂缝产生起了决定性的作用。

如在三峡水利枢纽工程的温控防裂方面采用缩小水胶比、增加粉煤灰掺量，选择低发热量水泥，优化混凝土配合比，选用品质优良的高效减水剂，采用二次风冷骨料技术、加片冰及冷水拌和混凝土工艺生产7℃混凝土，在皮带机及运输车辆上设置遮阳设施，仓内喷雾降温，浇筑仓面混凝土顶部覆盖保温材料，通冷水冷却混凝土，混凝土表面保温，流水养护等一整套综合温控技术措施，从而保证了混凝土的质量。

小湾水电站高拱坝高强度等级混凝土的温控防裂施工中，采用了低热微膨胀水泥，高掺优质粉煤灰，混凝土骨料二次风冷技术生产7℃混凝土，平铺法浇筑，及时覆盖保温被，仓面喷雾，一期、中期、二期通水冷却控制温升曲线，控制沿高程方向的温度梯度，上下游面贴苯板保温等温控综合技术，取得了良好的效果。

在向家坝水电站消力池底板和边墙抗冲磨高强度等级混凝土部位采用低热硅酸盐水泥，使混凝土最高温度下降6～9℃，解决了高强度等级混凝土产生温度裂缝问题。

### 1.2.9 冬季混凝土施工技术

为了保证了在高寒地区冬季施工正常进行。通过在拉西瓦水电站（地处青藏高原，多年平均气温7.3℃、极端最低气温-23.8℃）总结出了一套混凝土冬季施工技术，解决了冬季混凝土施工方面的难题。采取的主要措施有以下几点：

（1）采用预热骨料和热水拌制混凝土，使混凝土出机口温度达到12～15℃。

（2）混凝土从拌和楼到浇筑仓面的运输中，对自卸车箱体侧面贴橡塑海绵保温，顶口安装滑动式保温篷布；搅拌车箱体采用帆布包裹保温卷材保温；混凝土吊罐四周用橡塑海绵保温，以确保混凝土入仓温度不低于8℃。

（3）采用综合蓄热法进行混凝土浇筑，即在仓号模板周边部位搭设保温棚，棚内用暖风机升温；仓号中间部位采用工程电热保温毯进行升温。

（4）仓号浇筑过程中，揭开保温被浇筑混凝土，浇筑完毕的每一胚层及时覆盖新型防水保温被保温。

（5）对于上下游永久坝面外挂厚5cm聚苯乙烯挤塑板进行永久保温；大坝横缝等非永久暴露面外挂两层厚2cm聚氯乙烯卷材保温。

# 1.3 水工混凝土施工技术展望

我国水利水电工程建设历经逾百年，成功地建设了众多类型各异、技术复杂的大型、巨型水电站，取得了举世瞩目的成就和进展。近年来，在国民经济快速发展的推动下，无论是在建筑规模，还是在建设速度方面，都进入了一个前所未有的高速发展时期。尤其是在混凝土高坝施工领域，通过三峡、龙滩、向家坝、溪洛度、光照等已建和在建水电站建设施工实践，在施工技术和管理上都取得了重大突破，获得了丰硕的科技成果，形成了一系列能够满足大型、巨型复杂建筑结构施工要求的施工工艺、方法。同时，也培养出了一大批具有创新能力的工程技术人才和施工队伍，这标志着我国混凝土高坝水电建设已步入世界先进行列。

为适应我国21世纪国民经济社会可持续发展的需要，水利水电工程建设必将取得突飞猛进的发展。目前，在建的高度在 100m 以上的混凝土高坝有 10 余座，另有多座 300m 级混凝土高坝将相继开工建设，这给水工混凝土施工技术的发展提出了更多、更高的要求。未来混凝土高坝施工技术发展趋势将围绕混凝土筑坝技术展开一系列课题研究，并向新型筑坝材料、特大型机械化、信息化、标准化、智能化、节能环保等方向发展。

### 1.3.1 新型筑坝材料的研制

筑坝材料是影响结构抗力的主要因素之一，只有采用性能优良的筑坝材料，才能保证坝体结构安全，才能适应不同坝型、坝址、坝体应力状态。同时，选择最优的筑坝材料，也有利于加快工程施工进度、缩短工期、降低工程成本。新型混凝土筑坝材料关键技术的研究主要有以下几个方面：

（1）新型胶凝材料及外加剂的研发和应用，其中复合胶凝材料和新型水泥是研究的重点。

（2）高性能混凝土的研究和应用，如低水化热、高极限拉伸值、高耐久性、抗冲耐磨、高强度混凝土等。

（3）其他材料研究，如贫胶凝材料混凝土、胶凝砂砾石或堆石混凝土等新型筑坝材料，新型高效灌浆材料、硅粉混凝土、氧化镁混凝土、纤维混凝土等。

### 1.3.2 大型施工机械和施工配套装备

混凝土大坝浇筑块体尺寸大，浇筑强度大，只有采用适宜的混凝土入仓手段，方能达到"更好更快"的施工效果，下一步研究重点，主要是针对特大型混凝土浇筑场面，如何布置大规模集群式混凝土运输设备，形成混凝土入仓连续自动化、工厂化，以满足高强度施工的要求。另外如何对现有的浇筑专用设备本身存在的设计、制造缺陷进行改进，以解决运输混凝土过程中的温度控制、混凝土骨料分离等难题，也是研究课题之一。

### 1.3.3 大体积混凝土温度控制和防裂措施

大体积混凝土浇筑施工中温控防裂是大坝施工的重点和难点。未来研究和发展的方向是，在现有已经形成的一套综合温控技术措施的基础上，对坝体混凝土冷却技术开展研究，并逐步实现从人工控制走向智能化控制，改变以往大坝冷却通水的人工监测管理方式，实现温度监测标准化、自动化运行，从而提高通水冷却施工的现代化管理水平。如溪洛渡等水电站，已结合工程实际情况展开大坝混凝土通水冷却智能监控等新型控制技术的研究，并取得了较好成效。

### 1.3.4 施工信息管理技术的研究和推广

随着信息技术的高速发展，工程施工组织管理已经更加现代化和科学化，各种不同项目管理软件已用于施工管理中，如计算机 P3 软件已普遍用于施工进度计划编排及管理，OA 办公自动化系统管理软件也已将办公带入自动化时代，集生产、经营、质量安全、竣工技术等多功能于一体化的综合信息系统也已应运而生，数字化大坝技术也得到较快发展，但是真正用于管理和控制工程施工现场的信息系统还为数不多，像施工仿真技术虽多次在不同的工程施工中研究试用，但受制于工程"单体性"特性、对辅助作业等边界条件不能准确预见等因素，至今难于推广，这也是今后研究和发展的主要课题。

### 1.3.5 混凝土绿色施工

国家对环保工作越来越重视，要求也越来越高。因此，现在和未来水电站施工中环境保护问题仍然是围绕砂石骨料和混凝土生产过程中的环境技术措施展开，要重点加强对砂石料场开采中的环保技术、砂石料生产中的防尘与噪声控制技术、废水处理及回收利用技术、植被的恢复等进行科技攻关和应用研究。

# 2 混凝土生产与运输

## 2.1 混凝土生产

混凝土生产是按照混凝土配合比设计的要求,将混凝土的各种原材料(水泥、骨料、水、外加剂、掺合料等)均匀拌和成为满足浇筑质量要求的混凝土料,以满足浇筑的需要。混凝土生产前,应进行原材料质量检测、资源配置与设备状况检查以及称量系统校正等准备工作。混凝土生产的过程包括贮料、供料、配料和拌和。其中配料和拌和是主要生产环节,也是质量控制的关键,要求品种无误、配料准确、拌和充分。因此,需要一整套贮料、供料、配料以及拌和的机械设备,并统一布置,相互配套,组成混凝土生产系统,其任务不仅要及时可靠的供应足够数量的混凝土料,还要确保混凝土质量良好、强度等级无误、级配准确、拌和充分均匀、出机温度满足设计要求等。

大中型水利水电工程的混凝土日浇筑强度大,混凝土强度等级及品种较多,技术要求不断提高。因此,宜配置机械化、自动化性能较高的混凝土生产系统。

### 2.1.1 混凝土拌和设备选择

混凝土拌和设备的选择主要依据两方面的要求:一是根据施工进度安排的施工高峰浇筑强度;二是按设计浇筑安排的最大仓面面积、混凝土初凝时间、浇筑层厚度、浇筑方法等条件计算的高峰浇筑强度,所选拌和设备应与浇筑设备生产能力相匹配。

(1)高峰月浇筑强度计算。施工进度计划的高峰月浇筑强度,可采用式(2-1)计算:

$$P = \frac{Q_m}{MN} K_h \tag{2-1}$$

式中  $P$——混凝土系统所需小时生产能力,$m^3/h$;

$Q_m$——高峰月混凝土浇筑强度,$m^3/$月;

$M$——月工作日数,d,一般取 25d;

$N$——日工作时数,h,一般取 20h;

$K_h$——时不均匀系数,一般取 1.5。

(2)最大仓面浇筑强度计算。大体积混凝土施工时一般采用台阶法浇筑方案,最大仓面浇筑强度可采用式(2-2)计算:

$$P = K_h \frac{SD}{t} \tag{2-2}$$

式中  $P$——混凝土系统所需小时生产能力,$m^3/h$;

$S$——最大仓面浇筑面积，$m^2$；

$D$——最大仓面浇筑分层厚度，m；

$t$——一次仓位浇筑辅料层的允许间隔时间，h；

$K_h$——生产不均匀系数，一般取 1.0～1.2。

（3）部分工程拌和楼配置见表 2 - 1。

表 2 - 1　　　　　　　　　　　　　部分工程拌和楼配置表

| 水电站名称 | 大坝混凝土总量 /万 $m^3$ | 高峰强度 /($m^3$/月) | 配置拌和楼：座—台数×容量/$m^3$ | | |
|---|---|---|---|---|---|
| 龙滩 | 532 | 250000 | 3—2×4.5 | 1—4×3 | |
| 漫湾 | 227 | 83000 | 2—4×2.4 | | |
| 三峡二期 | 1600 | 550000 | 4—4×3 | 2—4×4.5 | 1—4×6 |
| 拉西瓦 | 285 | 140000 | 1—4×4.5 | 1—4×3 | |
| 小湾 | 870 | 230000 | 4—4×3 | | |
| 锦屏一级 | 640 | 120000 | 2—2×7 | | |
| 溪洛渡 | 666 | 15400 | 2—4×4.5 | | |
| 向家坝 | 312 | 540000 | 3—4×4.5 | 3—4×3 | |

### 2.1.2　混凝土拌制

采用机械拌和混凝土能提高拌和质量和生产率，节省人力和费用。按照搅拌机工作原理，可分为自落式混凝土搅拌机和强制式混凝土搅拌机两种。

（1）自落式混凝土搅拌机。自落式搅拌应用普遍，按其外形分为鼓形和双锥形两种。

1）鼓形搅拌机的鼓筒两侧开口，一侧开口用于装料；另一侧开口用于卸料，生产率不高，多用于中小型工程或大型工程施工初期。

2）双锥形搅拌机一端开口，用于装料和卸料（少数是两端开口），容量较大，拌和效果好、间歇时间短、生产率高，多用于大、中型工程。

（2）强制式混凝土搅拌机。强制式搅拌机通常做成盘式，又称涡轮式，拌和筒内利用支撑架做拌和铲，按其拌和形式可分为三种。

1）拌和铲固定不动，拌和筒围绕拌和铲旋转。

2）拌和筒固定不动，拌和铲围绕拌和筒旋转。

3）拌和筒和拌和铲以相互反方向旋转。强制式搅拌机拌和时，骨料的运动完全限制在水平范围内，所以强制式拌和时间短、质量好、效率高。

混凝土拌和设备使用前，应按批准的混凝土配合比和混凝土拌和试验大纲进行生产性的试验，确定最佳投料顺序和拌和时间。混凝土拌和应按混凝土配料单配制，不应擅自更改，在混凝土拌和过程中，应对骨料的含水量、外加剂配制浓度，以及混凝土拌和物的出机口含气量、坍落度和温度等随机抽样检测，必要时应加密检测。

## 2.2　混凝土运输

混凝土的运输包括水平运输和垂直运输。混凝土采用的运输方式及设备的选择常因地形、运输距离、浇筑强度、建筑物的结构特点、形式及气候条件等的不同而各异。应根据具体条件综合进行研究，选择既经济又合理的运输方式和设备。由于施工条件的不同，采用混凝土运输工具的组合方案可能多种多样，但最后应对各方案进行技术经济比较，然后确定最经济、合理的方案。

## 2.2.1 技术要求

为了保证混凝土的浇筑质量和混凝土浇筑的顺利进行，对混凝土的运输工作有下列要求：

（1）选择混凝土运输设备及运输能力，应与拌和、浇筑能力、仓面具体情况相适应。

（2）混凝土在运输过程中，应保持其均匀性，不允许有离析现象。

（3）应采取有效措施，缩短运输时间及减少转运次数，保证混凝土运至浇筑地点以前不发生初凝。可根据混凝土的性质、气温等条件规定允许的最大运输延续时间。掺普通减水剂的混凝土运输时间，参照表2-2所规定适宜的运输时间，如超出时，应积极采取相应措施。

表 2-2 混 凝 土 运 输 时 间 表

| 运输时段的平均气温/℃ | 混凝土运输时间/min |
| --- | --- |
| 20～30 | ≤45 |
| 10～20 | ≤60 |
| 5～10 | ≤90 |

（4）混凝土在运输过程中，应保持混凝土的设计配合比。盛料容器应不吸水、不漏浆；冬季、雨天、气温过高、风大时，应有遮阳、保温及保护措施。

（5）混凝土在运输过程中，应采取措施使混凝土入仓温度能满足设计文件的要求。冬季采取保温措施，夏季采取降温措施。

（6）采用泵送、溜槽输送、皮带机及其他方式运输混凝土时，应符合规范及相关的设计技术要求。

（7）在同时运输两种及以上不同品种的混凝土时，应在运输设备上设置明显的区分标志。

（8）混凝土的自由下落高度不宜大于1.5m，当超过1.5m时应采取缓降措施，以防止骨料分离。

## 2.2.2 水平运输

水平运输指从拌和楼（站）运至浇筑地点的混凝土运输，常用的水平运输方式主要包括：汽车运输、轨道运输、皮带运输、泵送运输等。

（1）汽车运输。主要有搅拌罐运输车、自行式侧卸车、改装式自卸汽车等。

1）主要特点：汽车运输混凝土机动灵活，能和大多数起吊设备和其他入仓设备配套使用；对地形变化适应大，道路修建的费用较低，准备工作简单；能充分利用已有的土石方施工道路和场内交通道路；汽车运输混凝土存在能源消耗大、运输成本较高的缺点；运输距离不宜过长。同时，在路面平整度较差时，容易因颠簸振动造成混凝土密实，造成卸料困难。

2）类型和适用条件。

搅拌罐运输车特点：进料和卸料较慢，对混凝土最大骨料粒径有限制，设备技术说明中一般规定运送混凝土的最大骨料粒径不大于40mm，但在实际中运送混凝土的最大粒径达到60～80mm。因此，搅拌运输车适用于运送三级配以下的混凝土。

自行式侧卸车特点：料罐体形状采用特殊设计，便于快速卸料，可采用后方向或侧向卸料，与起重机不摘钩吊罐方式配合，加快了混凝土运输速度，料斗容量范围较大为3～12m³，可配合多种类型的混凝土拌和楼。

专用混凝土运输车易于保证混凝土拌和物的质量、运量大、卸料快捷，但价格高、对道路有一定的要求，适合在混凝土温控严格、施工条件较好的工程中使用。部分工程中使用专用混凝土运输车情况见表2-3。

表2-3 部分工程中使用专用混凝土运输车情况表

| 型号 | 斗容/m³ | 卸料方式 | 水电站名称 | 备注 |
| --- | --- | --- | --- | --- |
| BIGDOGEM7-300 | 15.0 | 侧卸 | 小浪底 | 滚轴式运输车、单斗 |
| RO-MAX | 10.7 | 后侧卸 | 小浪底 | 混凝土搅拌运输车 |
| LDC-6 | 6.0 | 侧卸 | 三峡 | 单轴牵引铰接式底盘 |
| MR45-T | 6.0 | 后侧卸 | 三峡 | 混凝土搅拌运输车 |
| JCD6A | 6.0 | 后侧卸 | 三峡 | 混凝土搅拌运输车 |
| LDC-9G | 9.0 | 侧卸 | 拉西瓦、小湾、溪洛渡 | 单轴牵引铰接式底盘 |

改装式自卸汽车特点：通常采用加深斗容、加装遮阳防晒装置、加装震动卸料装置，改装车厢后挡板等措施，将8～20t的自卸汽车改装后运输混凝土。改装的自卸汽车运输混凝土，适用于前期土石方施工设备闲置较多的工程和工程初期混凝土运输系统还不够完善的情况。

（2）轨道运输。一般有机车拖平板车立罐和机车侧卸罐两种。

1）特点：需要专用运输线路，运行速度快，运输能力大，适合混凝土工程量较大的工程；使用混凝土立罐运输，对混凝土和易性影响小，减少温度回升；较汽车运输能源消耗少，运行成本较低；铁路线路的转弯半径和线路坡度对地形、地貌的要求较高；铁路线路中的交叉、道口、停车线、冲洗设施、加油设施的布置复杂；运行、调度要求高；系统建设周期长，在工程初期需配合辅助运输手段。

2）类型和适用条件：国内广泛采用的传统轨道运输方式是，用1台80～150马力的内燃机车头，牵引3～5台载混凝土罐的平台车，组成"三重一轻"和"四重一轻"的车队编组，有轨机车编组见图2-1。国内一些工程引进的专用混凝土运输车，均采用罐体和平台车组合在一起的整体罐车，侧向卸料，将混凝土侧向卸入起重机不摘钩的吊罐内，节省了摘、挂罐的时间。实际施工时应根据工程情况，选择合适的机车、平车和线路标准。如岩滩水电站工程使用的有轨混凝土罐车见图2-2，部分工程使用轨道式混凝土运输车和机车情况见表2-4。

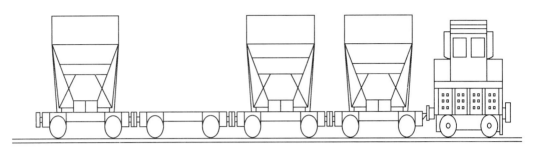

图 2-1　有轨机车编组示意图

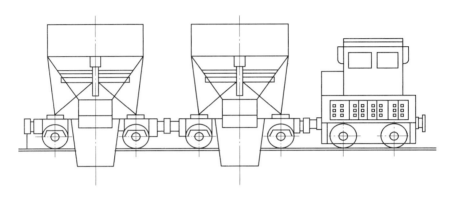

图 2-2　岩滩水电站工程使用的有轨混凝土罐车示意图

表 2-4　　　　　　　　部分工程使用轨道式混凝土运输车和机车情况表

| 名称 | 产地 | 轨距 | 型式 | 容量、功率 | 工程名称 | 备注 |
|------|------|------|------|-----------|----------|------|
| Ederer | 美国 | 1435 | 内燃机—电动 | $2 \times 6m^3$ | 岩滩 | 整体式机罐车 |
| Diemd | 德国 | 1435 | 内燃机车 | 200kW | 水口 | 机车 |
| — | 四川 | 1435 | 侧卸罐车 | $9m^3$ | 水口 | 罐车 |
| ZHN80 | 石家庄 | 1000 | 内燃机车 | 59kW | 五强溪 | 机车 |
| — | 郑州 | 1000 | 内燃机车 | $2 \times 6m^3$、20t | 五强溪 | 平车、立罐 |

（3）皮带运输。带式输送机运输主要包括：皮带运输机、塔带机、胎带机、顶带机等。

1）特点：混凝土从拌和楼直接输送入仓，加快了入仓速度；设备轻巧简单，对地形适应性好，占地面积小；能连续生产，运行成本低，效率高；混凝土运输距离不宜过大，宜在 1000m 以内；一次性投入较大。

2）类型和适用条件。

皮带运输机：皮带运输机主要特征是大槽角、深断面和高带速，以及为适应混凝土运输采取的一系列特殊措施。适合混凝土工程量集中，混凝土运输强度高的大体积混凝土施工。

塔带机：塔带机是塔式起重机和带式输送机的结合，具有在大范围内进行混凝土布料的功能，适合在混凝土工程量集中的高坝中使用。三峡水利枢纽工程中使用的 ROTEC TC-2400 型塔带机见图 2-3，由塔身、起吊臂和皮带机三部分组成。

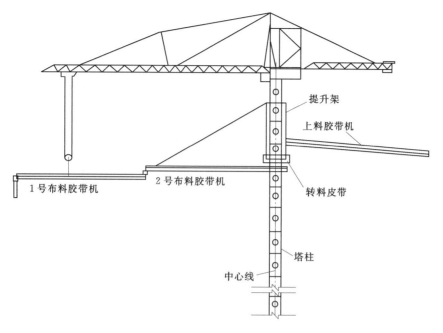

图 2 - 3  ROTEC TC - 2400 型塔带机示意图

胎带机（车载液压伸缩节胶带机）：胎带机可用来浇筑建筑高度不大的导墙、护坦、闸室底板和厂房基础等部位。小浪底水利枢纽工程使用的 CC200 - 24 型胎带机（见图 2 - 4）。

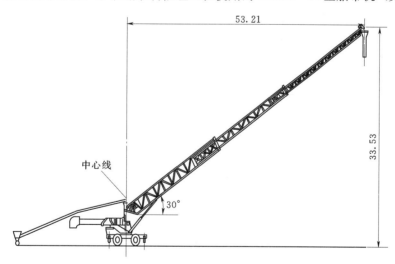

图 2 - 4  CC200 - 24 型胎带机示意图（单位：m）

顶带机：三峡水利枢纽工程中使用的顶带机，采用钢管立柱，插入已浇混凝土的预留孔内，皮带式输送机能以立柱作支撑 360°旋转下料，多节皮带桁架可作仰俯、伸缩运动，部分皮带式混凝土混合运输设备的技术参数见表 2 - 5。

（4）泵送运输。混凝土泵的类型有拖泵和自行式混凝土泵车。混凝土泵适用于方量少、断面小、钢筋密集的薄壁结构或用于如导流底孔封堵等其他设备不易达到的部位浇筑

| 设备名称 | 皮带运输机 | 塔带机 | 胎带机 | 顶带机 |
|---|---|---|---|---|
| 型号特征 | 深槽高速 | TC2400 | CC200－24 | MD2200 |
| 输送能力/(m³/h) | 240～350 | 420 | 270 | 300～390 |
| 布料半径/m | | 100 | 22.6～61 | 105 |
| 带宽/mm | 650～800 | 762 | 609 | 750 |
| 带速/(m/s) | 3.4 | 3.15～4 | | 4.81 |
| 水平控制范围/(°) | | 360 | 360 | 360 |
| 最大仰角/(°) | 30 | 30 | 30 | 30 |
| 最大俯角/(°) | 15 | 30 | 15 | 30 |
| 自重/t | | | 100.7 | |
| 混凝土坍落度/cm | 0～10 | 不限 | 不限 | 不限 |
| 混凝土级配 | 2～4 | 2～4 | 2～4 | 4 |
| 最大塔高/m | | 130 | | |
| 起重量/t | | 30～80 | | 22.8～80 |

混凝土。要求混凝土坍落度较大，一般为 8～14cm，骨料最大粒径不大于导管直径的 1/3。但泵送混凝土中水泥用量较大，因而成本较高。混凝土泵技术发展较快。目前，已有超高压系列泵车，可输送三级配混凝土、水平输送距离 1200m、垂直输送高度 350m 的拖式泵车。常用的混凝土泵车有 HBT60、HBT80、HBT120 几种，其技术参数见表 2－6。

| 混凝土泵车型号 | HBT60 | HBT80 | HBT120 |
|---|---|---|---|
| 理论最大输送量（低压/高压）/(m³/h) | 70/45 | 85/55 | 120/75 |
| 理论最大水平输送距离/m | 1200 | 1200 | 1000 |
| 理论最大垂直输送高度/m | 350 | 350 | 100 |
| 理论最大输出压力（低压/高压）/MPa | 10/16 | 10/16 | 13/21 |
| 混凝土坍落度/cm | 10～23 | 10～23 | 10～23 |
| 料斗容积/上料高度/(m³/mm) | 0.7/1320 | 0.7/1420 | 0.7/1420 |
| 最大骨料粒径/mm | 碎石 40、卵石 50 | 碎石 40、卵石 50 | 碎石 40、卵石 50 |
| 电机额定功率/kW | 110 | 132 | 273 |
| 外形尺寸（长×宽×高）/(mm×mm×mm) | 6691×2068×2215 | 6891×2075×2295 | 7390×2099×2900 |
| 总质量/kg | 6600 | 7300 | 9100 |

### 2.2.3　垂直运输

混凝土浇筑垂直运输一般是以起重机械吊混凝土罐入仓为主，主要起重机械类型有缆机、门机、塔机、履带式起重机和轮胎式起重机等。

（1）缆机。

1）特点：浇筑控制范围大，运行效率高，可连续浇筑至坝顶设计高程；设备可布置在坝体之外的岸坡上，与主体工程之间无干扰；不受导流、度汛和基坑过水的影响；可提前安装、投产，及早形成生产能力，有利于初期施工。使用时间长，生产效率高。按工程的具体条件和要求，先进行施工布置，然后委托厂家设计、制造缆机设备，投入大，费用高，通用性较差，制造安装周期长，缆机轨道基础的开挖和混凝土浇筑工程量一般较大，且都位于坝体之外岸坡上，尤其是工程初期施工道路及施工设备不宜跟进，使缆机的安装工作困难较多。坝体范围内，容纳缆机的数量有限，当无法满足高强度混凝土生产需要时，需配备适当数量的门塔机作为辅助设备。

2）类型。常见类型有平移式缆机、辐射式缆机、固定式缆机、摆塔式缆机等，国内已建和在建的水利水电工程采用的缆机，多为平移式和辐射式，少数工程采用固定式和摆塔式。

平移式缆机：覆盖范围为矩形，可适应不同坝型，并可根据工程规模在同组轨道上布置若干台，可较接近坝顶边缘布置，采用较小的跨度，但基础准备工程量大，当两岸地形条件不利时，需架设栈桥或采用爬坡轨道。

辐射式缆机：一端固定，一端弧形，覆盖范围为扇形，特别适合于拱坝和狭长形坝型的施工，往往要比平移式缆机的跨度大［见图2-5（a）］。

固定式缆机：工作范围为一条直线，一般只用于辅助作业、安装金属结构及局部浇筑混凝土［见图2-5（b）］。

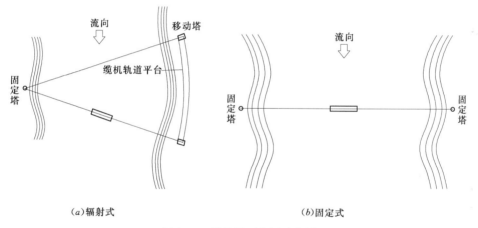

（a）辐射式        （b）固定式

图2-5　缆机平面布置示意图

摆塔式缆机：摆塔式缆机两端采用桅杆式高塔架，塔架底部支于球铰支座上，用活动拉索使其塔架沿上、下游方向摆动，将主索覆盖范围扩大为扇形和矩形，摆塔摆动的角度一般为8°～10°，摆塔式缆机的塔架一般为单桅杆型（见图2-6）。

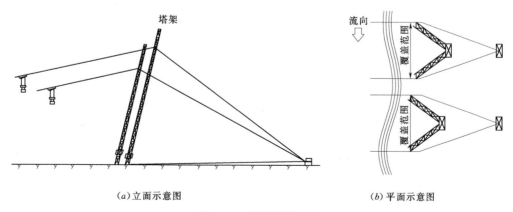

（a）立面示意图        （b）平面示意图

图2-6　摆塔式缆机图

3）适用条件。缆机适用于地形狭窄的工程，当坝址两岸地形差异较大，坝型为拱坝等较薄的体形时，可选用辐射式缆机；当两岸地形对称，坝型为重力拱坝或重力坝等底宽较大的体形时，宜选用平移式缆机。拉西瓦水电站工程拱坝混凝土运输，选用的3台辐射式缆机，其副塔可沿轨道上下游方向运行。国内部分水利水电工程缆机使用情况见表2-7。三峡、拉西瓦、溪洛渡等水电站工程使用缆机的主要技术参数见表2-8。

表 2-7　　　　　　　　国内部分水利水电工程缆机使用情况表

| 水电站名称 | 坝型 | 跨距/m | 起重量/t | 机型 | 升降速度/(m/mim) | 月最大浇筑强度/万 m³ |
|---|---|---|---|---|---|---|
| 二滩 | 双曲拱坝 | 1265 | 30 | 爬坡、辐射式 | 130/180 | 5.5 |
| 三峡 | 重力坝 | 1416 | 20 | 摆塔式 | 130/180 | 2.2 |
| 小湾 | 双曲拱坝 | 1158 | 30 | 平移式 | 150/210 | 3.6 |
| 向家坝 | 重力坝 | 1363 | 30 | 平移式 | 126/162 | 2.7 |
| 拉西瓦 | 双曲拱坝 | 630 | 30 | 辐射式 | 130/186 | 3.8 |
| 锦屏一级 | 双曲拱坝 | 670 | 30 | 平移式 | 150/180 | 2.1 |
| 溪洛渡 | 双曲拱坝 | 708 | 30 | 平移式 | 150/210 | 5.3 |

表 2-8　　　　　三峡、拉西瓦、溪洛渡等水电站工程使用缆机主要技术参数表

| 序号 | 性 能 | 水 电 站 名 称 | | | | | |
|---|---|---|---|---|---|---|---|
| | | 三峡 | 拉西瓦 | 溪洛渡 | 小湾 | 向家坝 | 锦屏一级 |
| 1 | 缆机型式 | 摆塔式 | 辐射式 | 平移式 | 平移式 | 平移式 | 平移式 |
| 2 | 跨度/m | 1416 | 630 | 708 | 1158 | 1363 | 670 |
| 3 | 垂度 | 77.1m | 4.7%～5.7% | 5% | 63m | 5% | 5% |
| 4 | 起重量/t | 20 | 30 | 30 | 30 | 30 | 30 |
| 5 | 主索直径/mm | 102 | 93 | 102 | | 106 | |
| 6 | 满载提升速度/(m/s) | 2.2 | 2.17 | 2.5 | 2.5 | 2.1 | 2.5 |
| 7 | 满载下降速度/(m/s) | 3 | 3.1 | 3.5 | 3.5 | 2.7 | 3.0 |
| 8 | 小车横移速度/(m/s) | 7.5 | 7.5 | 7.5 | 7.5 | 8.0 | 7.5 |
| 9 | 塔架高度/m | 125 | | | | 75 | |
| 10 | 塔架摆幅/m | ±25 | | | | | |
| 11 | 总扬程/m | 215 | 270 | 330 | 350 | 250 | 320 |

（2）门（塔）机。

1）特点：门（塔）机各机构运行速度快，运行灵活方便，吊罐入仓对位准确，生产效率比较稳定；门（塔）机的起重高度和工作半径有限，在高坝施工中，需搭设栈桥；受导流方式的影响较大，运行过程中要受到汛期洪水的威胁；拆卸及安装快、起重量大，通过改变滑轮组可提高吊重。

2）类型。

门（塔）机：普通门式起重机起重量为 10～60t，起重高度为 20～70m，适合在中小工程的河床式厂房、泄水闸等部位使用，也可作为大型工程混凝土浇筑施工辅助手段。根据工程资料统计，各型号门机的生产能力如下：MQ540/30 型为 0.45 万～0.6 万 m³/月；

MQ600/30 型为 0.6 万～0.8 万 m³/月；SD－MQ1260/60 型、SDTQ1800/60 型为 0.8 万～
1.0 万 m³/月；MQ2000 型为 1.0 万～1.5 万 m³/月。实际生产能力约为额定生产能力的 63%
左右。常用门（塔）机见图 2-7～图 2-9，门（塔）机主要技术性能比较见表 2-9。

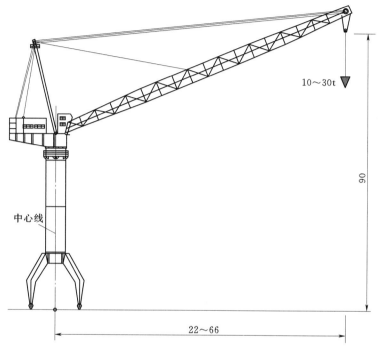

图 2-7　MQ900 型门机示意图（单位：m）

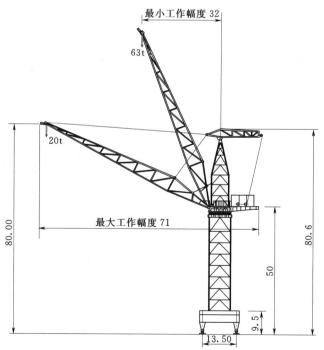

图 2-8　MQ2000 型门机示意图（单位：m）

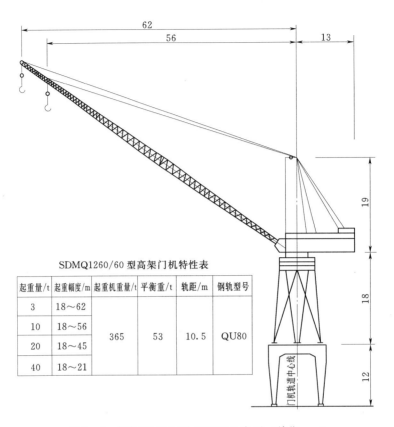

SDMQ1260/60型高架门机特性表

| 起重量/t | 起重幅度/m | 起重机重量/t | 平衡重/t | 轨距/m | 钢轨型号 |
|---|---|---|---|---|---|
| 3 | 18～62 | | | | |
| 10 | 18～56 | 365 | 53 | 10.5 | QU80 |
| 20 | 18～45 | | | | |
| 40 | 18～21 | | | | |

图 2-9　SDMQ1260/60型门机示意图（单位：m）

表 2-9　　　　　　　　　门（塔）机主要技术性能比较表

| 机　型 | 高架门机 | | | | | 塔　机 | | | | |
|---|---|---|---|---|---|---|---|---|---|---|
| 型号 | MQ 540/30 型 | MQ 600/30 型 | SDMQ 1260/60 型 | SDTQ 1800/60 型 | MQ 2000 型 | C7050 型 | M900 型 | M1200 型 | K1800 型 | M1500 型 |
| 额定起重量/t | 10/30 | 10/30 | 20/60 | 20/60 | 20/63 | 5/20 | 11/32 | 11.5/50 | 21/60 | 15/63 |
| 工作幅度/m | 16～45 | 16～45 | 18～45 | 26～62 | 22～71 | 4～70 | 5.7～70 | 6.2～80 | 9～65 | 6～80 |
| 起升高度/m | 70 | 70 | 72 | 70 | 100 | 80 | 105 | 80.4 | 100.4 | 101 |
| 最大起升速度/(m/min) | 46 | 46 | 50.3 | 52 | 63 | 156 | 110 | 76 | 110 | 60 |
| 最大变幅速度/(m/min) | 9.67 | 9.67 | 20 | 35.5 | 35 | 60 | 64 | 50 | 70 | 65 |
| 最大回转速度/(r/min) | 0.75 | 0.75 | 0.72 | 0.64 | 0.55 | 0.7 | 0.55 | 0.55 | 0.6 | 0.55 |
| 最大行走速度/(m/min) | 20.3 | 22 | 21 | 21 | 12 | 32 | 34 | 17 | 20 | 34 |
| 轨距×基距/(m×m) | 7×7 | 7×7 | 10.5×10.5 | 13.5×13.5 | 15×15 | 8×8 | 10×10 | 8×8 | 12×12 | 15×15 |
| 总装机功率/kW | 238 | 230 | 456 | 450 | 730 | 168 | 176 | 285 | 450 | 358 |
| 整机重量/t | 210 | 210 | 365 | 665 | 1395 | 138 | 277 | 342 | 575 | 650 |

塔机：塔机具有较轻的自重；结构采用拼装式构造，便于装拆和运输转移；起重高度较大；操作比较方便，塔机在吊运混凝土灌、沿工作半径作径向运动时，只需移动起重小车，而门机则必须作大臂变幅；安装时对起重设备的要求较低。塔机可采用固定安装工况运行，占地面积较小。但塔机的起重臂较长，运行时需占用较大的回转空间，两台塔机相邻工作时，需保持足够的安全距离。

水利水电工程施工中，以起重量 10～30t，高度 50～60m，工作半径 40～70m 的塔机为主。随着技术水平的发展，塔机的各项性能得到了提高，如三峡水利枢纽工程引进的丹麦产 K1800 型塔机，最大工作半径 71m 时起重量 20t，最小工作半径 8m 时起重量 60t，轨上起重高度 101m，轨下起重高度 40m（见图 2-10）。

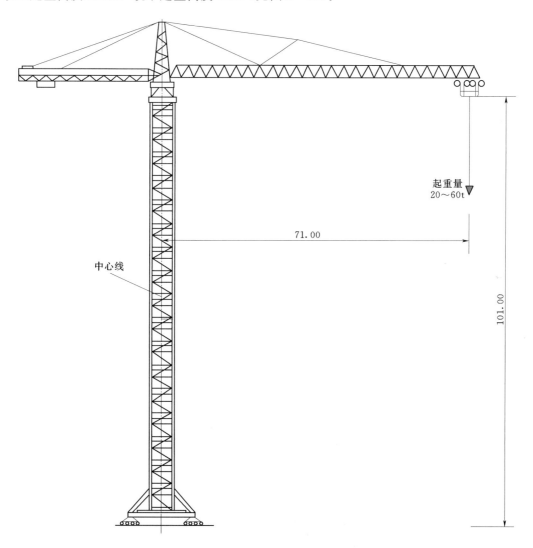

图 2-10　K1800 型塔机示意图（单位：m）

高架门机：国内工程中常用的高架门机主要有 SDTQ 系列和 MQ 系列高架门机，这类高架门机的起重高度约为 40～70m，起重量约为 30～60t（见图 2-11）。

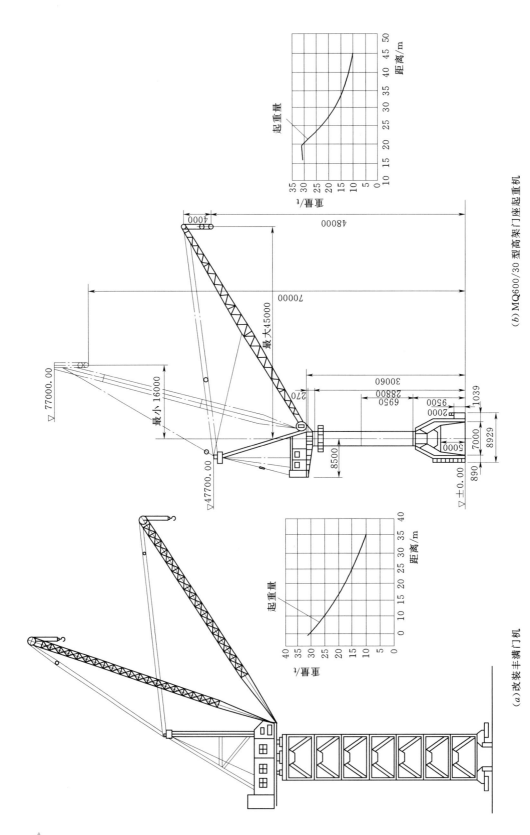

图 2 – 11  高架门机示意图（单位：mm）

(a) 改装丰满门机

(b) MQ600/30 型高架门座起重机

3）适用条件。门机、塔机主要适用于河床宽、混凝土工程量大、浇筑强度高、工期长的工程。

（3）履带式起重机和轮胎式起重机。履带式起重机和轮胎式起重机具有移动方便、运用灵活、无需轨道的特点。主要是作为设备安装、材料和构件的吊装手段，在必要时也可作为一些特殊部位的混凝土吊运手段。

水利水电工程中使用的履带式起重机，一般由挖掘机改装，采用电机驱动，如采用WK-4型电铲改装的电吊，见图2-12。目前，履带式起重机已有专用系列，一般采用内燃机和液压驱动，起重量为10～50t，工作半径为10～30m。

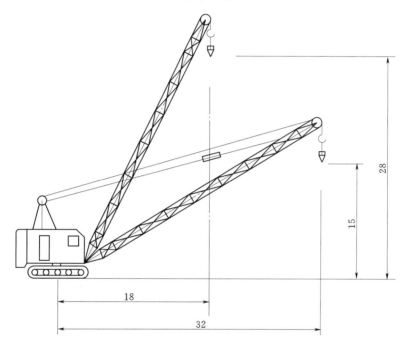

图2-12　WK-4型电铲改装电吊示意图（单位：m）

轮胎式起重机型号品种齐全，起重量8～300t均有。轮胎式起重机不足是覆盖范围小，作为混凝土入仓的轮胎式起重机，工作半径一般为10～15m。

履带式和轮胎式起重机移动灵活，但吊运混凝土效率低，适合用于浇筑导墙、闸、坝基础等尺寸较小的部位和零星分散小型建筑物。

### 2.2.4　组合入仓方式

我国水电工程施工地形条件往往较为复杂，单层铺筑面积大，施工强度高。如三峡水利枢纽工程实际最高月强度55.4万 $m^3$，龙滩水电站工程42.7万 $m^3$ 的月浇筑强度均位于世界前列。三峡水利枢纽工程三期RCC围堰采用通仓薄层施工，单层最大铺筑面积达1.9万 $m^2$。如此高的施工强度和这么大的单仓面积，仅靠单一的运输、入仓技术及入仓设备是不可能完成的，也是不经济的。多种技术的综合运用，配套的混凝土运输、入仓设备，是完成大规模混凝土高强度、高速度施工的关键。在这方面，我国已处于世界坝工技术的前列。组合入仓方式因地制宜，丰富多样，此处仅举几例予以说明。

（1）自卸车＋负压溜槽（溜管）＋自卸车。这种组合入仓方式主要用于高差较大且两岸具有修路条件的 RCC 坝工程，是比较常用的一种组合入仓方式，需要自卸车在仓内转料。龙首水电站采用高线公路汽车运输＋负压溜槽共输送混凝土 22.25 万 $m^3$，占坝体混凝土量的 61%，采用同样的方式，蔺河口输送混凝土 11.76 万 $m^3$，占坝体混凝土量的 45%。

（2）深槽高速皮带机＋负压溜槽（溜管）＋自卸车。这种方式是较自卸车＋负压溜槽更为经济实用的一种运输入仓方式，皮带机的连续运输使入仓效率更高。皮带机从拌和楼直接接料运输至坝体处，再通过负压溜槽输送至仓面，仓内采用自卸车布料，是 V 形河谷高混凝土入仓的最理想方式。这种组合运输方式在江垭工程中首次大规模应用成功，控制垂直高差 83m，负压溜槽分两级布置，共输送入仓混凝土 72.9 万 $m^3$。龙滩水电站采用 1 条宽 760mm、总长 347m 的高速皮带机，配 2 条长 77m 的 $\phi$600mm 负压溜槽，设计输送强度 330$m^3$/h，实测输送强度 326$m^3$/h。

（3）皮带机＋负压溜槽（溜管）＋皮带机＋自卸车。贵州省思林水电站上游供料线采用了这种入仓方式：拌和楼皮带机→20$m^3$ 料斗→负压溜槽→10$m^3$ 料斗→皮带机→仓面，仓内采用自卸车转料。控制高差达 120m，单台班（12h）输送量达 3999.5$m^3$，日输送强度 7859$m^3$。

（4）自卸车＋负压溜槽（溜管）＋皮带机＋…。末端设备可以是自卸车、布料机、胎带机等，转移灵活，且原地作业约有半径为 15m 的覆盖能力；设备充足，可一机多用；回转快，入仓效率高。

### 2.2.5 其他运输设备

（1）负压溜槽。

1）基本结构：负压溜槽由料斗、垂直加速段、槽身和出口弯头组成。结构形式见图 2-13，负压溜槽下料见图 2-14，主要技术参数见表 2-10。

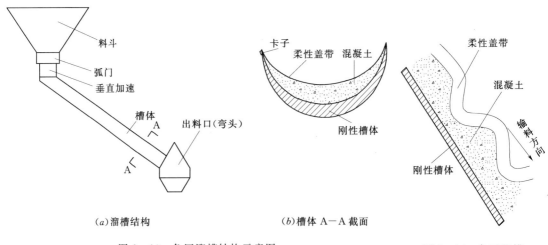

（a）溜槽结构　　　　　　　（b）槽体 A—A 截面

图 2-13　负压溜槽结构示意图　　　　　图 2-14　负压溜槽下料示意图

| 项　　目 | 参　　数 | 项　　目 | 参　　数 |
|---|---|---|---|
| 料斗容量/m³ | 6～12 | 刚性槽半径/mm | 275～325 |
| 溜槽长度/m | 42～72 | 适用坡度 | 1：1～1：0.75 |
| 适用高度/m | 6～100 | 混凝土输送能力/(m³/h) | 240～540 |
| 负压值范围/Pa | 100～1000 | 下料速度/(m/s) | 3～6 |

2）特点及适用条件：结构简单、安装方便、运行维护费用低、成本低廉；和胶带机联合运输混凝土，可简化施工布置和施工程序，节省工程投资；混凝土运输效率高；负压溜槽安装时，各段要有良好的密封，在浇筑过程中，料斗内的混凝土不宜卸空；负压溜槽适合在道路修筑困难、施工布置不便及混凝土运输高差较大的高山峡谷地形中筑坝时应用。

（2）MY－BOX 溜管。MY－BOX 溜管设备上部为一小型受料斗，下接钢溜管，钢溜管每延伸 12～15m 就安装一个 MY－BOX 溜管对混凝土进行二次拌和，以保证混凝土入仓后不发生骨料分离，见图 2－15。

MY－BOX 溜管将混凝土料供给泵机或溜槽等直接入仓，代替了门机（或吊车）配卧罐入仓，避免了在浇筑混凝土时长时间占用门机，适用于大高度、小结构的建筑物，特别是竖井、门槽二期混凝土及高陡边坡等部位的施工，既解决了洞井施工干扰、负扬程入仓手段的矛盾，又保证了混凝土的浇筑质量，提高了浇筑强度，缩短了施工工期，与常规的吊罐或泵送混凝土的运输方式相比，不需配备起吊设备或混凝土泵车，同时减少了施工操作人员，降低了劳动强度，节约了成本。MY－BOX 溜管技术在三峡水电站、拉西瓦水电站等工程中均得到成功应用。MY－BOX 溜管与采用吊罐或泵送入仓方式相比，不需要配备起吊设备或混凝土泵可减少施工干扰和操作人员，降低劳动强度，节约运输成本，其入仓费用相当于泵送的 40％左右，是一种经济实用的混凝土垂直运输工具。

（3）渠道衬砌机。渠道衬砌机具有送料、摊铺、提浆、振实、整平的功能，结构简单实用，操作方便，耗能较少，工作效率高，不需经常维修，具有连续作业、一机多用、劳动强度低的优点，适用于长距离、大断面渠道混凝土衬砌工程。如南水北调工程渠道衬砌施工中使用的衬砌机见图 2－16。

（4）暗涵布料机。暗涵布料机适用于断面大、线路长、边坡较高的箱式暗涵混凝土浇筑施工，利用皮带运输机配合下料溜桶实现在长线路上暗涵混凝土连续浇筑，有效加快施工进度，提高工效。如在南水北调工程中成功应用皮带布料机作为暗涵混凝土浇筑手段，取得了较好的效果，见图 2－17。

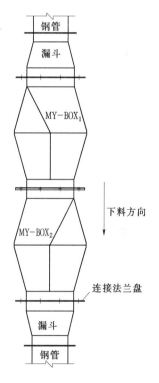

图 2－15　MY－BOX
溜管示意图

图 2-16　渠道衬砌

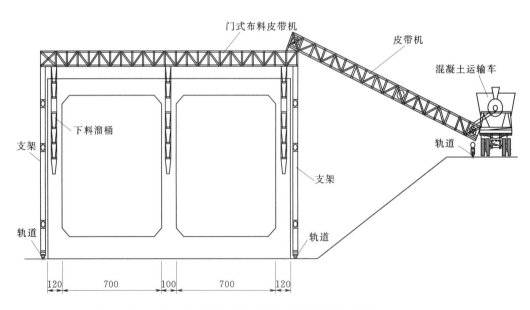

图 2-17　南水北调工程暗涵布料机示意图（单位：cm）

（5）长臂反铲入仓。长臂反铲入仓是近几年开始尝试使用的混凝土入仓手段，主要用于解决门（塔）机未形成生产能力之前的混凝土入仓，其斗容一般为 $0.3 \sim 0.8 m^3$。该方式用于基础块及低仓位混凝土的入仓有很大的优势：对现场条件尤其是地形要求低；可进入仓内作业并兼顾平仓，降低平仓工作强度；转移灵活，且原地作业约有半径为 15m 的覆盖能力；设备充足，可一机多用；回转快，入仓效率高。新政航电枢纽采用了 3 台 EX210LC 型长臂反铲浇筑基础混凝土，平均单台生产能力约 1.0 万 $m^3$/月，单台最高达 1.5 万 $m^3$/月，入仓能力与大型门（塔）机相当。桐子豪水电站项目开工初期，采用 1 台 EX210LC 型长臂反铲作为混凝土入仓的主要手段，入仓总量近 6 万 $m^3$。

# 3 混凝土浇筑

## 3.1 技术要求

混凝土浇筑技术要求包括：质量要求和施工技术要求，如温控要求、质量标准、允许铺料间隔时间等。具体内容应根据设计图纸、技术文件确定，并满足《水工混凝土施工规范》（DL/T 5144—2001）的要求。

（1）浇筑混凝土前，应详细检查有关准备工作，包括地基处理（或缝面处理）情况，混凝土浇筑的准备工作，模板、钢筋、预埋件等是否符合设计要求。

（2）基岩面和新老混凝土施工缝面在浇筑第一层混凝土前，可铺水泥砂浆、小级配混凝土或同强度等级的富砂浆混凝土，保证新混凝土与基岩或新老混凝土施工缝面结合良好。

（3）混凝土的浇筑，可采用平铺法或台阶法施工。应按一定厚度、次序、方向，分层进行，且浇筑层面平整。台阶法施工的台阶宽度不应小于2m。在压力钢管、竖井、孔道、廊道等周边及顶板浇筑混凝土时，混凝土应对称均匀上升。

（4）混凝土浇筑坯层厚度，应根据拌和能力、运输能力、浇筑速度、气温及振捣能力等因素确定，一般为30～50cm。

（5）混凝土浇筑的振捣应先平仓后振捣，严禁以振捣代替平仓。振捣时间以混凝土粗骨料不再显著下沉，并以开始泛浆为准，应避免欠振或过振。振捣器的插入应整齐排列，插入间距为振捣器作用半径的1.5倍，并应插入下层混凝土5～10cm。

（6）振捣设备的振捣能力应与浇筑机械和仓位客观条件相适应，使用塔带机浇筑的大仓位，宜配置振捣机振捣。

（7）混凝土浇筑过程中，严禁在仓内加水；混凝土和易性较差时，必须采取加强振捣等措施；仓内的泌水必须及时排除；应避免外来水进入仓内，严禁在模板上开孔赶水，带走灰浆；应随时清除黏附在模板、钢筋和预埋件表面的砂浆；应有专人做好模板维护，防止模板位移、变形。

（8）混凝土浇筑应保持连续性，允许间歇时间应通过试验确定。如因故超过允许间歇时间，但混凝土能重塑者，可继续浇筑。如局部初凝，但未超过允许面积，则在初凝部位铺水泥砂浆或小级配混凝土后可继续浇筑。如混凝土初凝并超过允许面积，或混凝土平均浇筑温度超过允许偏差值，并在1h内无法调整到允许温度范围内时，应停止浇筑。

（9）浇筑仓面中混凝土料出现不合格料如：下到高等级混凝土浇筑部位的低等级混凝土料；不能保证混凝土振捣密实或对建筑物带来不利影响的级配错误的混凝土料；长时间

不凝固超过规定时间的混凝土料时，应予挖除。

## 3.2　坝体分缝及浇筑分块、分层

（1）坝体的分缝、分块。在混凝土工程中，坝体分缝及浇筑分块是根据坝高、坝型、结构要求、施工条件、环境温度等因素进行布置。混凝土工程一般采用柱状法施工，用横缝和纵缝将坝体分为若干坝段和坝块。横缝为垂直坝轴线方向按结构布置设置的伸缩缝，横缝间距一般为15～25m。纵缝为顺坝轴线方向按施工技术条件要求设置的施工缝，纵缝间距一般为15～30m。

（2）横、纵缝考虑的主要原则。分缝位置应首先考虑结构布置要求和地质条件；分缝的布置应符合坝体应力要求，并尽量做到分块匀称和便于并仓浇筑；在满足坝体温度应力要求并具备相应的降温措施条件下，尽量少分纵缝或在可能条件下，采用通仓浇筑而不分缝；分缝多少和分块大小，应在保证质量和满足工期要求的前提下，通过技术经济比较确定。

（3）分缝形式和特点。

1）坝体的横缝按分缝形式和特点分为伸缩缝和灌浆缝。

A. 伸缩缝：缝面一般不设键槽、不灌浆，除上、下游坝面位置附近设置止水设施外，缝面一般不做处理。

B. 灌浆缝：缝面设置键槽，埋设灌浆系统，灌浆后使相邻坝段连接成整体。

2）坝体的纵缝按分缝形式和特点分为垂直纵缝（或称竖缝）、错缝、斜缝和预留宽槽四种，有时不设纵缝，采用通仓浇筑的方法，坝体的分缝见图3-1。

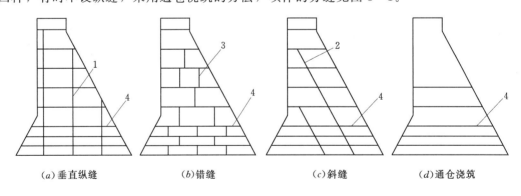

（a）垂直纵缝　　　（b）错缝　　　（c）斜缝　　　（d）通仓浇筑

图3-1　坝体的分缝示意图
1—纵缝；2—斜缝；3—错缝；4—浇筑分层

垂直纵缝：这是最常用的一种纵缝。纵缝间距根据浇筑能力和温度控制情况确定，一般采用15～30m。为了使缝面更好地传力，需要在缝面上设三角形键槽，缝面大致顺主应力方向。

垂直纵缝的特点：一般自地基垂直贯穿至坝顶或下游坝面，也有在坝体内终止然后并仓的；缝面均设置键槽和预埋灌浆系统，在坝块内埋设冷却水管；采用竖缝形式的浇筑块，混凝土浇筑互不干扰，可以单独上升，但相邻坝块有高差限制；竖缝的接缝容易张开，能获得较大的张开度，有利于保证灌浆质量；竖缝较便于布置坝上的浇筑机械。

错缝：适用于整体性要求不高的低坝，错缝缝面间不做灌浆处理。错缝式浇筑块的高度，在基岩附近为 $1.5 \sim 2m$；在坝体上部一般不大于 $3 \sim 4m$。错缝间距为 $10 \sim 15m$，缝的错距不应超过浇筑块厚度的一半，以免沿铅直缝开裂。

错缝的特点：垂直缝相互错开布置，见图 3 - 1 ($b$)，块体尺寸较小，一般长为 $8 \sim 14m$，分层厚度 $2 \sim 4m$；水平缝搭接长度，一般为层厚的 $1/3 \sim 1/2$，允许错缝搭接范围内水平施工缝有一定的变形，为减少两端的约束，且搭接部分的水平缝要求抹平；垂直缝面不要求灌浆，但在重要部位，根据需要设置骑缝钢筋。有防渗要求的部位，应在缝面上设置止水片；在结构较薄弱部位的垂直和水平施工缝上，必要时需设键槽；坝体浇筑的先后顺序，需按一定的规律排列，因其对施工进度影响较大；在垂直缝的上下两端有应力集中，在坝体冷却过程中极易发生裂缝。因此，有温度控制要求。

斜缝：一般大体可沿主应力方向设置，因缝面的剪应力很小，可以不必灌浆。但为了防止斜缝在终止处沿缝顶向上贯穿，必须采用并缝措施，如布设骑缝钢筋，设置并缝廊道等。

斜缝的特点：斜缝的方向，大体平行于坝体的下游面，沿坝体主应力方向布置；斜缝面上的剪应力很小，一般不进行接缝灌浆，坝体浇筑至挡水高程后即可度汛或蓄水；在某些有压力管道的部位，沿着压力管道的方向布置斜缝，可以便于钢管安装；斜缝对其两侧的高差和温差要求比较严格，在缝顶应布置并缝廊道或铺设钢筋，以免在斜缝端部开裂；斜缝两侧浇筑块，施工时相互干扰较大，对施工进度有一定的影响，且不便于在坝上布置浇筑机械。

预留宽槽：为了使坝体某一部位不受相邻块高差限制而单独上升，防止由于局部坝起伏差较大使坝块之间可能产生较大的不均匀沉陷，以及在已浇坝块的上游或下游需要增加一个坝块时，防止新浇坝块受老坝块的约束产生裂缝而采用的一种结构形式。槽宽一般为 1m 左右；回填预留宽槽混凝土，一般在低温季节进行，并需将两侧混凝土的温度降至设计要求，浇筑预留宽槽混凝土，需进行缝面处理（包括过缝钢筋焊接、槽内清除杂物等工作），且劳动条件差，浇筑混凝土难度大。

通仓浇筑：通仓浇筑施工必须具备与温控要求相适应的混凝土浇筑能力和切实有效的温控措施。浇筑能力包括混凝土拌和、运输、入仓、铺料、振捣等综合生产能力。浇筑能力要保证混凝土浇筑的连续性，保证混凝土连续均匀上升，层间间歇期在 $5 \sim 7d$ 之间。混凝土温控措施包括选用低热水泥、优化混凝土配合比设计、合理选用外加剂和掺合料、骨料预冷、仓面降温、通水冷却等综合措施。在我国重力坝设计规范要求中，混凝土重力坝采用通仓浇筑时，必须要有专门的论证。

通仓浇筑的特点：整体性好，模板工程量少，不必进行接缝灌浆，从而加快施工进度，节省工程费用，有利于改善坝踵的应力状态；仓面面积大，有利于提高机械化水平，能够充分发挥浇筑机械的作用，提高工效，缩短仓面周转工期，节省劳力；通仓浇筑必须有较为平整的基础和严格的温度控制措施。同时，具备完善的施工条件。

（4）浇筑分层。浇筑分层主要作用是利用暴露的表面层，有效地散发混凝土内部的水化热，以防止开裂；分层浇筑，有利施工，但在浇筑前，对下层表面应给以严格的处理，以利结合。坝体混凝土的浇筑分层，主要与温度控制因素有关，在温控要求允许的范围内，可根据模板形式、立模方式、结构特征、混凝土入仓能力等因素来确定。一般大坝基础强约束区混凝土浇筑层厚为 1.5m，大坝基础弱约束区混凝土浇筑层厚为 1.5～3.0m，脱离约束区均可采用 3.0m 浇筑层厚。随着在混凝土的运输、浇筑、养护及表面保护、施工缝处理、通水冷却工艺及温控防裂等方面技术的不断发展，大坝基础强约束区混凝土浇筑层厚也可采用 3m，脱离约束区的坝体混凝土的浇筑分层已采用 4.5m 的浇筑层厚。如雅砻江锦屏一级水电站大坝右岸工程河床 14～17 号坝段混凝土施工中，在高程 1610.00～1655.00m 段及高程 1730.00～1757.00m 段采用了 4.5m 分层一次进行浇筑。其中，浇筑方式采用平铺法，浇筑层厚为第一层 40cm，第二层、第三层 55cm，第四～第九层为 50cm，浇筑的混凝土均满足设计要求和施工规范。

### 3.2.1 混凝土重力坝分缝

（1）混凝土重力坝包括：拱形重力坝、直线形重力坝和折线重力坝三种（实心的及空心的均在内）。

（2）混凝土重力坝的坝体分缝可分为横缝、纵缝、水平施工缝。横缝将坝体划分为坝段，纵缝再将坝段划分为坝块或仓，坝体被横、纵缝分为坝块后，再由低至高分层浇筑上升，由于层与层之间的间歇，就形成了水平施工缝。坝块被水平施工缝划分成浇筑层。

（3）混凝土重力坝横缝布置的一般法则。应配合坝基断面地形变化的情况；能满足坝内各种附属孔口管道的需要；可适应坝基地质条件的要求；须符合常用横向缝的间距尺寸的规定，考虑散热施工等有关因素在内。

同时，混凝土重力坝的纵缝均是临时性的缝面，等到一定的施工阶段，所有纵缝必须进行压力灌浆，使接缝严密结合，恢复横断面的整体性，以保持坝体的应有强度，并符合设计要求，从而保证大坝的安全。三峡水利枢纽工程左厂 11～14 号坝段顺流向最大长度 118m，设 2 条纵缝，分 3 仓，2 条纵缝分别距坝轴线 35m 和 75m，3 仓顺流向长度分别为 35m、40m 及 43m。左岸厂房坝段典型剖面见图 3-2。

### 3.2.2 混凝土拱坝分缝

混凝土拱坝包括双曲拱坝和单曲拱坝两种。混凝土拱坝的坝体分缝可分为横缝、纵缝、水平施工缝，与混凝土重力坝的坝体分缝特性相同。但随着混凝土施工技术的发展，由于双曲拱坝的坝底宽度较小，一般约为坝高的 1/5 左右，加上近代对混凝土的发热和胀缩性能，已能较好的予以控制。因此，除个别的双曲拱坝以外，一般不设置纵缝。

由于双曲拱坝在平面上是按整体拱圈设计的，因此，横缝面上必须设置键槽及灌浆系统，等到适当的时刻，进行拼缝灌浆，恢复整体的拱圈原形，以符合设计规定。灌浆后的横缝除应保证其整体性的强度外，还应具有防渗性。拉西瓦水电站主坝坝体结构型式为混凝土双曲拱坝，坝体建基面高程 2212.00m，坝顶高程 2460.00m（坝高 248.0m），坝顶宽10.0m，拱冠处最大底宽 49.0m，是黄河上游大坝最高的水电站、是我国高寒地区最高的薄拱坝。坝体从右至左共设 22 个坝段，21 条横缝，不设纵缝。拉西瓦拱坝分缝位置见图3-3。

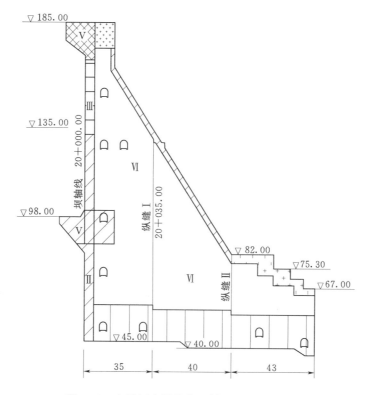

图 3-2 左岸厂房坝段典型剖面图（单位：m）

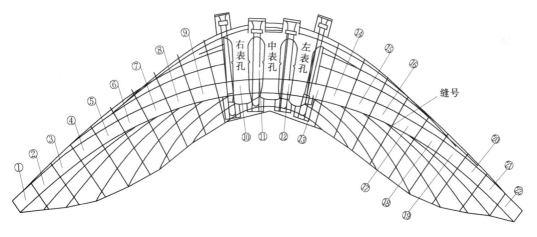

图 3-3 拉西瓦拱坝分缝位置图
①～㉒—坝段号

### 3.2.3 闸坝分缝

闸坝的结构形式为混凝土重力坝的一种，因此，坝体分缝也分为横缝、纵缝、水平施工缝。广西长洲水利枢纽中江工程位于西江水系干流浔江下游河段，中江闸坝全长287.75m，共布置15孔泄水闸，从左至右依次为4孔面流消能闸孔、5孔底流消能闸孔、

6 孔面流消能闸孔。建基面最低高程－18.00m，坝顶高程 34.40m，最大坝高 52.40m。排沙孔坝块顺流向最大长度 70.10m，设 2 条纵缝，分 3 块，其中纵缝Ⅰ为宽槽形式。中江闸坝排沙孔典型剖面见图 3-4，闸坝排沙孔典型剖面见图 3-5。

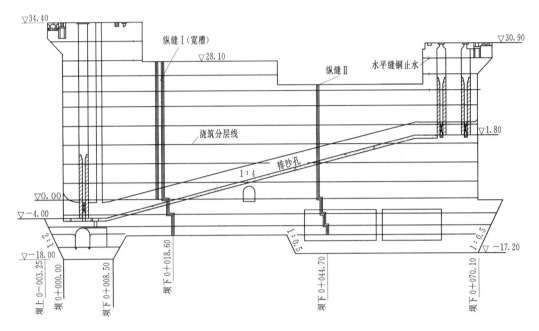

图 3-4　中江闸坝排沙孔典型剖面图（单位：m）

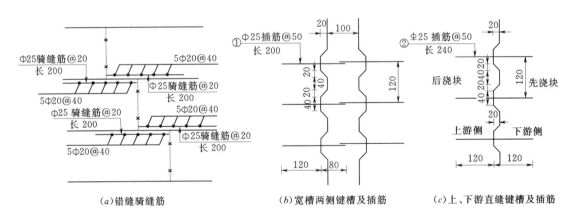

（a）错缝骑缝筋　　　　（b）宽槽两侧键槽及插筋　　　（c）上、下游直缝键槽及插筋

图 3-5　闸坝排沙孔典型剖面图（单位：cm）

### 3.2.4　厂房分缝

混凝土工程中的厂房分为地面厂房和地下厂房。三峡水利枢纽工程左岸地面厂房 1～13 号机组厂房单机沿坝轴线方向长 38.30m，分成 2 块，2 块宽度分别为 19.00m 及 19.30m，采用错缝搭接；单机顺流向最大长度为 68.00m，分成 4 块（Ⅰ～Ⅳ块），长度分别为 19.60m、18.44m、18.31m 及 11.65m，其中Ⅰ～Ⅲ块之间的施工缝采用错缝搭

接，Ⅲ块、Ⅳ块之间为直缝，三峡水利枢纽左岸水电站地面厂房典型剖面见图 3-6。金沙江溪洛渡水电站右岸地下厂房 10～18 号机组主厂房从下至上依次为肘管层、锥管层、蜗壳层、电气夹层和发电机层结构混凝土，以及发电机层以上构造柱、联系梁、吊顶牛腿和肋拱吊顶混凝土等。混凝土施工按照基础约束区分层厚度控制在 1.0～2.0m，非约束区混凝土分层厚度控制在 3.0m 以内，溪洛渡右岸水电站地下厂房典型剖面见图 3-7。

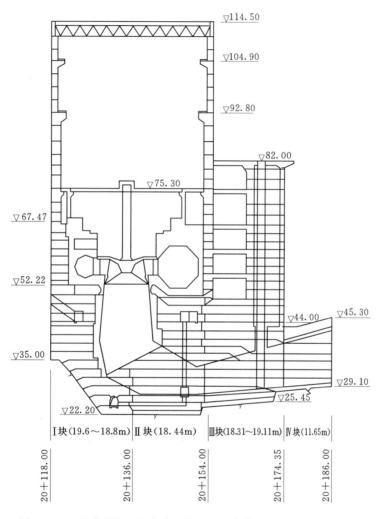

图 3-6　三峡水利枢纽左岸水电站地面厂房典型剖面图（单位：m）

### 3.2.5　洞室分缝

在洞室施工中，洞室的分缝主要以防止裂缝特别是贯穿裂缝为原则，在分缝方面要求沿轴线方向长度控制在 6～20m，进行分层分块的施工。锦屏一级水电站导流底孔封堵主要为 3 号、4 号、5 号导流底孔的封堵，分别布置在 14 号、15 号、16 号坝段高程 1700.00m，底孔封堵段分为 A、B、C 三段依次施工，第一段长 20.00m，第二段长 14.78m，第三段长 17.92m。每段按 3.0m 分层，共分 4 层。封堵时按 A、B、C 次序进行施工，段与段之间相隔 10d。锦屏一级水电站导流底孔封堵分层分块见图 3-8。

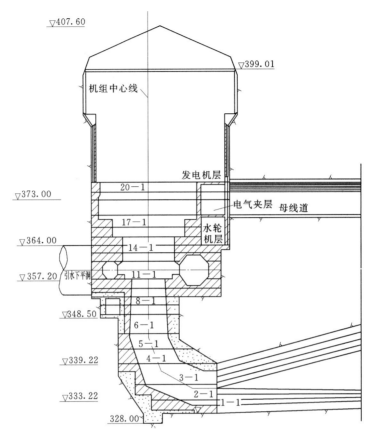

图 3-7  溪洛渡右岸水电站地下厂房典型剖面图（单位：m）

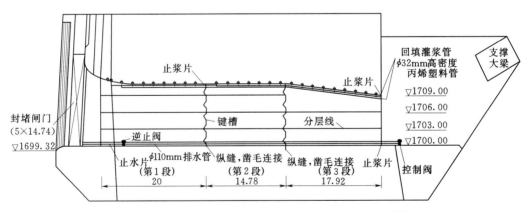

图 3-8  锦屏一级水电站导流底孔封堵分层分块示意图（单位：m）

## 3.3  混凝土仓面设计与仓面资源配置

### 3.3.1  仓面设计原则和步骤

（1）仓面设计的原则。仓面设计应尽可能采取图表格式，力求简洁明了、方便使用；

典型仓面要作成标准化设计；仓面资源配置应合理优化，充分发挥资源效率；应按照高效准确的原则，简化辅料顺序，减少标号、级配的切换次数，缩短浇筑设备入仓运行路线；应有必要的备用方案；应尽量采用办公自动化系统。

（2）仓面设计的步骤。仓面设计要在认真分析仓面特征的基础上，结合现场施工条件，按照有关技术要求，对混凝土浇筑过程详细规划，仓面设计编制步骤见图3-9。内容包括：分析仓面特性、明确质量技术要求、选择施工方法、进行合理的资源配置、制定质量保证措施和编写仓面设计表格。

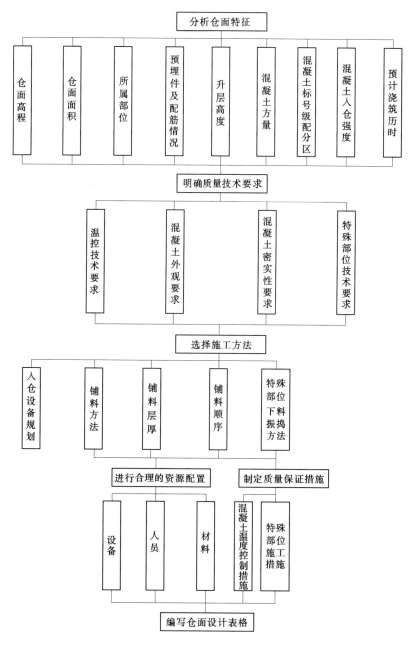

图3-9　仓面设计编制步骤框图

1）分析仓面特性。仓面特性是指浇筑部位结构特征及浇筑特点。主要包括：仓面高程、面积、所属坝段、预埋件及配筋情况、升层高度、混凝土浇筑方量、混凝土标号级配分区、混凝土入仓强度和预计浇筑历时。分析仓面特性，可避免周边部位施工干扰，有利于当外界条件发生变化时采用相应的措施及备用方案。

2）明确质量技术要求。包括质量要求和施工技术要求，如温控要求、过水面质量标准、允许铺料间隔时间等。温控要求应明确混凝土入仓温度、浇筑温度、通水冷却时间；根据混凝土标号、气温和温控要求确定允许铺料间隔时间。仓面设计时，不同的施工部位、不同的浇筑时段，其施工技术要求会有所不同。

3）选择施工方法。选择入仓设备规划、铺料方法、铺料厚度、铺料顺序、特殊部位混凝土下料振捣等施工方法。

入仓设备规划。当采用两台或两台以上的设备浇筑同一仓面时，应确定各台设备浇筑范围和顺序，以达到铺料顺序要求，必要时对浇筑设备运行方式作出限制，以确保设备安全运行。

铺料方法。混凝土浇筑铺料方法一般为平浇法、台阶法及斜层铺筑法。宜优先采用平浇法，但在仓面面积较大，仓面结构复杂和混凝土温控要求严格，无法采用平铺的情况下，可采用台阶法。采用台阶法浇筑时，铺料层数不宜太多，一般为3层，铺料宽度在满足允许铺料间隔时间的前提下，尽量采用宽台阶浇筑，做到台阶分明。

铺料层厚。混凝土铺料层厚，应根据混凝土浇筑允许间歇时间，仓面埋件及钢筋网布置高程的因素确定，一般为层厚30～60cm，铺料层厚在水平止水片、仓位埋件及多层钢筋网等处，应作适当调整，以利于下料及振捣密实。

铺料顺序。仓面混凝土标号、级配较多时，铺料顺序应详细规划。既要减少铺料用时、切换混凝土品种次数，又要保证各种标号、级配混凝土铺料宽度，防止错浇。一般情况下，当仓内有多种标号、级配混凝土时，宜先铺迎水面及模板附近的混凝土，为防止高标号，低级配混凝土浇筑过量，可适当降低该部位铺层厚度。

特殊部位混凝土下料振捣，对于仓内止水、灌浆、观测仪器等不能直接下料的部位，以及闸墩门槽、水轮机蜗壳、压力管道及尾水钢衬下部等钢筋密集、空间狭小、进料困难的部位，应按照相关技术要求，调整混凝土下料、平仓振捣方法。混凝土下料可采用下料皮桶、缓降滑槽、混凝土泵和人工进料等方法。

4）进行合理的资源配置。设备、人员和材料配置。设备包括混凝土入仓、布料、平仓振捣、温控保温设备和仓面保洁机具；材料包括防雨和保温材料；人员包括仓面指挥、仓面操作人员，相关工种值班人员和质量、安全监控人员。

5）制定质量保证措施。仓面设计中，对混凝土温度控制措施、特殊部位施工措施，如喷雾降温、仓面覆盖保温材料等温控措施，止水、止浆体周围、预埋件周围、建筑物结构狭小部位、过流面表面等部位下料，及振捣措施。

一般仓位的质量保证措施，在仓面设计表格中填写，对结构复杂，浇筑难度大及特别重要的部位，必须编制专门的质量保证措施，作为仓面设计补充，并在仓面设计中给予注明。

6）编写仓面设计表格。仓面设计成果一般采用图表格式。根据施工实践，仓面设计的图表中，其技术要求应简单明了。在仓面的剖面上，应表明每层铺料厚度，并对应混凝土浇筑来料流程表，标明来料顺序。

### 3.3.2 资源配置

（1）仓面浇筑设备。水利水电工程混凝土施工中常有一些面积、方量较大的仓号，在施工中需要使用一些辅助设备，用于仓号内混凝土的摊铺、振捣，常用的有平仓机、振捣臂等。在三峡水利枢纽工程、二滩水电站等许多大型水电工程的大仓位混凝土浇筑中，平仓已采取专用平仓铲、主振捣设备已采用带有多个振捣棒头的振捣机，这对于加快浇筑进度，保障浇筑质量起到了积极的保障作用。常用的平仓机型号有 SD13S 型（推土机式）、D31Q 型（装载式）、D31PL－20 型（推土机式）、850G 型、850K 型等，振捣臂型号有 VBH13S－8EH 型（8棒）、ZDC813 型（8棒）、VBH7－5EH 型（5棒）等。

（2）仓面资源配置。资源配置时应根据仓面特性、技术要求和周边条件，选用不同的设备组合，以充分发挥机械设备资源效率；人员配置分工明确，各个环节要专人负责；材料配置要品种齐全、数量充足、符合技术要求。

对于大体积少筋混凝土仓面，尽量采用缆机、塔带机、大型门（塔）机和平仓振捣机等高速、大型设备。对于结构复杂，混凝土标号、级配品种较多仓面，宜采用门（塔）机、手持式振捣器等易于控制的设备。三峡水利枢纽工程二期典型仓面资源配置见表3－1。

表3－1　　　　　三峡水利枢纽工程二期典型仓面资源配置表

| 序号 | 仓面类型 | 入仓手段 | 浇筑设备 振捣机＋手持振捣器 | 人员 仓内 | 振捣机 | 浇筑工 | 辅助工 | 合计 |
|---|---|---|---|---|---|---|---|---|
| 1 | 素混凝土仓 | 塔带机 | 1台8头＋4个φ100mm | 1 | 1 | 6 | 2 | 10 |
| | | | 1台5头＋6个φ100mm | 1 | 1 | 8 | 2 | 12 |
| | | 门（塔）机 | 1台4头＋4个φ100mm | 1 | 1 | 4 | 2 | 8 |
| | | | 0＋6个φ100mm | 1 | 0 | 6 | 2 | 9 |
| 2 | 少筋混凝土仓 | 塔带机 | 1台8头＋4个φ100mm | 1 | 1 | 6 | 2 | 10 |
| | | | 1台5头＋4个φ100mm | 1 | 1 | 8 | 2 | 12 |
| | | 门（塔）机 | 1台4头＋3个φ100mm | 1 | 1 | 4 | 2 | 8 |
| | | | 0＋5个φ100mm | 1 | 0 | 7 | 2 | 11 |
| 3 | 多筋混凝土仓 | 塔带机 | 1台8头＋4个φ80mm | 1 | 1 | 8 | 3 | 13 |
| | | | 1台5头＋5个φ80mm | 1 | 1 | 10 | 3 | 15 |
| | | 门（塔）机 | 1台4头＋4个φ80mm | 1 | 1 | 6 | 3 | 11 |
| | | | 0＋6个φ80mm | 1 | 0 | 9 | 2 | 12 |
| 4 | 水平钢筋混凝土仓 | 塔带机 | 0＋8个φ80mm | 1 | 0 | 12 | 3 | 16 |
| | | 门（塔）机 | 0＋5个φ80mm | 1 | 0 | 10 | 2 | 13 |
| 5 | 过流面混凝土仓 | 塔带机 | 1台5头＋4个φ100mm＋2个φ80mm | 1 | 1 | 9 | 3 | 14 |
| | | | 0＋6个φ100mm＋2个φ80mm(50) | 1 | 0 | 10 | 4 | 15 |
| | | 门（塔）机 | 1台4头＋3个φ100mm＋2个φ80mm | 1 | 1 | 7 | 2 | 11 |
| | | | 0＋5个φ100mm＋2个φ80mm(50) | 1 | 0 | 9 | 2 | 12 |

### 3.3.3 工程实例

拉西瓦水电站大坝11~17号仓面设计实例说明。

（1）分析仓面特征。拉西瓦水电站大坝11~17号仓面起止高程2301.00~2304.00m，升层高度为3.0m。仓号面积1030m²，混凝土浇筑方量3240m³。冷却水管在浇筑过程中铺设，间排拒1.5m×1.0m。混凝土设计标号为C32W10F300。和相邻坝段高差在允许范围内，周边无影响混凝土浇筑因素。预计2008年1月11—12日浇筑，预计浇筑历时20h，混凝土允许间歇时间按3.5h控制。

（2）温控要求和措施。根据拉西瓦地区气象资料，1月份多年月平均气温为-6.7℃，多年最低月平均气温-13.7℃。按照拉西瓦冬季施工的温控要求：日平均气温（$T_a$）为-10℃≤$T_a$≤5℃时，拟采用蓄热法施工。要求如下：

1）预热骨料、加热水拌和混凝土，允许混凝土出机口温度为8~15℃。

2）侧卸车、自卸车侧面均采用橡塑海绵封闭，顶口安装滑动式保温盖布，保温盖布在混凝土卸完料后，将其拉盖封闭。搅拌车车厢采用帆布及保温卷材封闭保温，避免混凝土因热量损失而受冻。对于用于吊罐入仓的混凝土，为了减少混凝土的温度损失，吊罐四周用橡塑海绵保温，以确保混凝土入仓温度不低于8℃，控制混凝土浇筑温度5~8℃。

3）搅拌车浇筑前模板采用外嵌5cm聚苯乙烯泡沫板进行保温。

4）仓号验收合格后，在仓号周边搭设简易保温棚，布置暖风机对模板周边进行升温；中间部位采用电热毯仓号进行升温。

5）在浇筑过程中蓄热保温。在浇筑混凝土过程中采用一边揭保温被一边浇筑的方法。浇筑完毕的每一层混凝土及时覆盖新型保温被保温。同时，在浇筑过程中始终保持暖风机对保温棚的暖气输送。

（3）确定浇筑参数。采用3台辐射缆机（30t）作为入仓手段。经现场实际统计，单台缆机浇筑混凝土平均按6~7罐（每罐9m³）计算，3台缆机平均入仓强度为160~180m³/h。因采用缆机入仓，第一层用厚20cm的C32W10F300三级配富浆混凝土垫底，以上采用30~50cm厚C32W10F300四级配铺料。仓号浇筑采用平铺法铺料方式，3台缆机同时下料，每台缆机负责4个条带，每个条带3.5~5.5m。仓面面积1030m²，共分6层，最大层厚50cm。通过计算，每层需浇筑515m³，覆盖混凝土接头时间在允许间歇时间内。

（4）确定资源配置。

1）仓面设备及设施。振捣机3台，平仓机3台，$\phi$130mm振捣棒6个、$\phi$100mm振捣棒4个，仓内配置YH-20燃油暖风机2台，保温被、塑料布各配1000m²，排水及保洁工具足量。

2）人员配置。仓面指挥人员3人，模板工、钢筋工各2人，预埋工4人，振捣机、平仓机司机各3人，辅助工10人。

（5）仓面设计表格。混凝土浇筑仓号浇筑工艺设计见表3-2。仓面设计完成后，应分送给混凝土浇筑施工的相关部门，包括拌和楼、试验室、混凝土运输入仓设备操作人员、仓面指挥及操作人员等。混凝土浇筑完成后，还应对仓面设计执行情况进行检查。

表 3 - 2

## 混凝土仓号浇筑工艺设计图表

| 合同编号 | Lxw－(2004) 第 37 号 | 施工部位 | 17 坝段 | 仓号名称 | 3 | 单元编码 | 11～17 号 | 仓号编码 | ××× |
|---|---|---|---|---|---|---|---|---|---|
| 仓号高程/m | 2301.00～2304.00 | 浇筑面积/m² | 3060 | 浇筑方量/m³ | | 浇筑层厚/m | | | 3240 |

| 混凝土标号 | 级配 | 坍落度 | 拌和楼 |
|---|---|---|---|
| C32W10F300 | IV | 4～6 | 高程 150.00 |
| C32W10F300 | Ⅲ富浆 | 7～9 | 高程 150.00 |

| 预计开仓时间 | 2008 年 1 月 12 日 | 预计浇筑时间/h | 160～180 |
|---|---|---|---|
| 预计开仓时间 | 2008 年 1 月 11 日 | 预计浇筑时间/h | 20 | 入仓强度/(m³/h) | 150～180 |

入仓

| 垂直运输 | 缆机 | 3 台 | 水平运输 | 仓面吊 | 3 台 | 侧卸车 | 9 台 |
|---|---|---|---|---|---|---|---|

仓面设备设施

| 平仓机 | 3 台 | 1. 仓面吊 | 3 台 | 7. 水泵 | 水泵 |
|---|---|---|---|---|---|
| 振捣臂 | 3 台 | 2. 喷雾机 | 3 台 | 8. 水桶 | 6 |
| 冲毛机 | 6 | 3. 防雨布 | 6 | 9. 水勺 | 12 |
| φ130mm 振捣棒 | 6 | 4. 保温材料 | 1000m² | 10. 铁锹 | 6 |
| φ100mm 振捣棒 | 4 | 5. 塑料布 | 1000m² | 11. 棉纱 | 足量 |

单班仓面人员

| | | 平仓工 | | 振捣司机 | | 预理工 | 辅助 |
|---|---|---|---|---|---|---|---|
| 混凝土浇筑工 | 木模工 | 仓面指挥 | 钢筋工 | 振捣司机 | | | |
| 8 | 2 | 3 | 3 | 3 | 6 | 4 | 10 |

特殊部位混凝土浇筑负责人

浇筑方法：平铺法

| 厚度 | 0.2m，0.3m，0.5m，0.5m，<br>0.5m，0.5m，0.5m，0.5m | 层次 | 6 |
|---|---|---|---|

浇筑注意事项：
1. 浇筑前设备、人员到位；
2. 严格按混凝土标号分区图下料；
3. 下料过程中注意保护预埋件、灌浆管、冷却水管等设施，止浆、止水片周围及外露面注意振捣，确保该部位混凝土浇捣质量；
4. 注意仓面实外光；铺料接茬差处加强振捣，确保混凝土收面平整无积水坑和脚印
5. 严格按收仓线收仓，确保混凝土收面平整无积水坑和脚印

浇筑立面示意图（C32Ⅳ级配，Ⅲ富浆，浇筑方向 上游→下游，▽8304.00，▽8301.00）

浇筑平面示意图（1 号缆机范围围线、2 号缆机范围围线、3 号缆机范围围线，流向）

备注：每台缆机管 4 个条带（1、2、3、4），每个条带 3.5～5.5m，复振间隔时间为 20min 左右，严禁以平仓代替振捣，确保该部为加强振捣

| 施工单位 | | 监理单位 | | 盯仓人员 |
|---|---|---|---|---|
| 质检员 | | 质检员 | | |

39

## 3.4 建基面及施工缝处理

### 3.4.1 技术要求

为了保证水工建筑物的稳定，基础面必须符合水工建筑物设计建基要求，对建筑物建基面须按施工图纸和设计要求进行开挖和基础处理施工，使建基面的高程、宽度、长度、边坡坡度、地基承载力等指标符合设计要求。同时，为保证新老混凝土面的结合，必须对老混凝土面进行清理、处理，使建基面和施工缝施工质量满足《水工混凝土施工规范》（DL/T 5144）的要求。

（1）建筑物地基必须经验收合格后，方可进行混凝土浇筑仓面准备工作。

（2）岩基上的松动岩块及杂物、泥土均应清除。岩基面应冲洗干净并排净积水，如有承压水，必须采取可靠的处理措施，清洗后的岩基在浇筑混凝土前应保持洁净和湿润。

（3）岩面上分布的断层带（槽）已按设计要求进行处理。

（4）软基或容易风化的岩基，应做好下列工作：

1）在软基上准备仓面时，应避免破坏或扰动原状土壤，如有扰动，必须处理。

2）非黏性土壤地基，如湿度不够，应至少浸湿深 15cm，使其湿度与最优强度时的湿度相符。

3）当地基为湿陷性黄土时，应采取专门的处理措施。

4）在混凝土覆盖前，应做好基础保护。

（5）混凝土施工缝处理，应遵守下列规定：

1）混凝土收仓面应浇筑平整，在其抗压强度尚未到达 2.5MPa 前，不得进行下道工序的仓面准备工作。

2）混凝土施工缝面应无乳皮，微露粗砂。

3）毛面处理宜采用 25～50MPa 高压水冲毛机，也可采用低压水、风砂枪、刷毛机及人工凿毛等方法。毛面处理的开始时间由试验确定。采取喷洒专用处理剂时，应通过试验后实施。

4）仓面内混凝土表面应清洗洁净，无积水，无积渣杂物。

5）结构物混凝土达到设计顶面时，应平整，其高程必须符合设计要求。

### 3.4.2 处理方法

（1）建基面处理。各种岩石、地质体是地质作用的天然产物，经历了各种地质作用的侵袭与变化，工程地质特征表现各不相同。由于选定坝址的地质条件与理想中的地质条件具有一定的差距，会存在这样那样的不良地质问题。对这些问题的解决可分为清基、坝基岩体加固、固结灌浆措施和防渗排水四个方面措施。

1）清基措施。清除松散软弱、风化破碎及软弱夹层，使坝体位于完整岩石上。

2）坝基岩体加固措施。对岩体中裂隙、孔隙、断层等，可采用下列加固方法，包括：①固结灌浆。通过钻孔，将胶结浆液压入裂隙、孔隙中。②锚固。在地基岩体中发育有控制岩体滑移的软弱面时，为增强岩体的抗滑稳定性，可采用预应力锚杆进行加固处理。其方法是先用钻孔穿过软弱面，深入到完整的基岩岩体，之后插入预应力钢筋或锚索，再用水泥砂浆灌入孔内封闭。如条件允许也可采用大口径钢筋混凝土进行锚固。③槽、井、洞挖回填混凝土。当坝基下面有规模较大的软弱破碎带时，如断层破碎带、软弱夹层、泥化层、风化带、裂隙密集带等，要进行特殊的处理，包括的方式有：倾角软弱破碎带的处理。高倾角软弱破碎带的处理方法主要有混凝土塞、混凝土梁、混凝土拱等；缓倾角软弱破碎带埋藏较浅时可采用开挖、清除，然后回填混凝土的处理方式。

3）固结灌浆措施。

4）防渗和排水措施。采用帷幕灌浆进行防渗处理，根据现场具体情况制定排水措施。

（2）基础面清理。对岩石基础建基面常见的清理方法为人工用撬杠等撬挖清除松动、软弱、尖峭和反坡岩面；用水和压缩空气清除油污、泥土和杂物；用液压冲击锤、劈裂机等机械方法，对岩石开挖时留下的强风化较厚临时保护层进行挖除。

（3）地表水引排和地下渗水处理。

1）基础面的地表水应采用围护、疏导、引排和水泵抽排措施，妥善排除至基坑外部。

2）基岩面的地下渗水处理应根据渗流的大小、分布位置、分布形式，采取对应的堵、引、排措施。由于各工程的地质情况不同，基坑内渗水分布方式千差万别，各工程基岩面渗水排除的具体方案也不尽相同，但总体来说无非是先对渗流通过岩面扣槽、埋管等方式，先进行局部区域的渗水集中，然后按就近排除的原则，通过自流或泵排的方式排至仓号外侧。岩面渗水排水管路在基坑混凝土浇筑至适当高程后，进行灌浆封堵，使渗水排除管路应尽量布置在坝体下游侧。

（4）软基面处理。对砂砾石、土基地基等软基面，基坑开挖过程中坑底预留20～30cm保护层，在基坑验收前清理。清除预留表层土和浮土，并按设计要求进行钎探或密实度取样检查，人工剔除表面大石、杂物，对槽底进行平整处理，基础面经联合验收合格后，进行后续施工。对回填形成地基，基础应根据实验确定的分层厚度、碾压遍数、最优含水量等施工参数，分层填筑密实，基础表面应致密、无乱石杂物、无坑洞。

软基面验收后应根据设计要求及时进行后续垫层混凝土浇筑，以便于保护基础表面。

（5）施工缝处理。

1）高压水冲毛。

设备类型：现在专用的高压水冲毛机的工作压力，最高可达50～100MPa，部分高压冲毛机的型号和性能见表3-3。

表3-3 部分高压水冲毛机的型号和性能表

| 项 目 | GCHJ35A/B | GCHJ50A/B | GCHJ80A/B |
|---|---|---|---|
| 喷枪/支 | 2 | 2 | 2 |
| 功率/kW | 55 | 75 | 110 |
| 生产率/（m²/h） | 40～100 | 50～100 | 50～100 |
| 最大工作压力/MPa | 35 | 50 | 80 |
| 工作半径/m | 10+35 | 60 | 60 |
| 拖动方式 | 固定/牵引式 | 固定/牵引式 | 固定/牵引式 |
| 整机重量/t | 1.6/2.3 | 1.8/2.4 | 2.7 |
| 混凝土表面抗压强度/MPa | <35 | <45 | <50 |

高压水冲毛机由高压泵、电动机、电器控制箱、高压水管和喷枪组成，如采用活塞式高压泵，还需配备稳压器，GHCJ 70/50 高压冲毛机见图 3-10。由于手持式喷枪有一定的反作用力，为了改善作业人员的劳动条件，现有一种推移式冲毛机，将喷嘴置于可在混凝土表面推移的圆盘底部，减轻了工人的劳动强度，并克服了手持式喷枪冲毛时水雾弥漫的缺点。

图 3-10　GHCJ70/50 高压冲毛机

冲毛方法和适用范围：高压水冲毛效率高，使用方便，冲毛效果好，冬季冰冻时不便采用。其特点：冲毛时无多余废弃物产生；对混凝土表层冲蚀深度很小，可按要求仅将混凝土表面厚 0.5～2mm 的乳皮和水锈等各种污物冲除；冲毛时混凝土表面较清洁，易于操作人员辨认混凝土表面的污染程度；有效地提高混凝土接缝的抗剪强度。根据工程实践，混凝土收仓后 20～36h 开始冲毛，采用手持式喷枪冲毛时宜采用退行的方式行进，采用圆盘式冲毛机时，宜采用横移的方式行进。

2）低压水冲毛。冲毛方法是直接使用施工现场供水系统的水进行冲毛，水压力一般为 0.3～0.6MPa。由于水压力较低，冲毛必须在混凝土终凝前完成。其工序为：刷毛→洒水→冲洗。

开始刷毛的时间，根据水泥品种、混凝土标号和气温情况确定，一般为 3～6h。刷毛完成后或在刷毛过程中，混凝土表面应及时洒水，以维持湿润为准。在混凝土达到一定强度时，用水管对混凝土表面进行冲洗，直到混凝土表面积水由浑变清为止。

适用范围：低压水冲毛使用于仓面面积较大，收仓过程较长，且正在浇筑收仓面混凝土的水平施工缝的冲毛。冲毛时间受混凝土终凝时间、仓面面积的影响，劳动效率有所不同，平均为 100～300m²/班。由于低压水冲毛占用时间过长，且会冲走混凝土表层砂浆，造成浪费，在可能的条件下，应尽量采用高压水冲毛。

3）风砂枪冲毛。风砂枪冲毛是利用进风管中 0.4～0.6MPa 的高压风，将密封砂罐中经过筛选的粗沙和水带进输沙管，从喷枪嘴中喷出，将混凝土表面的灰浆、乳皮、水锈、油污等污染物清除，再用清水将缝面冲洗干净。风砂枪冲毛的工序为：准备→冲洗→冲毛

→冲洗。风砂枪冲毛设备见图 3-11。

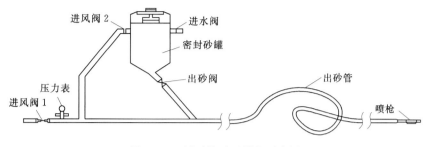

图 3-11 风砂枪冲毛设备示意图

先选择 4~5mm 的筛网过筛的粗砂，洗去砂中的泥质后，装入密封砂管内，装砂量不超过灌体的 4/5。冲毛前，宜先将仓面冲洗一遍，清除混凝土表面较厚的浮土、石渣等污物。冲毛时，先将进风阀 1 打开，待喷枪嘴出风后，再打开出砂阀，然后根据出砂量的大小，打开和调节进风阀 2，控制风砂比。喷枪嘴距混凝土面的距离为 80~200mm，冲毛时宜采用端退法。风砂枪冲毛后，用清水将缝面冲洗干净，如有污染物未清除干净时，再用风砂枪补充冲一遍。

适用范围：缝面间隔时间较长，混凝土强度高，污染严重；仓位空间狭小，钢筋密集的部位；拆模后的竖向施工缝，尤其是需要灌浆的纵横缝。风砂枪冲毛存在耗砂量大、准备时间长、劳动环境差，对其他施工作业有较大影响的缺陷，现主要以高压水冲毛代替。

4）人工或机械凿毛。对混凝土施工缝传统的凿毛方法是采用风镐凿毛或人工工具进行凿毛。采用钢钎和风镐凿毛，凿出的混凝土深度较大，混凝土浪费大，产生的废物较多，凿毛的工效较低，质量差。在大而平坦的仓面上，可利用一种反向地面刨毛机进行刨毛。混凝土反向地面刨毛机见图 3-12。利用反向地面刨毛机刨毛最大的优点是工作过的基层表面的粗糙程度大幅度提高，能增强基层与面层的黏结力，高效率的清理能节约大量的劳动力。国外曾用钢刷机刷毛。钢刷机类似街道清扫机，装有旋转的粗钢丝刷和吸收浮渣的装置。

图 3-12 混凝土反向地面刨毛机

人工和机械凿毛适用于混凝土龄期较长，拆模后的混凝土立面，宽槽，封闭块等狭窄部，以及污染深度较大、时间较长的水平施工缝。

5）化学处理剂刷毛。化学处理剂刷毛是利用某些化学制剂对水泥的缓凝特性进行混凝土缝面处理，一般用于以下情况：用于竖向施工缝。在浇筑混凝土前，涂刷在模板面上，使混凝土成型后的表面早期缓凝，拆模后及时用压力水冲去低强度的水泥乳皮，在混凝土表面形成毛面。用于水平施工缝。在混凝土振捣完成后喷涂在水平缝面上，待混凝土终凝后，用压力水冲去表层水泥乳皮而形成毛面。

工程实例：葛洲坝水利枢纽工程曾使用过木质素磺酸钙、糖蜜塑化剂和柠檬酸等化学处理剂进行缝面处理。木质素磺酸钙的用法如下：

使用方法。用木质素磺酸钙干粉（简称木钙粉）与水调成稀糊状（可以一次搅拌，分次使用）于混凝土浇筑前涂刷在模板上，待混凝土收仓、养护1d左右时，用压力水冲洗；或在收仓后的混凝土面上喷洒，待混凝土终凝后，用压力水冲洗。

配合比。木钙粉：水＝1：（0.7～1.0）。

使用要求。涂层薄而均匀，一般厚1～2mm；靠近迎水面或溢流面的止水（浆）片周围5cm范围内不要涂刷；严禁木钙溶液洒在钢筋、止水（浆）片等埋件和将要浇筑的混凝土面上。

### 3.4.3 水平施工缝面接缝工艺

（1）大体积仓面利用富浆混凝土代替层间砂浆。在水工混凝土施工中，传统的浇筑层面接缝处理方法是：混凝土浇筑前在仓面上铺厚2.0～3.0cm的砂浆。近年来，许多工程根据大量的实验资料和工程经验，已在仓面采用接缝混凝土代替砂浆。根据《水工混凝土施工规范》（DL/T 5144—2001）的规定："基岩面和新老混凝土施工缝面在浇筑第一层混凝土前，可铺水泥砂浆、小级配混凝土或同强度等级的富砂浆混凝土……"。

乌江渡水利枢纽工程坝体水平施工缝仅在迎水面宽度5.0～7.0cm内铺砂浆，其他部位不铺砂浆而浇筑厚50cm、加大砂率2%～3%和增大坍落度1～2cm的接缝混凝土。有的工程只加大砂率，其加大的比例为：四级配加大4%、三级配加大3%、二级配加大2%；或减少骨料粒径，采用一级、二级配不加大砂率的混凝土。二滩水电站工程采用厚30cm的三级配富砂浆混凝土作为接缝混凝土；三峡水利枢纽工程迎水面4.0～6.0m采用厚20cm同标号二级配混凝土，其余部位采用厚40cm三级富砂浆混凝土作为接缝混凝土，经钻孔检查，都取得了较好的效果。

采用浇筑接缝混凝土代替铺砂浆的优点有：①简化施工程序，在浇筑过程中分段铺砂浆，会给混凝土拌和、运输、入仓、铺料等工序增加难度；②接缝混凝土有利于减少上层大级配混凝土下料时的骨料分离，尤其是塔带机进料时，效果更为明显；③减轻了工人的劳动强度。

（2）对薄弱部位增加水平缝间止水。对胸墙等厚度较小的封水部位混凝土，为保证混凝土封水效果，加强层间结合面的抗渗性能，在做好永久分缝止水的同时，对混凝土层间水平施工缝增加了一道或两道宽度为30～40cm、厚度不小于0.5mm的镀锌铁皮止水，埋入下层15～20cm，外露15～20cm，根据实际施工效果看，效果良好。

对预留廊道、垂直吊物孔等距离迎水面或渗水通道较近，一般尺寸不足2.0m的部位，为保证混凝土封水效果，加强层间结合面的抗渗性能，可根据实际情况对混凝土层间水平施工缝增加一道651型橡胶止水，亦可起到较好的防渗效果。此方法在公伯峡、拉西瓦、积石峡等水电站进水口混凝土施工中广泛应用，取得了良好的效果。

（3）仓面周边混凝土水平缝表面平整度要求提高。由于水利水电工程施工中机械化、标准化施工日益提高，仓面浇筑中广泛使用悬臂模板等大模板，为便于下层仓号的模板制安，保证模板拼缝严密，避免混凝土浇筑过程中漏浆，避免形成混凝土挂帘，施工中需对仓号周边混凝土表面的平整度进行严格控制，并在施工中予以妥善保护和处理，从而便于后续施工，保证混凝土浇筑外观质量。

## 3.5 浇筑

### 3.5.1 铺料方法和允许间隔时间

（1）铺料方法。

1）平铺法。混凝土入仓铺料时，按水平层连续逐层铺填，第一层铺满浇筑振捣密实后，再铺筑下一层，依次类推直至达到设计高度，称为平铺法，见图 3-13。

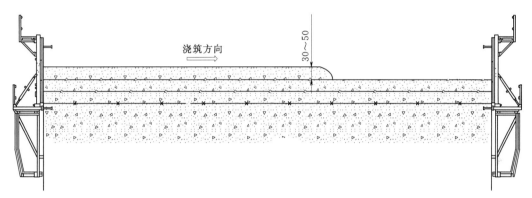

图 3-13　混凝土浇筑平铺法铺料示意图（单位：cm）

A. 条件：采用平铺法施工时，因浇筑层之间的接触面积大（等于整个仓面面积），应注意防止出现冷缝（即铺填上层混凝土时，下层混凝土已经初凝）。为了避免产生冷缝，仓面面积 $A$ 和浇筑层厚度 $H$ 必须满足式（3-1）计算：

$$AH \leqslant KQ(t_2 - t_1) \tag{3-1}$$

式中　$A$——浇筑仓面最大水平面积，$m^2$；

$H$——浇筑厚度，取决于振捣器的工作深度，一般为 0.3～0.5m；

$K$——时间延误系数，可取 0.8～0.85；

$Q$——混凝土浇筑的实际生产能力，$m^3/h$；

$t_2$——混凝土初凝时间，h；

$t_1$——混凝土运输，浇筑所占时间，h。

B. 铺料方向与次序：一般情况下，沿着仓面的长边方向，由一端铺向另一端；闸、坝工程的迎水面仓位，铺料方向与坝轴线平行；基岩凹凸不平或混凝土工作缝在斜坡上的仓位，应由低到高铺料，先填塘，再按顺序铺料；有廊道、钢管或埋件的仓位，卸料时，廊道、钢管两侧要均衡上升，其两侧高差不应超过铺料的层厚（一般 30～50cm）。

C. 特点：平铺法利于保持老混凝土面的清洁，利于砂浆和接缝混凝土的铺设，利于新老混凝土之间的结合质量；便于平仓、振捣机械的使用；铺料的接头明显，层次分明，便于混凝土的振捣，不易漏振；适用于不同坍落度的混凝土；入仓强度要求较高，尤其在高温和寒冷季节施工时，应加快混凝土入仓的速度，保证混凝土的浇筑质量。

2）台阶法。

A. 铺料方向与次序：混凝土入仓铺料时，从仓位短边一端向另一端铺料，边前进、边加高，逐层向前推进，并形成明显的台阶，直至把整个仓位浇筑到收仓高程，混凝土浇筑台阶法铺料见图 3-14。

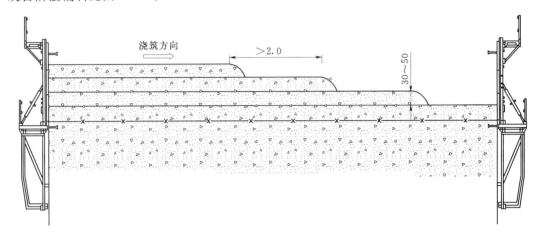

图 3-14　混凝土浇筑台阶法铺料示意图（单位：cm）

B. 特点：不受仓面大小限制，没坯混凝土覆盖面积较小，平仓振捣后的混凝土可在较短时间内覆盖，有利于满足铺料间隔时间的要求；由于台阶法铺料时，接头过多，易产生漏振，且不利于平仓振捣设备在仓号内的使用；仓位内混凝土标号、级配较多时，铺料时需频繁变换混凝土品种，使施工组织复杂。

C. 施工要点：采用台阶法施工时，阶梯层数不宜过多，以 3 层为宜；铺料厚度 30～50cm；浇筑层厚度宜为 1.0～1.5m；因水平施工缝（老混凝土面）只能逐步覆盖。因此，必须注意保持老混凝土面的湿润和清洁，接缝砂浆和接缝富浆混凝土应边铺筑混凝土边摊铺；台阶层次分明，台阶接头之间的宽度不小于 2.0m，坡度不大于 1：2；在浇筑中如因机械故障和停电等原因而中止工作时，要做好停仓准备，应将仓位内混凝土在初凝前振捣密实，特别是仓位中的重要部位。

3）斜层浇筑法。当浇筑仓面面积较大而混凝土拌和、运输能力有限时，采用平层浇筑法容易产生冷缝时，可用斜层浇筑法和台阶浇筑法。

斜层浇筑法是在浇筑仓面，从一端向另一端推进，推进中及时覆盖，以免发生冷缝，斜层坡度不超过 10°，否则在平仓振捣时易使砂浆流动，骨料分离，下层已捣实的混凝土也可能产生错动，浇筑块高度一般限制在 1～1.5m，混凝土浇筑斜层法铺料见图 3-15。

4）平铺法与台阶法的铺料计算。

A. 平铺法厚度：平铺法铺料厚度，应以混凝土入仓速度、铺料允许间隔时间和仓位面积大小来决定铺料厚度，按式（3-2）计算：

$$\delta = \frac{qt}{S} \qquad\qquad (3-2)$$

式中　$\delta$——铺料厚度，m；

　　　$q$——混凝土实际入仓强度，m³/h；

　　　$t$——铺料层的允许间隔时间，h；

　　　$S$——浇筑仓位的面积，m²。

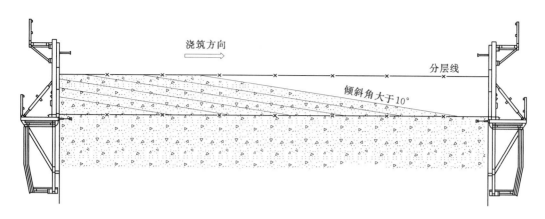

图 3-15　混凝土浇筑斜层法铺料示意图

混凝土施工中，根据振捣器的性能，铺料厚度一般控制在 30～60cm。如果经计算铺料厚度 $\delta$ 小于其下限值时，应考虑加大混凝土入仓强度或采用台阶法铺料。

B. 台阶法铺料：计算将所有台阶覆盖一层混凝土的方量，可推算出需要的混凝土入仓强度，按式（3-3）计算：

$$V = \delta n L \sqrt{\frac{v}{\delta}} \qquad\qquad (3-3)$$

式中　$V$——台阶法浇筑每铺筑一次的混凝土量，$m^3$；

　　　$L$——浇筑块短边长度，m；

　　　$v$——吊罐容积，$m^3$；

　　　$\delta$——铺料厚度（即台阶高度），m；

　　　$n$——台阶数。

根据式（3-2）可以计算出不同浇筑分层厚度、不同浇筑块短边宽度和不同铺料厚度的混凝土方量（见表 3-4）。

表 3-4　　　　　　　　　　台阶法浇筑每铺筑一次的混凝土方量表　　　　　　　　　　单位：$m^3$

| 浇筑块边长/m | 三台阶台阶层厚 | | | 四台阶台阶层厚 | | |
| --- | --- | --- | --- | --- | --- | --- |
| | 0.3m | 0.4m | 0.5m | 0.3m | 0.4m | 0.5m |
| 11 | 44.4 | 49.8 | 57.8 | 59.1 | 66.5 | 77.0 |
| 12 | 48.4 | 53.6 | 63.0 | 64.5 | 72.5 | 84.0 |
| 13 | 52.4 | 58.9 | 68.3 | 69.9 | 78.7 | 91.0 |
| 14 | 56.4 | 63.6 | 73.5 | 75.3 | 84.1 | 98.0 |
| 15 | 60.5 | 68.0 | 78.8 | 80.6 | 90.7 | 105.0 |
| 16 | 64.5 | 72.5 | 84.0 | 86.0 | 96.7 | 112.0 |
| 17 | 68.6 | 77.1 | 89.3 | 91.4 | 102.8 | 119.0 |
| 18 | 72.5 | 81.6 | 94.5 | 96.7 | 108.9 | 126.0 |
| 19 | 76.6 | 86.2 | 99.8 | 102.2 | 114.9 | 133.0 |
| 20 | 80.6 | 90.7 | 105.0 | 107.5 | 121.0 | 140.0 |

| 浇筑块边长/m | 三台阶台阶层厚 | | | 四台阶台阶层厚 | | |
|---|---|---|---|---|---|---|
| | 0.3m | 0.4m | 0.5m | 0.3m | 0.4m | 0.5m |
| 21 | 84.5 | 97.6 | 109.1 | 112.7 | 130.1 | 145.5 |
| 22 | 88.5 | 102.2 | 114.3 | 118.1 | 136.3 | 152.4 |
| 23 | 92.6 | 106.9 | 119.5 | 123.4 | 142.5 | 159.3 |
| 24 | 96.6 | 111.5 | 124.7 | 128.8 | 148.7 | 166.3 |
| 25 | 100.6 | 116.2 | 129.9 | 134.2 | 154.9 | 173.2 |
| 26 | 104.6 | 120.8 | 135.1 | 139.5 | 161.1 | 180.0 |
| 27 | 108.7 | 125.5 | 140.3 | 144.9 | 167.3 | 187.0 |
| 28 | 112.7 | 130.1 | 145.5 | 150.3 | 173.5 | 194.0 |
| 29 | 116.7 | 134.8 | 150.7 | 155.6 | 179.7 | 201.0 |
| 30 | 120.7 | 139.4 | 155.9 | 160.9 | 185.9 | 208.0 |

**注** 表中数值是 $6m^3$ 吊罐浇筑一个层次的混凝土方量，如用 $9m^3$ 吊罐浇筑，表中数字应乘以 1.22。

5）铺料方法的选择。影响混凝土入仓铺料方法的选择因素包括：混凝土温控要求，混凝土入仓设备及生产能力，仓面结构特征和混凝土标号、级配种类，浇筑块薄厚情况。施工时，宜优先采用平铺法。

A．混凝土温控要求：高温及严寒季节，宜采用台阶法，以减少接头覆盖面积，减少散热和温度倒灌。

B．混凝土入仓设备及生产能力：缆机、门机及塔机对台阶法和平铺法两种铺料方法均适宜；塔带机、胎带机进料速度快，但变换混凝土品种困难，较适应平铺法；混凝土泵因运送混凝土坍落度较大，宜采用平铺法；负压溜槽、MY－BOX 管因需要仓面布设布料设备，也宜采用平铺法。

C．仓面结构特征：仓面结构复杂、空间狭小、有悬臂的部位、宜采用平铺法。

D．混凝土标号、级配种类：仓内混凝土标号、级配种类较多时，宜采用平铺法。

E．浇筑块薄厚：且对混凝土采取预冷措施时，宜采用斜层浇筑法。

（2）铺料允许间隔时间。混凝土铺料允许间隔时间，指混凝土自拌和楼出机口到覆盖上层混凝土为止的时间，它主要受混凝土初凝时间、混凝土温控要求及混凝土重塑性的判定的限制。

1）混凝土初凝时间。它与水泥品种、外加剂掺用情况、气候条件、混凝土保温措施等均有一定关系。施工时，可通过试验确定。

2）混凝土温控要求。高温季节和低温季节施工时，混凝土平仓振捣后，必须尽快覆盖上层混凝土。其允许间隔时间，根据混凝土浇筑温度，混凝土温控措施和混凝土运输时间确定。

3）混凝土重塑性的判定。混凝土表面的乳皮约在初凝后2h左右形成，按照《水工混凝土施工规范》（DL/T 5144—2001）的方法判定："用振捣器振捣30s，振捣棒周围10cm内仍能泛浆且不留孔洞"可视为混凝土还能重塑。如今工程上一般采用的判定方法为："采用振捣台车振捣，60s内混凝土还能泛浆，可续浇上层混凝土"。

混凝土允许间隔时间，按照混凝土初凝时间和混凝土温控要求两者中较小值确定。混凝土温控允许间隔时间，根据混凝土浇筑温度计算确定。按照混凝土初凝时间考虑的混凝土浇筑允许间隔时间（见表3-5）。

表3-5　　　　　　　　　　混凝土浇筑允许间隔时间表　　　　　　　　　　单位：min

| 混凝土浇筑时气温<br>/℃ | 中热硅酸盐水泥、硅酸盐水泥、<br>普通硅酸盐 | 低热矿渣硅酸盐水泥、矿渣硅酸盐水泥、<br>火山灰质硅酸盐水泥 |
|---|---|---|
| 21～30 | 90 | 120 |
| 11～20 | 135 | 180 |
| 5～10 | 195 | — |
| —10～4 | 210 | — |

### 3.5.2　平仓

（1）人工平仓。采用铁锹等手工工具，将成堆的混凝土料摊平至规定厚度，较大粒径的骨料集中时应予分散，使骨料和砂浆分布均匀。人工平仓适用于机械平仓难以到达的部位，如钢筋密集、空间狭小的门槽部位；有金属结构管道和仪器埋件的部位；易造成骨料集中和架空的部位，如模板边和止浆（水）片底部等部位。

（2）机械平仓。机械平仓是采用平仓机等机械设备将混凝土料推平，机械平仓适用于仓号面积大、结构简单的仓位。

### 3.5.3　振捣

（1）技术要求。

1）振捣时间。根据《水工混凝土施工规范》（DL/T 5144—2001）的规定，振捣时间应以混凝土不再显著下沉、气泡不再冒出、开始泛浆时为准。不同级配、坍落度的混凝土，振捣时间应有差别，具体通过现场试验确定。

2）振捣器插入距离和深度。振捣器的插入点应整齐排列，插入间距为振捣器作用半径的1.5倍，插入式振捣器振捣次序排列见图3-16，并应插入下层混凝土5～10cm。

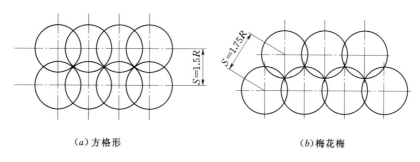

（a）方格形　　　　　　　　　　　　　　（b）梅花梅

图3-16　插入式振捣器振捣次序排列示意图
R—振捣器作用半径；S—两相邻插点距离

3）在模板、钢筋及预埋件附近振捣时，其插入距离宜为有效半径的0.5倍，且不使模板、钢筋、预埋件变形移位。

（2）施工要点。

1）振捣作业应依序进行、插入方向、角度一致，防止漏振。

2）振捣棒尽可能垂直插入混凝土中，快插慢拔，插入式振捣器的使用方法见图3
-17。

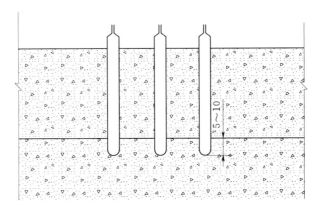

图3-17　插入式振捣器的使用方法示意图（单位：cm）

3）振捣中的泌水应及时刮除，不得在模板上开洞引水自流。

（3）振捣器的类型。

1）振捣器的类型。按动力来源分为电动式、内燃式和风动式振捣器；按振动频率分为低频振捣器（频率为2000～5000次/min）、中频振捣器（频率为5000～8000次/min）、高频振捣器（频率为8000～20000次/min）；按连接轴方式可分为硬轴和软轴振捣器；按组合方式可分为手持式振捣器和振捣器组。

常用混凝土振捣器型号及技术性能见表3-6。几种混凝土振捣机械技术规格见表3-7、表3-8。

表3-6　　　　　　　　　　常用混凝土振捣器型号及技术性能表

| 名称 | | 型号 | 振动棒/mm | | | 振动频率/(次/min) | 软轴尺寸/mm | | 配套动力功率/kW | 质量/kg |
|---|---|---|---|---|---|---|---|---|---|---|
| | | | 直径 | 长度 | 振幅 | | 直径 | 长度 | | |
| 电动软轴插入式混凝土振捣器 | 行星高频式 | ZN30 | 30 | 450 | 1.0 | 183 | 3 | 00 | 1.1 | 31 |
| | 行星高频式 | ZN35 | 35 | 450 | 1.0 | 183 | 13 | 400 | 1.1 | 31 |
| | 插入式 | ZDN50 | 50 | 520 | 1.0～2.0 | 12000 | 13 | 400 | 0.65 | 15 |
| | 插入式 | ZDN60 | 60 | 520 | 1.0～2.0 | 12000 | 13 | 400 | 0.65 | 15 |
| | 行星高频式 | ZN50 | 50 | 450 | 1.2 | 183 | 13 | 400 | 1.5 | 36 |
| | 行星高频式 | ZN70 | 70 | 450 | 1.2 | 183 | 13 | 400 | 1.5 | 36 |
| | 偏心插入式 | ZPN35 | 36 | 400 | 0.8 | 12000 | 10 | 400 | 1.1 | 21 |
| | 偏心插入式 | ZPN50 | 50 | 450 | 1.15 | 12000 | 13 | 400 | 1.1 | 28 |
| | 偏心插入式 | ZPN70 | 68 | 450 | 1.25 | 12000 | 13 | 400 | 1.5 | 38 |
| 电动直联式高频混凝土振捣器 | 插入式 | ZDN80 | 80～85 | 460 | 0.8 | 12000 | | | 0.8 | 13 |
| | 插入式 | ZDN100 | 100 | 500 | 1.6 | 8500 | | | 1.25 | 22 |
| | 插入式 | ZDN130 | 130 | 620 | 3.0 | 7400 | | | 1.85 | 35 |

**几种混凝土振捣机主机技术规格表**

| 机　型 | 73EHL，74EHL，75EHL | 机　型 | 73EHL，74EHL，75EHL |
|---|---|---|---|
| 总重量/kg | 7130，7210，7340 | 履带宽度/mm | 600 |
| 发动机额定功率/额定转速<br>/[kW/(r/min)] | 55/2200 | 接地压力/MPa | 0.26，0.027 |
| 行走速度/(km/h) | 最大速度 3.0 | 有效工作半径/mm | 6274，5750 |
| 回转速度/(r/min) | 12 | 液压泵 | 变量泵×2，齿轮泵×2 |
| 全长/mm | 8014，7510 | 最大额定压力/MPa | 主机振捣器均为 20.0 |
| 总宽/mm | 2355，2700 | 液压泵流量/(L/min) | 主机 56×2＋23×1 |
| 总高/mm | 3005，2920 | 行走液压马达 | 轴向柱塞式液压马达×2 |
| 履带中心距/mm | 1700 | 回转液压马达 | 轴向柱塞式液压马达×1 |
| 履带接地长度/mm | 2700 | | |

表 3－8 　**ZDC4130、ZDC8130 型电动振捣机技术参数表**

| 型号 | 油压<br>/MPa | 接地比压<br>/(mg/cm²) | 振动器数量<br>/根 | 电源<br>/(V/Hz) | 功率<br>/kW | 重量<br>/t |
|---|---|---|---|---|---|---|
| ZDC8130 | 21 | 0.34 | 8 | 200/125 | 40 | 12 |
| ZDC4130 | 21 | 0.3 | 4 | 200/125 | 19.6 | 4 |

2）各种振捣器的特点和适用范围。

A. 插入式电动振捣器：分为硬轴和软轴振捣器，硬轴振捣器的振捣棒 $\phi80\sim130$mm，激振力大，一般用于大体积混凝土；软轴振捣器软轴长度一般为 $3\sim4$m，振捣棒 $\phi50\sim60$mm，软轴振捣器操作轻便，激振力较小，可用于钢筋密集的薄壁结构和空间狭小的金属结构埋件二期混凝土中。

B. 平板振捣器：平板振捣器用于护坦表面、闸室底板等平面。平板振捣器振捣后，表面较平整，石子不会出露，便于收仓抹光。

C. 风动振捣器：风动振捣器构造简单耐用，激振力大，但需要配置风管，操作不便，劳动条件较差，用于大体积混凝土中。

D. 液压振捣器：液压振捣器以高压油泵为动力，一般以成组的形式装在机械振捣台车的支臂上，振捣棒 $\phi120\sim150$mm。液压振捣器激振力大，频率稳定，机动灵活，有利于混凝土密实均匀，用于大体积混凝土中。

（4）振捣器的配置。

1）振捣器的生产率。振捣器的生产率和振捣器的作用半径、激振力、振捣深度、混凝土和易性有关。目前，还没有很精确的计算方法。施工时，可参考振捣器生产厂家提供的指标。对于插入式振捣器的生产率，也可以用式（3－4）进行估算：

$$Q = 2KR^2 H \frac{3600}{t_1 + t} \tag{3-4}$$

式中　$Q$——生产率，m³/h；

　　　$K$——振捣机工作时间利用系数，一般取 0.8～0.85；

$R$——振捣器的作用半径，m，一般为 $0.36\sim0.6$m；

$H$——振捣深度，m（一般取振捣厚度加上 $5\sim10$cm）；

$t_1$——振捣器移动一次所耗时间，s；

$t$——在每一点的振捣时间，s。

2）振捣器的配置。振捣器一般是根据仓面的结构特征、仓面大小、埋件及配筋情况和混凝土入仓强度进行配置，仓面面积大、入仓强度高、采用平铺法的仓位，宜采用平仓振捣机；仓面面积小、仓面结构复杂，入仓强度低的仓位可采用手持式振捣器。

## 3.6 典型构造部位混凝土浇筑

### 3.6.1 施工特点

在水工混凝土施工中，相对于非溢流坝段、闸坝及厂房部块体等大体积混凝土，二期混凝土典型施工部位及部分细部结构，其施工程序复杂，质量要求高，必须采取特殊的施工方法。典型构造部位混凝土施工特点见表 3－9。

表 3－9 典型构造部位混凝土施工特点表

| 施工特点 | 特殊及异型结构 | | | | | | 二期混凝土部位 | | | | 细部结构 | | | |
|---|---|---|---|---|---|---|---|---|---|---|---|---|---|---|
| | 背管 | 蜗壳 | 拦污栅 | 溢流面 | 进水口胸墙 | 闸墩大梁 | 门槽 | 转轮室 | 座环 | 封堵 | 启闭机板梁 | 桥机大梁 | 牛腿 | 止水片 |
| 工作面狭窄 | ◇ | ◇ | ◇ | | ◇ | ◇ | ◇ | ◇ | ◇ | ◇ | | | ◇ | |
| 施工地点分散 | | | | | | | ◇ | | | | | | | |
| 混凝土方量小 | | | ◇ | | | | ◇ | | ◇ | | ◇ | | ◇ | |
| 钢筋密集 | ◇ | ◇ | ◇ | ◇ | ◇ | ◇ | | | | | ◇ | ◇ | ◇ | |
| 结构现状复杂 | ◇ | ◇ | | | ◇ | ◇ | ◇ | ◇ | ◇ | | | | | |
| 施工干扰大 | ◇ | ◇ | | | ◇ | ◇ | ◇ | ◇ | ◇ | ◇ | | | ◇ | |
| 施工时段限制 | ◇ | ◇ | | ◇ | | ◇ | ◇ | | | ◇ | | | | |
| 质量标准高 | ◇ | ◇ | | ◇ | ◇ | ◇ | ◇ | ◇ | ◇ | | | | | ◇ |
| 安全生产突出 | ◇ | | ◇ | | ◇ | ◇ | ◇ | | | | ◇ | | | |
| 技术要求严格 | ◇ | ◇ | | ◇ | ◇ | ◇ | ◇ | ◇ | ◇ | | ◇ | | ◇ | ◇ |
| 入仓困难 | ◇ | ◇ | | | ◇ | ◇ | ◇ | | ◇ | ◇ | | | | |

注 ◇细部结构施工特点。

### 3.6.2 施工要求和方法

（1）施工要求。

1）空间狭小，钢筋密集、金属结构及机电埋件安装精度要求高的部件要求。应选择便于控制、冲击力小的混凝土入仓下料方式，下料时应注意对称下料、多点下料。宜采用小级配混凝土和使用小型低功率振捣器。

2）宽槽、孔洞封堵和封闭块等二期混凝土，一般有施工时段的要求。因此，应做好施工进度的安排和一期混凝土的温控冷却。

3）门槽、宽槽等高差较大的部位，应加强安全生产。仓内工作面和顶部下料点，应有可靠的联络方式；下料时，一次下料不宜过多，并应防止落物伤人。

4）厂房流道部位，体型结构复杂，混凝土表面平整度要求较高。因此，用于该部位的模板，必须制作优良，安装牢固精确，表面光滑平顺。

模板的支撑系统，尽量采用碗口式脚手架和万能杆件等钢制标准件。模板的面板，宜采用实木板和人造板复合或实木板或薄钢板复合。模板部件的尺寸和重量，既要利于现场快速拼装，又要与吊运能力相适应，便于安装与拆卸。

5）金属结构机电埋件较多，施工干扰突出的部位，应加强文明施工，采取有效措施，避免在混凝土入仓吊运、平仓振捣和养护过程中，出现高空坠物和废水横流现象。

（2）施工方法。

1）背管浇筑。背管设计具有直径大、HD 值（H 为设计水头；D 为管道内径）高的特点，采用钢衬钢筋混凝土联合受力结构，一般由上斜直段（为坝内埋管）、上弯段（为坝后背管）、斜直段（为半埋式坝后背管）、下弯段、下平段等组成，整个压力管道结构体型复杂，进口渐变段及背管混凝土为曲面，施工较困难；背管段混凝土下料振捣都较困难；钢管与混凝土预留槽之间空间狭小，且钢管直径大，钢筋密集，层数多，安装困难；位置低，且临近厂房标段，排水困难，施工干扰大。三峡水利枢纽工程左厂房坝段背管典型剖面见图 3-18。

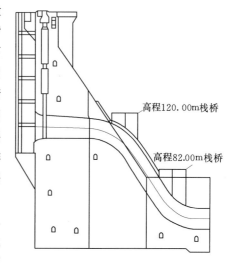

图 3-18 三峡水利枢纽工程左厂房坝段背管典型剖面图

压力管道进口渐变段、坝内埋管段、下弯段、下平段一般施工条件较好，同一般大体积混凝土施工基本相同。背管上弯段和坝坡斜直段，浇筑分层一般为 2～3m。坝后背管斜直段外包混凝土半径较大，施工中一般采用专用定型钢模板，斜直段直线部分做成平形四边形模板 2 块，其圆柱部分及上弯段按 α＝18°将半圆等分为 10块，对称于钢管中心左右各 5 块，施工中每块模板分别编号，以方便识别和安装，模板的加固多采用内拉式（斜直段为半悬臂结构），模板之间全部为螺栓连接，并保证 80％以上的连接量。

由于背管上密集钢筋网的影响及椭圆截面的特点，在安装时宜采用"样架法"施工。模板安装采用接安螺栓和定位锥，模板下口与混凝土面间用高压缩橡皮条贴紧可减小了后期表面处理的难度，减少错台、挂帘、层间漏浆引起的砂线等混凝土施工缺陷。

根据仓号位置及高度可选择利用缆机或门机吊罐辅以溜筒、辐射形溜槽入仓，还可以利用胎带机辅助下料；缆机或门机混凝土吊斗无法入仓时可选择泵送混凝土、MY-BOX管入仓等方式。浇筑背管混凝土时，一般采用平铺法施工，施工中减小下料厚度，进行 2次振捣（间隔约 20～30min），可减少斜面浇筑容易产生的表面气泡，保证了背管混凝土的外观质量。

2）闸墩大梁浇筑。闸墩大梁混凝土模板支撑采用型钢和桁架埋入混凝土的方式或预埋建筑螺栓，固定钢牛腿的形式。拉西瓦闸墩大梁施工时首先在已浇筑完成的两侧边墙上间距50cm预埋建筑螺栓，固定钢牛腿。水平承重梁采用双肢30号槽钢对扣，厚10mm钢板间隔连接，形成简易箱型梁。同时，为了减少承重梁的跨距，在水平梁的下部对称布置两道钢斜撑，斜撑的支撑形式采用双肢25号槽钢对扣，厚10mm钢板间隔连接，截面为简易箱型梁，沿水流方向采用∠752×7的角钢将斜支撑进行连接。大梁底模拆除时首先将找平梁工字钢水平切割，即可使模板脱离混凝土，取出模板后再对水平钢梁逐个拆除。拉西瓦水电站闸墩大梁模板支撑见图3-19。

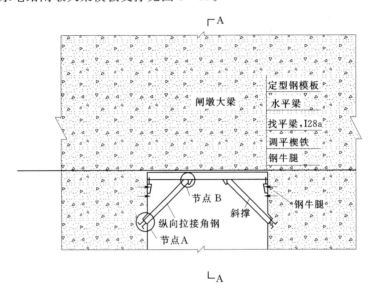

（a）闸墩大梁模板支撑

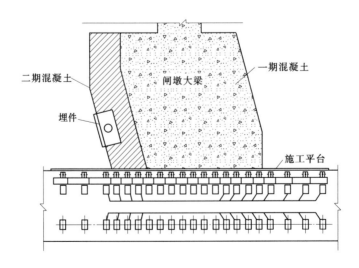

（b）A—A剖面

图3-19 拉西瓦水电站闸墩大梁模板支撑图

泄洪建筑物坝后弧形工作门跨孔预应力，支撑大梁、闸墩和坝顶门机轨道大梁均为预应力混凝土，深、底孔闸墩预应力主锚索及闸墩大梁预应力次锚索均采用后张法施工，混凝土预应力锚索均采用预埋管道成孔。成孔钢管的安装和架立与混凝土施工存在干扰，混凝土施工中要配合保护好预埋成孔钢管。预埋孔管应加以足够的支撑，确保混凝土浇筑中不会变形、位移。锚索预埋钢管采用整体制作、分段吊装架立预埋的方法，即每孔锚索钢导管及锚头埋件（包括端锚垫板、螺纹筋、喇叭管及端头临时密封等），根据混凝土浇筑厚度进行分段制作，然而安装固定在专门设计的钢桁架上形成一个整体，并在收仓面上预埋下层架设钢管埋件。

由于闸墩宽度窄，左、右各布两排钢筋网，锚索成孔钢管排数较多，预应力闸墩及闸墩大梁混凝土浇筑时，采用缆机吊卧罐，为了保证下料高度和避免卧罐撞击成孔钢管，在成孔钢管顶部采用碗扣架，并利用成孔钢管支撑架搭设临时混凝土浇筑入仓平台，平台上布置集料斗，挂溜筒，使混凝土下料高度控制在2m之内，下料点要离开锚固埋件一定距离。左、右两边墙均匀下料，混凝土在浇筑过程中要注意对预埋锚固件的保护，防止人为踩动、碰撞破坏。在锚固埋件附近采用小型手持式振捣棒振捣，振捣棒严禁碰撞埋件，并仔细振捣，防止出现漏振、欠振的现象，保证锚固件的锚固效果，在施工中安排专人负责安全下料。

3）蜗壳浇筑。蜗壳混凝土浇筑难度大、技术难题多，蜗壳底部空间狭小、钢筋布置密集，特别是蜗壳底部、座环阴角部位施工空间狭小不但有密集的钢筋，还有蜗壳的钢支撑，钢筋绑扎、模板安装、混凝土浇筑和振捣都带来了很大的难度；蜗壳二期混凝土浇筑施工工序繁多，施工涉及钢筋安装、各种管路的预埋、现场监测、混凝土运输、保温保压设备的运行等诸多工种联合施工，需要各工种密切配合，尽量安排各工序的平行、交叉作业以减少相互干扰。

溪洛渡水电站右岸厂房混凝土浇筑单仓方量最大的部位为蜗壳层，其总厚度为10.4m（高程353.60～364.00m），单机组平面最大尺寸为28.4m×34.0m，混凝土量为5520m³。根据设计提出的地下厂房混凝土浇筑温控和施工技术要求，机组段蜗壳混凝土分层厚度一般为1.5～2.0m，右岸厂房蜗壳层混凝土共分为6层进行浇筑，其分层厚度从下往上依次为1.2m、2.4m、1.3m、2.0m、2.0m和1.5m。单台机组采用平面不分块的浇筑方法，最顶层的混凝土浇筑方量最大为1240m³。溪洛渡地下水电站厂房蜗壳层浇筑布置及分层见图3-20。

溪洛渡地下水电站右岸厂房蜗壳混凝土采用在平面上不分块的浇筑方式。由于蜗壳钢筋密集，台阶法施工难以保证施工质量。因此，只考虑平铺法施工。右岸地下厂房蜗壳混凝土采用不分块的浇筑方式时的入仓强度分析如下：根据《水工混凝土施工规范》（DL/T 5144—2001）的相关要求，混凝土浇筑坯层厚度一般为30～50cm。采用平铺法施工时，当坯层厚度50cm时混凝土浇筑量为415m³；所对应的入仓强度最小为69m³/h。采用2台SHB2布料皮带机联合入仓的方式（设备的混凝土入仓强度为100m³/h）能够满足混凝土初凝时间6h的施工要求。另外，座环与蜗壳下表面所形成的区域非常狭小，混凝土施工过程中很容易形成空腔，无法浇筑饱满。因此，该部位必须采用预埋泵管，泵送入仓方式进行混凝土回填。右岸地下厂房各机组的蜗壳混凝土具体入仓布置见图3-21。

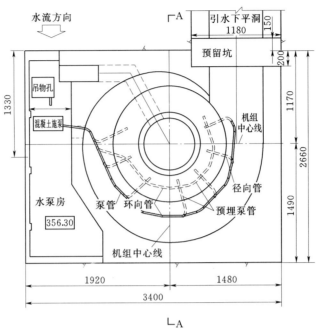

（a）蜗壳层浇筑布置

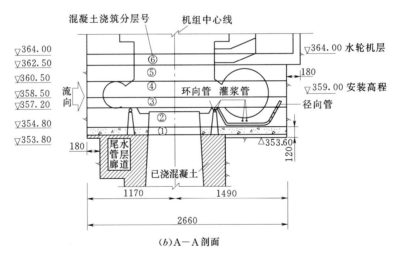

（b）A—A剖面

图3-20　溪洛渡地下水电站厂房蜗壳层浇筑布置及分层图（单位：cm）

对于钢蜗壳、基础环、座环、转轮室衬板和基础钢板等混凝土浇筑不易密实和脱空的部位，宜预先埋设灌浆管路系统或灌浆系统，在混凝土浇筑后进行灌浆。第一次灌浆后，再用敲击法检查，若仍有脱空现象，还要布置钻孔补灌。灌浆压力必须严格控制，以防埋件变形（灌浆前要保留原有的支撑）。

4）拦污栅浇筑。拦污栅栅墩采用滑模不分层一次成型，顶部牛腿分层与坝体相同。拦污栅系梁在栅墩浇筑时预留梁窝，后期进行浇筑。

拦污栅模板采用整体滑模，每一进水口栅墩作为一个整体同时进行浇筑，滑模采用液

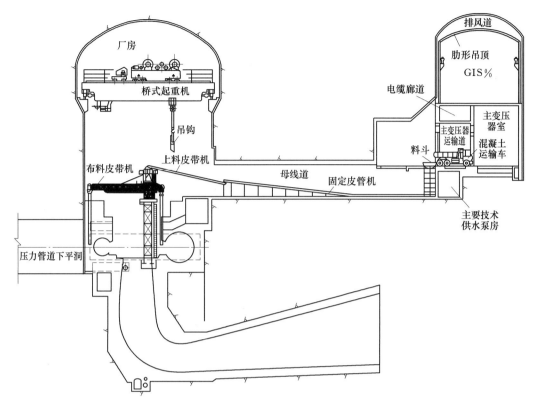

图 3-21　蜗壳混凝土具体入仓布置示意图

压调平内爬式滑升模板，模体为钢结构，主要由模板、围圈、操作盘、提升架、支撑杆、液压系统等部分构成，构件之间采用焊接连接。公伯峡水电站拦污栅滑模见图 3-22。

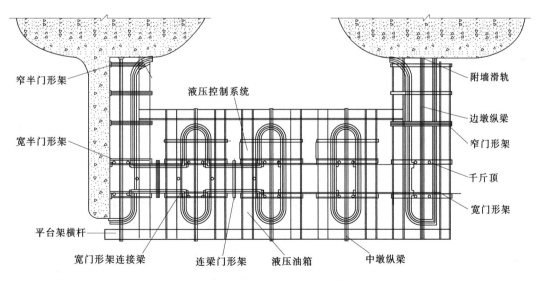

图 3-22　公伯峡水电站拦污栅滑模示意图

模体分初滑、正常滑升、末滑3个阶段进行。模板初次滑升先铺设富浆混凝土或砂浆，按层厚300mm连续浇筑两层；当厚度至700mm时，滑升30～50mm进行混凝土的脱模强度检查，脱模强度控制在0.2～0.3MPa（混凝土表面用手指按压可留1mm的压痕，能用抹子抹平），脱模强度满足要求后进入正常滑升阶段，尽量保持连续施工，及时观察并分析混凝土外观质量。模板滑升至距收仓面1m左右时，进入末滑阶段，放慢滑升速度并进行准确找平；滑模停滑后对混凝土进行一次快速浅点复振，保证拆模后混凝土外观平整。

滑模混凝土脱模采用静电脱模技术，每200m²利用两个电极控制，一相接在模体上；另一相通过多个电极棒与混凝土相连，电极棒距模板20cm间隔布置，棒间距2m。通电后，电解后的混凝土胶原离子使新浇混凝土和模板之间形成一层薄雾，避免模板和混凝土的粘连，便于脱模且有效确保混凝土外观质量。

滑模混凝土在软脱模后利用模体下悬挂的辅助盘进行表面修整，当混凝土外表面出现龟裂等不正常现象时要及时分析原因并采取相应的处理措施。由于此时混凝土仍处于初凝期间，必要时可用抹子对混凝土表面作原浆压平或修补处理；养护采用花管喷水或涂抹养护剂。

5）溢流面浇筑。溢流面一般预留作为二期混凝土施工。首先施工溢流面堰顶及末端鼻坎，该部位均为异型结构，使用定型模板常规浇筑。余下溢流面部位常采用拉模施工，根据项目特点和拉模结构可按10～15m宽度分缝，分缝处设止水，一次成型，边角无法使用拉模部位则采用组合式工具模板现立现浇，官地水电站溢流面二期混凝土拉模浇筑见图3-23。

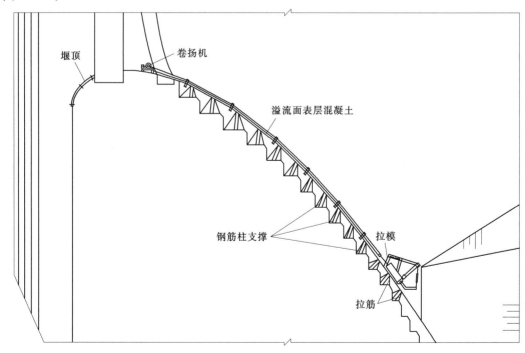

图3-23 官地水电站溢流面二期混凝土拉模浇筑示意图

为确保溢流面浇筑质量，适当调整混凝土骨料级配，尽量少用或不用大石、特大石，增加中石、小石用量比例。混凝土浇筑时，采用缆机、门机等垂直运输设备吊罐运料至浇筑仓面集料斗，经导管下料入仓，人工平仓、振捣密实。模板一边拉升，瓦工边在后收浆抹面。同时，割除后面的拉模轨道钢筋，整个溢流面施工完毕后，采用抹面机对混凝土面进行一次抹光处理。

6) 泄水坝段进水口胸墙浇筑。大坝泄水坝段进水口，空间曲线复杂，尺寸较大，该典型构造部位的模板支撑、模板结构和模板受力条件复杂，模板型式对大坝混凝土施工进度有较大影响（见图 3-24）。其主要特点是：模板分为两部分，即支撑系统和定型模板；支撑系统为桁架系统，定型模板为钢木复合型模板，该模板型式简化了模板的安装，加快了立模速度，保证混凝土施工进度和质量；拆卸方便，可重复使用，节省了材料和成本。

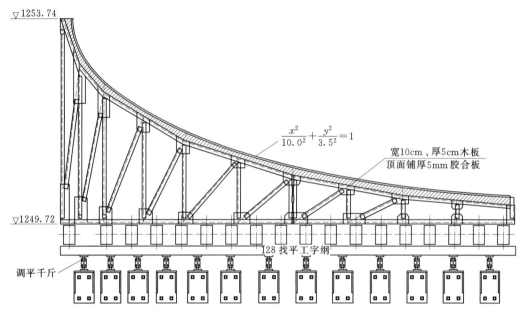

图 3-24　泄水坝段进水口胸墙模板型式示意图

7) 牛腿浇筑。典型构造牛腿部位采用了定型平面模板，以减少坝段立模过程中的时间。该模板的主要特点是：模板为定型平面钢模板，模板安装快捷，拆卸方便；可重复使用，节省成本；加快了施工进度，保证了混凝土施工质量，其模板型式见图 3-25。

溪洛渡水电站拱坝表孔大悬臂牛腿采用预制模板施工工艺，可显著加快施工进度和方便施工。

8) 导流洞封堵。导流洞封堵在库区蓄水后进行，封堵施工程序为：缝面处理→止水、止浆片凿出扳直→插筋施工→灌浆管安装→钢筋施工→模板施工→仓面冲洗验收→混凝土浇筑→养护。整个施工过程中，其主要施工重点是要处理好封堵中的堵漏和排水问题。

导流洞封堵前其闸门已经下闸，但为防止其下游出口回水倒灌，在出口处需设置挡水围堰，并布置适量的水泵将洞内的积水排出围堰外。

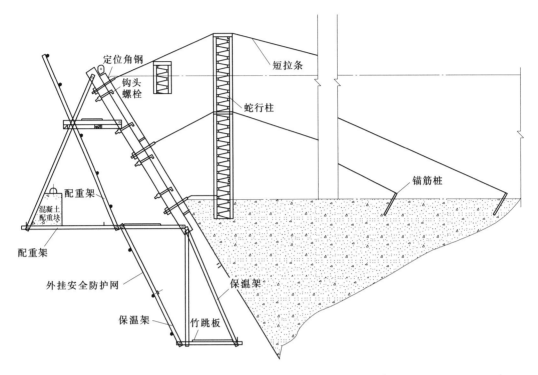

图 3-25　典型构造部位混凝土牛腿模板型式示意图

另外封堵闸门漏水不可避免，在施工中根据渗漏量可采用不同的堵漏方法。如渗漏量较小，考虑放置潜水泵直接将水排出仓外；如渗漏量较多，水头压力大，堵塞不住时，在闸门底部做一挡水坎并埋设钢管将水用离心水泵引排，由围堰上的水泵排出围堰外。排水钢管在第二封堵段设置闸阀，待第二段施工至最后一层时将闸阀关闭，若因水压过大闸阀无法关闭，则将其继续引入下一封堵段，逐段降压，直至最终完成封堵。

9）其他细部结构浇筑。门槽、宽槽和泄水孔等结构相对简单部位的分层高度，可根据混凝土入仓下料，平仓振捣设备的生产力，进行选择。转轮室、锥管里的衬砌二期混凝土浇筑时，下料点宜沿径向180°对称下料，每一下料点，下料高度不宜超过1.5倍的坯厚，对应下料点下料完毕后，同时平仓振捣。整个浇筑面高差不宜超过一个坯层，启闭机板、梁及蜗壳顶板下料时，应注意多点分散下料，避免启闭机板、梁和蜗壳顶板模板支撑系统受力不均移位变形，且每一下料点的下料不宜超过0.5m³，铺料厚度在20~30mm，铺料方向宜和水流方向一致。浇筑时下料高度不超过15m时，可采用溜筒下料；超过15m时，需采用配置有缓降装置的溜筒下料。

止水片周边部位是细部结构质量控制的重点，在施工中应做到：止水片周围不宜设置水平施工缝，如无法避免，可采用图3-26的型式处理；混凝土入仓铺料时，坯层顶面和水平止水相交时，可采用图3-26中的下料浇筑顺序，铺料时先铺平止水片，振捣密实后，再铺止水片上层的混凝土；对于竖向的止水片，下料时宜采用人工在止水片两侧对称下料，不得采用振捣器平仓的方式，从止水片一侧下料。

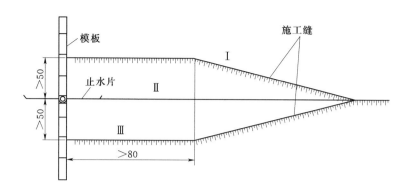

图 3-26　止水片周围施工缝和铺料方式示意图（单位：cm）
Ⅰ、Ⅱ、Ⅲ—浇筑下料顺序

# 3.7　预应力混凝土结构

为了避免钢筋混凝土结构的裂缝过早出现，充分利用高强度钢筋及高强度混凝土，设法在混凝土结构或构件承受使用荷载前，预先对受拉区的混凝土施加压力后的混凝土就是预应力混凝土。其目的是以预压应力用来减小或抵消荷载所引起的混凝土拉应力，从而将结构构件的拉应力控制在较小范围，甚至处于受压状态，以推迟混凝土裂缝的出现和开展，从而提高构件的抗裂性能和刚度。

预应力混凝土结构有利于减小构件截面尺寸，以适用大跨度的要求；具有较高的弹性模量，有利于提高截面抗弯刚度，减少预压时的弹性回缩。

## 3.7.1　预应力结构分类

在水利水电工程中，给混凝土施加预应力一般都是通过张拉预应力筋（钢筋、钢丝、钢绞线等高强材料）来实现的，并通过黏结力或锚具，将压力传递给混凝土。根据预应力混凝土中预加应力的程度、预应力筋张拉的方法及预应力筋的设置方式和结构物的外形，可按表 3-10 进行分类。

表 3-10　　　　　　　　　　　预应力混凝土分类表

| 分 类 依 据 | 类　别 | 性　质 |
|---|---|---|
| 按预应力混凝土的施工方式分类 | 预制预应力混凝土 | 预应力混凝土的施工方法特征 |
| | 现浇预应力混凝土 | |
| | 叠合预应力混凝土 | |
| 按预加应力的方法分类 | 先张法预应力混凝土 | 预应力筋的张拉是在混凝土结构物形成之前 |
| | 后张法预应力混凝土 | 预应力筋的张拉是在混凝土结构物形成之后 |
| 按有无预应力筋黏结分类 | 有黏结预应力混凝土 | 在预应力施加后，使混凝土对预应力筋产生握裹力并固结为一体 |
| | 无黏结预应力混凝土 | 通过采取特殊工艺，使用某种介质将预应力筋与混凝土隔离，而预应力筋仍能沿其轴线移动 |

### 3.7.2 预应力施工材料及机具

（1）混凝土。混凝土强度等级一般不低于 C30；应力集中区的混凝土强度等级不低于 C40；处于侵蚀性介质中或承受高压水头的混凝土不得有裂缝；水泥采用强度等级 42.5 以上普通硅酸盐水泥与早强硅酸盐水泥；粗骨料选用质地坚硬的碎石，细骨料宜采用中粗砂；不得掺用对预应力筋有腐蚀性的外加剂；混凝土水灰比一般在 0.25～0.40 之间，砂率为 0.25～0.32 之间。

（2）预应力钢材。

1）碳素钢丝（高强钢丝）。碳素钢丝用优质高碳钢（80 号钢含碳量为 0.7%～0.9%）盘条经索氏体化处理、酸化、镀铜或磷化后冷拔制成，具有较高的强度和良好的韧性。根据加工的要求不同可分为冷拉钢丝、消除应力钢丝、刻痕钢丝、低松弛钢丝等。碳素钢丝的规格和力学性能应符合《预应力混凝土钢丝》（GB/T 5223—2002）的规定，其钢丝型式见图 3-27。

2）钢绞线。钢绞线用多根冷拉钢丝在绞线机上成螺旋形绞合并消除应力回火处理制成，钢绞线有整根破断力大、柔性好、施工方便的特点，按捻制结构不同可分为 1×2 钢绞线、1×3 钢绞线和 1×7 钢绞线等，钢绞线的规格和力学性能应符合《预应力混凝土用钢绞线》（GB/T 5224—2003）的规定，钢绞线型式见图 3-28。

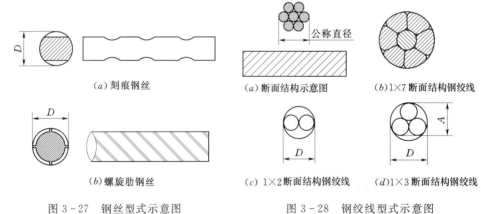

| （a）刻痕钢丝 | （a）断面结构示意图 | （b）1×7 断面结构钢绞线 |
| （b）螺旋肋钢丝 | （c）1×2 断面结构钢绞线 | （d）1×3 断面结构钢绞线 |

图 3-27　钢丝型式示意图　　　　　图 3-28　钢绞线型式示意图

3）热处理钢筋。热处理钢筋由普通热轧中碳低合金钢筋经淬火和回火的调质热处理或轧后控制冷却方法制成。热处理钢筋按螺丝外形可分为带肋和无肋两种，具有强度高、低松弛、黏结性能好的特点。热处理钢筋的尺寸、化学成分和力学性能，应符合《预应力混凝土用钢棒》（GB/T 5223—2005）的规定。

预应力钢材必须具有出厂质量证书及标牌，并经抽样复试合格后方可使用。在运输存储过程中，预应力钢材不得与硫化物、氯化物、氟化物、亚硫酸盐、硝酸盐等有害物质直接接触或同库存储。预应力钢筋强度标准值和设计值见表 3-11。

（3）锚具、夹具。锚具是后张法构件或结构中，使预应力筋保持拉力并将其传递到混凝土上的永久性锚固装置。夹具是先张法构件施工时，使预应力筋保持拉力并将其固定在张拉台座上的临时性锚固装置。

| 表 3-11 | 预应力钢筋强度标准值和设计值表 | | | 单位：N/mm² |
|---|---|---|---|---|

| 种　　类 | | $f_{ptk}$ | $f_{py}$ | $f'_y$ |
|---|---|---|---|---|
| 消除应力钢丝螺旋肋钢丝 | $\phi 4\sim 9\text{mm}$ | 1470 | 1250 | 400 |
| | | 1570 | 1180 | |
| | | 1670 | 1110 | |
| | | 1770 | 1040 | |
| 刻痕钢丝 | $\phi 5\text{mm}$、$\phi 7\text{mm}$ | 1470 | 1110 | |
| | | 1570 | 1040 | |
| 钢绞线 | 二股　$d=10.0\text{mm}$、$d=12.0\text{mm}$ | 1720 | 1220 | 360 |
| | 三股　$d=10.8\text{mm}$、$d=12.9\text{mm}$ | 1720 | 1220 | |
| | 七股　$d=9.5\text{mm}$、$d=11.1\text{mm}$ $d=12.7\text{mm}$、$d=15.2\text{mm}$ | 1860 | 1320 | |
| | | 1860 | 1320 | |
| | | 1860 | 1320 | |
| | | 1860 | 1320 | |
| | | 1820 | 1290 | |
| | | 1720 | 1220 | |
| 热处理钢筋 | $40\text{Si}_2\text{Mn}(d=6\text{mm})$，$48\text{Si}_2\text{Mn}(d=8.2\text{mm})$，$45\text{Si}_2\text{Cr}(d=10\text{mm})$ | 1470 | 1040 | 400 |

预应力的锚具、夹具按锚固方式不同分为：夹片式（JM 型锚具、XM、QM、OVM、YM 型多孔夹片锚具等）、承压式（镦头锚具、螺丝端杆锚具等）、锥塞式（钢质锥形锚具、槽销锚具等）和握裹式（压花锚具、挤压锚具等）四类。锚具、夹具的性能应符合《预应力筋用锚具、夹具和连接器应用技术规程》（JGJ 85—2010）的规定。

1）先张法锚具。预应力混凝土板常用锚具有螺丝端杆锚具、锥形锚具、镦头锚具等，少支钢绞线采用镦头锚板锚具。

螺丝端杆锚具。螺丝端杆锚具由螺丝端杆、螺母和垫板三部分组成。适应于 $\phi18\sim36$ 的Ⅱ级、Ⅲ级预应力钢筋（见图 3-29），螺丝端杆与预应力筋用对焊连接，焊接应在预应力筋冷拉之前进行。

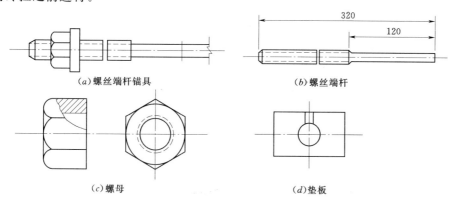

图 3-29　螺丝端杆锚具结构图（单位：mm）

锥形锚具。锥形锚具由锚塞、锚环和钢丝束三部分组成。其工作原理是通过张拉预应力钢丝顶压锚塞，把钢筋楔紧在锚环与锚塞之间，借助摩擦力传递张拉力。同时，利用钢丝回缩力带动锚塞向锚环内滑行，使钢丝进一步楔紧。适应于 $\phi_s 5$ 与 $\phi_s 7$ 高强钢丝束。该产品的主要结构见图 3-30。

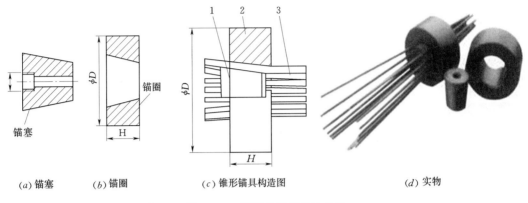

(a) 锚塞　(b) 锚圈　(c) 锥形锚具构造图　(d) 实物

图 3-30　钢质锥形锚具结构图
1—锚塞；2—锚环；3—钢丝束

JM 型锚具。JM 型锚具为单孔夹片式锚具，适用于锚固 3~6 根直径为 12 mm 的光面或螺纹钢筋束，也可用于钢筋或 4~6 束直径为 12 mm 或 15mm 的钢绞线束。JM 型锚具由锚环和夹片组成。JM 型锚具性能好，锚固时钢筋束或钢绞线束被单根夹紧，不受直径误差的影响，且预应力筋是在呈直线状态下被张拉和锚固，受力性能好。JM 型锚具结构见图 3-31。

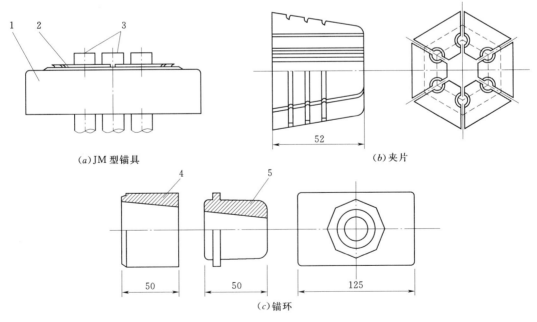

(a) JM 型锚具　(b) 夹片

(c) 锚环

图 3-31　JM 型锚具结构图（单位：mm）
1—锚环；2—夹片；3—钢筋束和钢绞线束；4—圆钳环；5—方锚环

2）后张法锚具。水工建筑物后张法构件或结构常用锚具有钢丝束镦头锚具和钢绞线组合锚具等。

A. 钢丝束镦头锚具结构见图 3-32。钢丝束墩头锚具适用于锚固多根 $\phi_s5$ 与 $\phi_s7$ 钢丝束，锚具的型式与规格可根据需要自行设计。该锚具具有吨位大、锚具尺寸小、锚固可靠、预应力损失小的优点，不足之处是下料要求严格、需配置镦头设备。小吨位的可选用 DM 型锚具产品，此类型常用的镦头锚具分为 A 型与 B 型：A 型由锚杯和螺母组成，用于张拉端；B 型为锚板，用于固定端。

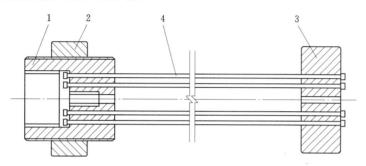

图 3-32 钢丝束镦头锚具结构图
1—A 型锚环；2—螺母；3—B 型锚板；4—钢丝束

B. 多孔夹片锚固体系（群锚体系）。多孔夹片锚具是在一块多孔的钢板上，利用每个锥形孔装一副夹片夹持一根钢绞线的一种楔紧式锚具。此锚固体系运用灵活，可在较大范围内任意组合钢绞线单元；施加张拉吨位大，对曲线束适应性强，任何一根钢绞线锚固失效，都不会引起整束锚固失效；同时张拉灵活性大，除用大型千斤顶整束张拉外，还可以用小型千斤顶分单元张拉。该锚具主要产品有 XM（XYM）型、QM 型、OVM 型等。

XM 型锚具结构见图 3-33。XM 型锚具由锚板与夹片组成，适用于锚固 3～37 根 $\phi_j15$ 的钢绞线束。

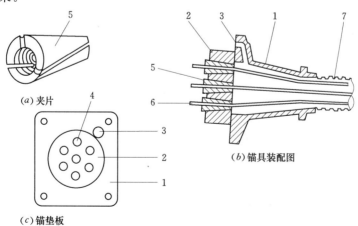

(a) 夹片
(b) 锚具装配图
(c) 锚垫板

图 3-33 XM 型锚具结构图
1—喇叭管；2—锚环；3—灌浆孔；4—圆锥孔；5—夹片；6—钢绞线；7—波纹管

QM 型锚固体系见图 3 - 34。QM 锚具适用于锚固 4～31 根 $\phi_j12.7$ 钢绞线和 3～19 根 $\phi_j15$ 钢绞线,其锚具由锚板与夹片组成。

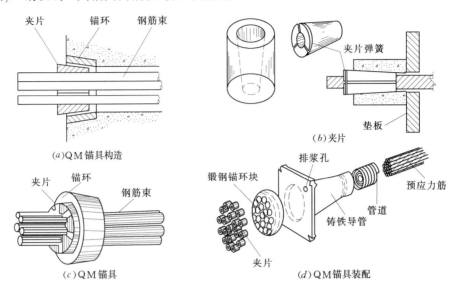

图 3 - 34　QM 型锚具结构图

OVM 锚固体系。OVM 锚固体系是在 QM 锚固体系的基础上发展起来的,适用于锚固 1～55 根 $\phi_j15$ 钢绞线和 3～55 根 $\phi_j12.7$ 钢绞线。夹片为二片式直开缝,其各部分结构见图 3 - 35。

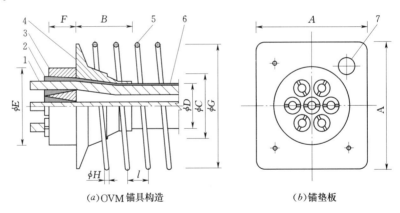

图 3 - 35　OVM 型锚具结构图

1—钢绞线;2—夹片;3—锚板;4—锚垫板;5—螺旋筋;6—金属波纹管;7—灌浆孔

C. YM 锚固体系。新系列的 YM 锚固体系锚具是由张拉端锚具(YM15/13 锚具,BM15/13 扁锚)、固定端锚具(H 型、P 型)、连接器(YML15/13)和波纹管组成。适用于 1～55 根锚固标准强度为 2000MPa 及其以下级别的 $\phi_j12.7$、$\phi_j15$ 钢绞线和标准强度为 1670MPa 的 $\phi_s5$、$\phi_s7$ 高强钢丝束。其优点是:具有良好的放张自锚性能,夹片跟进平齐,夹持性能稳定,施工操作简便。锚固效率系数高,锚固性能稳定、可靠。该锚具主要产品有 YM 型、BM 型、XYM 型等。

BM 型锚具。BM 型锚具是一种新型的夹片式扁形群锚，简称扁锚。它是由扁锚头、扁形垫板、扁形喇叭管及扁形管道等组成，其构造见图 3-36。这种锚具特别适用于空心板、低高度箱梁以及桥面横向预应力等张拉。

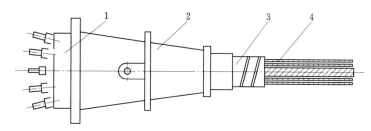

图 3-36　扁锚构造示意图
1—扁锚板；2—扁形垫板与喇叭管；3—扁形波纹管；4—钢绞线

XYM15（13）固定端 H 型锚具是利用压花机将钢绞线端头压成梨型头的一种锚具，它为内置自锚式锚具，按需要可以做成正方形、长方形多种形式排列。该锚具结构见图 3-37。

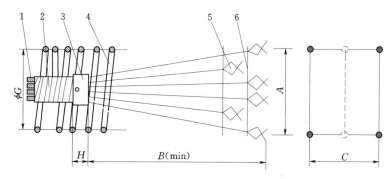

图 3-37　XYM15（13）固定端 H 型锚具结构图
1—钢绞线；2—波纹管；3—约束圈；4—螺旋筋；5—钢绞线梨型自锚头；6—支架

XYM15（13）固定端 P 型锚具是利用挤压机将挤压套筒挤紧在钢绞线端头上的一种锚具，它预埋在混凝土里内，按需要排布，混凝土凝固到设计强度后，再进行张拉。这种锚具适用于构件端部的设计力大或端部尺寸受到限制的情况。该锚具结构见图 3-38。

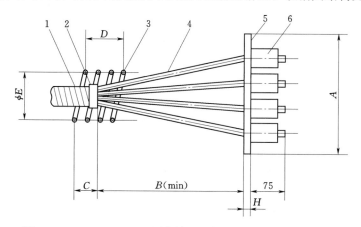

图 3-38　XYM15（13）固定端 P 型锚具结构图（单位：mm）
1—波纹管；2—约束圈；3—螺旋筋；4—预应力筋；5—固定锚板；6—挤压套

3）夹具。预应力混凝土夹具主要分为锚固夹具和张拉夹具。锚固夹具常用的有镦头夹具、锥形夹具和钢筋锚固夹具，其结构见图3-39～图3-41。

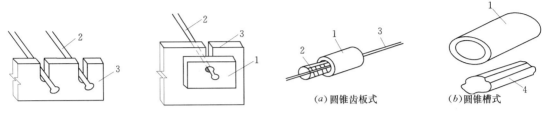

图3-39　固定端镦头夹具结构图
1—垫片；2—镦头钢丝；3—承力板

图3-40　固定端锥形夹具结构图
1—套筒；2—齿板；3—钢丝；4—锥塞

(a)圆锥齿板式　　(b)圆锥槽式

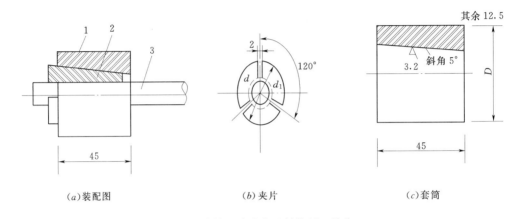

(a)装配图　　　　(b)夹片　　　　(c)套筒

图3-41　圆套筒三片式夹具结构图（单位：mm）
1—套筒；2—夹片；3—预应力钢筋

（4）预应力锚索防护材料。预应力锚索永久性防护涂层材料必须满足以下各项要求：对预应力钢材具有防腐蚀作用；与预应力钢材具有牢固的黏结性，且无有害反应；能与预应力钢材同步变形，在高应力状态下不脱壳、不脆裂；具有较好的化学稳定性，在强碱条件下不降低其耐久性，便于施工操作。①防腐材料应满足：在锚索服务年限内，应保持其稳定性；在规定的工作温度内或张拉过程中不得开裂，变脆或成为流体；不得与相邻材料发生反应，应保持其化学稳定性和防水性；不得对锚索自由段的变形产生任何限制。②对水泥浆体材料的要求：水泥宜使用普通硅酸盐水泥，必要时可采用抗硫酸盐水泥；不得使用高铝水泥，细骨料应选用粒径小于2mm的中细砂，砂的含泥量按重量计不得大于3%，砂中所含云母、有机质、硫化物及硫酸盐等有害物质的含量，按重量计不宜大于1%，水泥浆中氯化物的总含量不得超过水泥重量的0.1%，一般不宜采用膨胀剂，混合水中不应含有影响水泥正常凝结与硬化的有害物质，不得使用污水，不得使用pH值小于4.0的酸性水和硫酸盐含量按$SO_4$计算不超过水重1%的水。

钢绞线上用静电喷涂环氧树脂做保护层，以及各种抗老化、耐腐蚀、不导电的各种塑料做隔离层，无黏结钢绞线的PE套管及波纹管都是由性能稳定的优质塑料制作的。对于采用隔离防护的锚索，必须设置双层隔离层。

外锚固段可采用防腐油脂封闭进行防护。

（5）预应力锚索的隔离架与绑扎丝。隔离架与绑扎丝均不得使用有色金属材料的镀层或涂层。永久性防护所用的金属和非金属套管，均应具有可靠的防潮性能，套管壁应能承受锚索施工中难以避免的外力冲击。钢管镀层不得采用有色金属，塑料套管应具有化学稳定性与耐久性。

套管长期在碱性环境中，不得变软、变硬或分解出可能引起锈蚀的有害成分。

锚索编束措施：编束时按照设计图纸根数将下好料的钢绞线端部对齐顺直排列在编束平台上。钢绞线编索时要按锚具孔的规律进行。为保证每根钢绞线的相对位置正确，避免钢绞线相互交叉、内外层交错，沿锚束的轴线方向每隔 2m 设置一个对中隔离支架。隔离支架选用塑料支架，编束后应及时挂牌分类编号、注明日期，以免混乱。导向帽采用常规钢管，长 30～40cm，前 12cm 加工成锥型并用铁丝与锚索绑扎在一起。编束完成的锚索若暂不吊装，应堆放在干燥、通风的支架上，分层平铺，不应叠压，支架支点间距不宜大于 2m。锚索出厂前要进行外观检查，并签发出厂合格证，无合格证及孔号牌的锚索不应出厂。

（6）张拉设备和量测设施。

1）分类。预应力张拉设备有液压、机械和电热张拉设备。较广泛使用的是液压张拉设备，其配套组成液压千斤顶、高压油泵和供油管路及相匹配的测力计、仪表等。液压张拉强控设备分类见图 3－42。

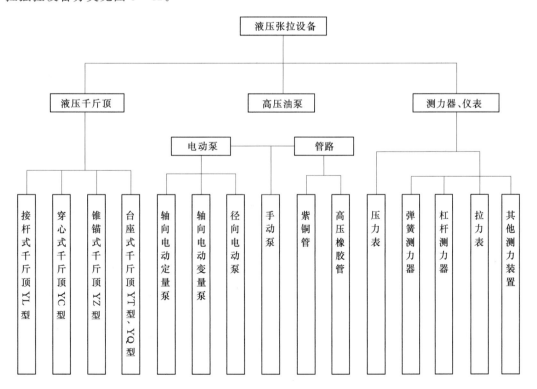

图 3－42　液压张拉强控设备分类图

2）液压千斤顶。①拉杆式千斤顶。主要用于张拉带有螺丝端杆的预应力和采用镦头锚、夹具的预应力筋，已有30t、40t、60t、80t、90t数个品种，定型产品有YL-60型、YL-400型、YL-500型等。②穿心式千斤顶（YC型）。主要用于张拉带有夹片式锚、夹具的单根钢筋、钢筋束及钢绞线束，随机配有成撑脚、拉杆等附件，可作为拉杆千斤顶使用。目前YC型有18t、20t、60t、120t级定型产品，也有改造的YCWB型系列、YD-CW型和YDC型系列等。③锥锚式千斤顶结构见图3-43。可与锥销式锚具配套使用，能连续完成张拉、顶压锚固、自动退楔三个动作。用于张拉钢丝束和钢绞线束及12mm的冷拉钢筋，目前产品有YZ-38、YZ-60型和YZ-85型千斤顶。④台座式千斤顶。目前有非倒置式有卧式的YT-120、YT-300型，普通型YD200A～500A系列型和YDT1500～4000系列型等。

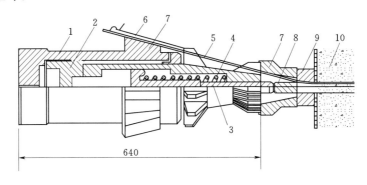

图3-43 锥锚式千斤顶结构示意图（单位：mm）

1—张拉油缸；2—顶压油缸（张拉活塞）；3—顶压活塞；4—弹簧；5—预应力筋；

6—楔块；7—对中套；8—锚塞；9—锚环；10—构件

3）观测仪器。埋设观测仪器，以便长期监测预应力损失规律，借以判定所设预锚孔位最终可能保留的预应力能否满足设计要求。一般采用钢弦式测力计、卡式测力计或电阻应变式测力计等进行观测。

### 3.7.3 预应力张拉

（1）施工前的准备。

1）对选用的预应力筋、锚、夹具按相应标准验收并按规定取样试验。对张拉设备的测力装置、千斤顶、压力表等进行配套、标定。

2）受力试验。

A. 张拉控制应力一般是设计规定的张拉时必须达到的应力值。设计时考虑各种应力损失，为保证结构能获得设计预应力值、正确确定预应力损失，应结合施工具体条件进行预应力损失的复核试验。

B. 受力试验。按拟定的工艺选具有代表性的试验不少于3束，对预应力筋的伸长值、锚、夹具预应力损失，锚索的受力均匀性和摩擦损失等参数进行测量。

受力性能应分级进行同步测量，以初始应力（设计应力的20%）为起点，分级张拉，张拉值分别为设计应力的0.25倍、0.50倍、0.75倍、1.00倍、1.15倍。

C. 预应力筋张拉力按式（3-5）计算：

$$P_j = \sigma_{con} A_p \tag{3-5}$$

式中　$\sigma_{con}$——预应力筋的张拉控制应力，MPa；

　　　　$A_p$——预应力筋的截面面积，$mm^2$。

预应力筋张拉控制应力允许值见表 3-12 中数值。

表 3-12　　　　　　　　　　　预应力筋张拉控制应力允许值

| 钢种 | 张拉方法 | |
| --- | --- | --- |
| | 先张法 | 后张法 |
| 碳素钢丝、刻痕钢丝、消除应力钢丝、钢绞线、热处理钢筋、冷拔低碳钢丝、冷拉钢筋、冷轧带肋钢筋、精轧螺纹钢筋 | $0.75 f_{ptk}$ | $0.70 f_{ptk}$ |
| | $0.70 f_{ptk}$ | $0.65 f_{ptk}$ |
| | $0.90 f_{ptk}$ | $0.85 f_{ptk}$ |

注　1. 碳素钢丝、刻痕钢丝钢绞线、热处理钢筋、冷拔低碳钢丝的张拉控制应力值不小于 $0.4 f_{ptk}$；冷拉钢筋的张拉控制应力值不应小于 $0.5 f_{ptk}$。
　　2. 为了提高构件在施工阶段的抗裂性能，而在使用阶段受压区内设置预应力钢筋；或为了部分抵消由于应力松弛、摩擦、钢筋分批张拉，以及预应力钢筋与张拉台座之间的温度因素产生的预应力损失时，其预应力张拉控制允许值可以提高 $0.04 f_{ptk}$ 或 $0.05 f_{ptk}$。

D. 预应力损失。产生预应力损失的因素很多，归纳起来有：锚、夹具受力变形、滑移引起的预应力损失；张拉机具包括偏转器内部与预应力筋的摩擦损失；连接器、锚夹具与预应力筋之间的摩擦应力损失；预应力筋与穿筋孔道的摩擦损失；蒸养引起的混凝土弹性变形的预应力损失；混凝土的收缩和徐变引起的预应力损失及预应力筋的松弛引起的预应力损失等。在施工中，应分别考虑并从施工工艺等方面控制和减少预应力损失。

（2）预应力筋张拉程序。为使预应力损失值不超过允许值，预应力筋张拉程序分为一遍张拉、二遍张拉，在个别情况下，还采用多遍张拉。一遍张拉程序是将预应力筋张拉到控制应力或超过控制应力的某一应力值持荷，然后降低到控制应力锚固；二遍张拉程序一般是将预应力筋张拉到控制应力或到确定的超应力值持荷，然后第二遍再张拉到控制应力持荷并锚固，或超张拉到超应力值持荷 2min，回到控制应力后锚固；多遍张拉是每遍将张拉应力由 0 加到控制应力或超应力值后持荷 2min，再持荷回到零值。经多次重复张拉，一直到最后一次达到控制应力或超应力值后持荷锚固。作为大型和重要构件采用二遍张拉，个别情况或处理张拉中发生的异常现象时才采用多遍张拉。对于大型、重要构件，二遍张拉比一边张拉要繁琐，但将两次测量伸长值进行比较，易于发现问题。对于用比列极限较低的硬钢做预应力筋的，二遍张拉可提高比列极限，消除残余变形。

预应力张拉的顺序：后张拉预应力混凝土构件中，对于中心预压构件，应对称地进行张拉，以免构件侧向弯曲；对于偏心预压构件，应先张拉承受预压力较小区的预应力筋，然后张拉承受预压力较大区的预应力筋，但都应对称地进行，以免构件发生不应有的侧弯。预应力筋较多，需要分批张拉时，张拉顺序应符合设计规定。曲线预应力筋必须两端张拉，锚固一端；另一端补足应力后再锚固。后张法平卧重叠生产的构件，宜先上后下进行，全部预应力筋张拉完毕后，再先上后下张拉一遍，补足预应力值。如果要一次张拉，必须通过试验，确定摩擦力对各层预应力的影响值，把此损失分别加到各层的张拉应力中去，一次自下而上地张拉锚固。预应力筋有效预应力值按式（3-6）计算：

$$\sigma_{pe} = \sigma_{con} - \sum_{i=1}^{n} \sigma_{li} \tag{3-6}$$

式中    $\sigma_{li}$——第 $i$ 项预应力损失值。

（3）预应力筋伸长值的计算和量测。张拉预应力筋时，除了按应力控制外，还必须量测它的伸长值进行校对。

理论伸长值用计算式（3-7）、式（3-8）：

直线锚束：
$$\Delta L = \frac{PL}{A_p E_s} \tag{3-7}$$

弯曲锚固：
$$\Delta L = \sum \frac{(\sigma_{i1} + \sigma_{i2}) L_i}{2 E_s} \tag{3-8}$$

式中    $P$——预应力筋锚固时的张拉力，N；

     $L$——锚固计算长度，m；

    $A_p$——预应力筋截面面积，$mm^2$；

    $E_s$——预应力筋的弹性模量，$N/mm^2$；

$\sigma_{i1}$，$\sigma_{i2}$——第 $i$ 线段两端应力，N；

    $L_i$——第 $i$ 线段预应力筋长度，m。

预应力筋的实际伸长值，宜在初应力约为 $10\%$ 控制应力值时测量，并加初应力以内的推算伸长值。同时，当实际伸长值超过理论计算值的 $\pm5\%$ 时，要停机分析原因重新张拉，控制应力的误差应在设计控制应力的 $-3\%\sim+5\%$ 范围内。

### 3.7.4 灌浆

（1）黏结式预应力锚索的预留孔道的灌浆。在预应力张拉结束后，应立即进行灌浆封闭。灌浆用的水泥砂浆或灰浆除应满足强度要求外，还应具有较大的流动性和较小的干缩性，要求水泥浆 3h 后泌水率控制在 $2\%$，最大值不得超过 $3\%$。

（2）灌浆材料。一般采用 42.5 级以上普通硅酸盐水泥或硅酸盐水泥，为了减少泌水和体积收缩，可掺入适量的外加剂。水泥浆或灰浆强度不低于同标号混凝土，水泥浆的水灰比在 $0.40\sim0.45$ 之间，水泥砂浆水灰比最大不超过 0.55，灌浆压力按设计要求定。

在高度比较大的立管和斜管中，由于高差太大，顶部往往出现较多泌水。因此，在灌浆工艺上应加以改进。如采用反复屏浆排水的方法，把泌水排掉或在孔道底部立一根直径较小的竖管，收集泌水及补灌水泥浆，以保证钢丝全部被包裹。

（3）锚束及锚具的防腐保护及预留孔道（黏结式）或预留张拉槽（无黏结）的回填（简称为封锚回填）。预留张拉锚具槽回填和封孔灌浆是锚束施工的最后关键工序，预留张拉锚具槽回填和封孔灌浆的好坏，关系到预应力体系的耐久性，若施工不好，引起钢绞线和锚具的锈蚀，最终预应力丧失，将给工程造成不利影响。

### 3.7.5 测量、检查及验收

预应力锚固施工中，用按设计要求随机抽样进行验收，按混凝土类型各抽查 $10\%$，但抽样数量不应小于 3 件（索）。采用有黏结型永久防护的锚索，必须在封孔灌浆前进行验收试验；无黏结型锚索验收的时间可由施工条件确定。验收试验与竣工抽样检查合并进行，其数量为锚索总数的 $5\%$。竣工抽样检查的合格标准，按应力控制应为：实测值不得大于设计值的 5%，并不得小于设计值的 3%。

竣工抽样检查，当发现随机抽样的锚索中有不合格时，应加倍扩检；扩检中如再发现不合格时，必须会同设计人员及有关单位研究处理。抽样检查及验收试验全部结束后，应汇总各孔的张拉力，评定预应力锚固效果。

### 3.7.6　预应力锚索的观测

随着时间推移，由于钢绞线松弛、降雨温度变化等因素锚索的预应力锁定值会有所变化即发生预应力损失。预应力损失分为三个过程：张拉、锁定以及时间变化。为检测和评价预应力锚索的支护效果、了解锚索的工作状态和预应力变化过程，应选取一定比例的各吨位锚索安装锚索测力计进行监测。

锚索测力计一般选用钢弦式测力计、卡式测力计或电阻式测力计等进行观测。锚索测力计的安装过程应与预应力锚索的施工张拉一致，包括穿索、锚索注浆、锚索测力计安装、张拉锚索、封头保护、建立观测站等工序。测力计在现场安装前除按要求进行室内标定外，为检验测力计测值与千斤顶加荷的一致性，还需对测力计与千斤顶进行同步标定。

锚索监测是对预应力锚索的工作状态和锚固效果进行施工期和运行期的原位监测；施工期监测和运行期监测相结合。长期观测所用仪表、接线线路应妥加保护，以保证数据的准确性，减少仪器故障对数据采集的影响。长期观测资料应及时整理、分析、做好信息反馈。

### 3.7.7　闸墩预应力混凝土施工

（1）闸墩预应力锚固型式。近年来，随着科学技术的发展和设计水平的提高，预应力闸墩不论在闸墩支撑结构形式，还是在锚固形式上都有了很大的改进。目前，主要的几种预应力闸墩锚固形式有：竖井对拉式胶结式 U 形、U 形锚固、胶结式锚固等，预应力闸墩锚固型式见图 3-44。

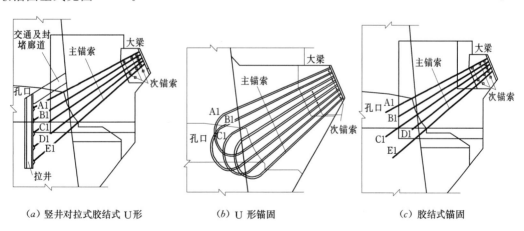

（a）竖井对拉式胶结式 U 形　　（b）U 形锚固　　（c）胶结式锚固

图 3-44　预应力闸墩锚固型式示意图

1）竖井对拉式锚固。竖井对拉式锚固是最先发展起来的闸墩锚固形式，由于其作用机理明确、施工简单和实践经验比较成熟等优点，从而成为应用最为广泛的一种闸墩预应力锚固形式。竖井对拉式锚固闸墩的预应力主锚索布置方式基本为直线形，多数为非黏结型锚固，需要在锚索所在的坝体部分设置竖井或廊道。竖井对拉式预应力锚杆两端的锚头均暴露在外部，在竖井内和闸墩下游端面设置锚固垫板，其结构型式均为外锚头型式，所以安装方便，可以实现迅速张拉。而且可以减少锚杆的预应力损失，增加锚固效果，改善闸墩的应力状态。

2）U 形锚固。U 形锚固在坝体内的锚固只需埋设环形钢管作为预留孔，施工时只需将预应力锚索穿过预留孔，再进行张拉即可。这种预应力锚固形式基本不削弱坝体结构，且环形锚固段周围的应力分布比竖井对拉式的直线形锚索要均匀，对坝体应力有利。但是 U 形锚固的受力状态的理论研究还处于初步探索阶段，环形段的直径确定还没有现成的方法，为了防止周围混凝土压坏剪裂一般采用大直径的预埋钢管环，从而限制了单层立面上主锚索的布置根数。

3）胶结式锚固。胶结式内锚头闸墩是随着锚固材料的发展而发展起来的一种新型的闸墩锚固形式。此种方式的锚固形式基本上不削弱坝体的受力截面，单层立面上主锚索的布置根数较多，但是内锚头与混凝土之间的连接难以保证，一般只是用于临时底孔预应力闸墩等短期受力的锚固结构。

（2）影响锚束张拉锚固应力的主要因素。锚束张拉时，与锚具、夹片和锚孔壁产生摩擦，造成张拉应力损失，即摩擦损失；锚束锚固后，产生一个数值为 α 的回缩，即锚固损失。两项损失直接影响张拉锚固应力在锚束沿程的建立，造成张拉端最终应力值低于固定端或固定端应力达不到设计标准。因此，闸墩大吨位锚固施工，摩擦和锚固损失是选择张拉方式的重要技术参数，也是影响张拉锚固应力的主要因素，因而在施工前必须首先确定与两项损失计算值直接相关的参数 $\kappa$（每米孔道局部偏差的摩擦影响系数）、$\mu$（曲率摩擦系数）及 $E_s$（预应力筋弹性模量）。

（3）锚固工艺与施工技术。

1）工艺流程：预应力闸墩混凝土施工工艺流程见图 3-45。

2）张拉准备。

A. 预留孔道：利用结构筋或设置专门支撑埋设固定钢管或波纹管。

B. 浇筑混凝土：浇筑混凝土时，严禁吊罐碰撞管道；振捣器离管道应有一定距离，以免管道变形或损坏，防止混凝土浆进入孔道。

C. 锚束制作：第一，钢丝下料、编束。下料长度要经计算，考虑锚具的特性、锚固型式、张拉伸长值等因素影响，并根据实际情况和试验确定。镦头锚具钢丝下料，长度误差应控制在 1/3000～1/8000 之间；钢丝下料前如有弯曲，应作调直处理。下料后按要求的根数编束，逐根排列理顺，严防交叉。第二，钢绞线下料编束。钢绞线在现场开盘，开盘时逐根检查有无伤疤及锈坑，如有，需将其清除。钢绞线用砂轮切割机切断，严禁电弧切割。开盘下料要控制锚束内、外圈长度，端头形成台阶状（台阶长度 5cm），以便安装锚具。编束用 20 号铁丝绑扎，间距 1～1.5m。编束时应先将钢绞线理顺，并尽量使各根钢绞线松紧一致。第三，锚束编束直至灌浆前，都要采取防锈措施，并尽可能缩短工期，减少存放时间。

D. 穿束：穿束前用专用钢刷将孔道清洗干净，锚束端头套导向帽，利用卷扬机和起吊设备人工辅助进行穿束，也可将锚束先穿入孔道，然后浇筑混凝土。锚束入孔应顺直，

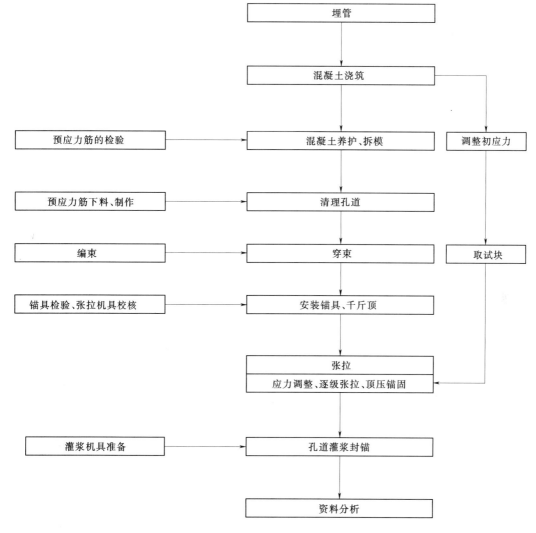

图 3-45 预应力闸墩混凝土施工工艺流程图

不能扭向和错位。

E. 锚、夹具检查与安装：锚具、夹具必须有出厂合格证，无论新开箱或用后的工具锚一定要按规范逐个（片）地检验外形、锥孔与夹片配合情况。对夹片进行一定数量（随机抽样）的硬度检验。逐个安装必须对中，夹片要打齐，缝隙保持均匀，同时安装好灌浆管。

F. 张拉机具的选择与标定：根据设计张拉吨位要求配置匹配的千斤顶和油缸，同时还配备1台小型千斤顶，用于滑丝单根补拉。张拉前，对所有配置的张拉机具、压力表、测力装置进行严格检查和标定，给出标定曲线作为张拉依据。施工中出现异常，还需随时重新标定。标定后的张拉机具必须配套使用。

3）锚束张拉。

A. 预应力损失。

初期应力损失：锚束张拉锚固时的应力损失，主要由下列因素引起：摩擦损失、锚固损失、弹性压缩损失，若预应力筋分批张拉时，先批张拉的预应力筋受后批预应力筋张拉所产生的混凝土压缩而引起平均应力损失，该损失在闸墩预应力施工时还需予以考虑。

后期应力损失：包括钢材应力损失和混凝土收缩徐变损失。

B. 张拉控制应力：预应力锚束的张拉控制应力，由设计提供。

C. 张拉：张拉时混凝土必须达到设计强度，至少不得低于设计标号的90％。

张拉顺序应按设计进行，先拉次锚束。后拉主锚束。主锚束先张拉中间层，后对称张拉其他层，每层先张拉中间束，再对称张拉两侧，以免结构承受过大的偏心压力。

施工中采用分级一次张拉到位的方式，在初应力状态，采用两次荷载调整，使锚束均匀受力。

D. 采用分批张拉或使用1台小型千斤顶单根张拉同一锚束的方式，应计算分批张拉的预应力损失值，特别是弹性压缩值，分别加到先张拉锚束的张拉控制应力值内。

E. 张拉程序。一端张拉：0→5MPa（压力表读数）→分级升荷（每级按压力表读数10MPa）→超张拉荷载→持荷5min→顶压锚固。两端张拉：在30MPa前，两端采用差级张拉；30MPa后采用补差张拉。

F. 用应力控制方法张拉时，应校验锚束张拉伸长值，如实测伸长值与理论计算值相差超过±5％时，应暂停张拉，检查原因，予以调整后，方可继续张拉。

G. 锚束在张拉锚固中极少出现锚固失效现象。如个别钢绞线滑丝、可采用前卡式千斤顶单根补拉，重新锚固。

H. 张拉前，必须对现场操作人员进行技术培训。并要注意安全，防止飞锚伤人。

4）封孔灌浆。

A. 封孔灌浆是锚束永久防锈措施之一。为减小预应力损失，张拉结束后，应立即进行灌浆封锚。灌浆浆液除应满足强度和黏结力要求外，还应具有较大的流动性和较小的干缩性。

B. 封孔灌浆的关键是解决泌水问题。根据试验采用42.5级以上普通硅酸盐水泥，水灰比0.35～0.40，加木钙0.15％～0.25％，泌水率可控制在1％以内。此时，浆液流动度满足可灌性，强度满足要求。

C. 灌浆宜采用几次屏浆和间隙灌浆的方法，加速水泥浆的泌水过程，使灰浆中的水分因密度小而上升，凝积于锚束顶端，再通过放浆，把孔道中的空气、泌水及稀浆有效地排出孔外，通过补灌进而使孔道密实。主要工艺为：第一次灌浆后，屏浆泌水20～30min，进行第二次灌浆和屏浆，排出孔道内泌水和稀浆，灌浆压力0.4MPa。

对于斜管，由于高差大、顶部泌水较多，采用从低端向高端压力灌浆、从高端补浆的方法，并在高端锚束端部安装灌浆罩，收集泌水及补灌水泥浆。

5）质量控制。

A. 原材料控制：预应力材料主要有钢绞线、锚夹具、其质量将直接影响锚固效果。对原材料的控制为质量管理体系的初步控制。钢绞线要严格按《预应力混凝土用钢绞线》（GB/T 5224—2003）的要求进行检查验收；锚具、夹片要按《预应力筋用锚具、夹具和连接器应用技术规程》（JGJ 85—2010）的规定逐个（片）检查，必要时要对夹片和锚板进行一定数量（随机抽样）的硬度检查。

B. 张拉应力控制：现场施工对长拉应力控制主要以千斤顶油压表读数为主。压力表读数的准确与否与张拉设备的标定有着直接的联系。通过标定，可以确定张拉力与压力表读数之间的关系及千斤顶的实际出力。张拉设备标定为测定整个锚固体系在锚固中的实际应力的准确性提供了基本保证。因此，对张拉应力的控制主要环节之一是控制张拉设备的标定。

张拉设备的标定。张拉设备的标定一般采用台座标定、单顶卧标、双顶卧标等方式。装置一次可以分别标定两台千斤顶，标定较为精确。由于条件限制，施工现场常采用比较方便的单台或双台卧标方式。双顶卧标主动端千斤顶活塞运行方向与实际张拉方向一致，标定值以主动端为准，被动端标定值不宜采用。

标定规则及误差控制。张拉设备一般由专人使用和管理，定期配套标定。标定时压力表的精度不宜低于 1.5 级，测力计精度不宜低于 ±2%，张拉力的标定值与理论计算值误差要控制在 ±2% 以内（理论计算值 = 压力表读数 × 千斤顶油缸活塞面积）。张拉机具受到碰撞及出现异常时，应随时全部重新标定。

标定曲线（张拉力—压力表读数曲线）的建立。标定时千斤顶应为进油顶压工况，当测力计达到一定分级荷载读数时，读出压力表上相对应的读数值，重复 3 次取其平均值。将测得各值采用直线回归法绘成曲线，该曲线称为标定曲线。确定张拉力值时应采用标定曲线的回归方程计算值。

C. 张拉操作工艺控制：张拉体系按顺序安装，锚具与垫板处于最佳吻合状态。锚具和千斤顶要平整，对中夹片安装均匀、平齐。

张拉机具必须严格按使用说明书及操作规程进行操作，操作人员须经过专门培训和考核。油压表读数、伸长值、回缩值量测都要准确。

张拉前要反复检查连接油管，张拉升压要平稳、均匀。每级加载到位稳压 1min 量测。张拉至控制应力后持荷 5min 进行顶压锚固。要随时分析和处理升压异常情况。

顶压要缓慢，在 50MPa 处持荷时间不应小于 1min。同时，先让张拉缸缓慢降压，再将工具锚卸载，工作锚受力，减少回缩损失。

D. 伸长值、回缩值控制：伸长值校核，在张拉中每级加载时，都要准确量测伸长值。实测伸长值与理论计算伸长值进行分析比较，再反馈张拉工序校核张拉应力，这是质量管理体系的最后一项重要控制程序。

伸长值、回缩值控制原则。张拉至控制应力后，锚束伸长值误差控制在 ±5% 范围内；个别锚束误差略大于 5% 要进行原因分析，确定无误后方能进行锚固；误差小于 -5%，立即停止张拉，检查偏小的原因，采取措施纠正；回缩值控制在张拉端预应力筋回缩值以内，大于此值时要检查锚、夹具及千斤顶安装对中和顶压锚固操作工艺。

# 3.8 混凝土真空施工工艺

## 3.8.1 概述

混凝土真空施工工艺是通过纯机械的方法，在浇筑振捣成型后的混凝土表面形成一定的真空度，使其受到大气压力差形成的挤压力、气泡膨胀力和毛细管收缩力的共同作用，去除混凝土中多余的游离水和气泡，达到使混凝土的水灰比降低、密实度增加（包括早期）强度提高、物理力学性能得到改善的目的。

（1）特征。

1）改变了混凝土最终水灰比。通过真空作业，可使流动性混凝土变为干硬性混凝土。正常情况下可使原始水灰比降低12%～20%。

2）提高了混凝土早期强度。混凝土脱水后即可获得一定的强度，这为拆模、抹面等工序提前，提高模板周转率及缩短工期创造了有利条件。真空混凝土在水泥浆开始硬化前，即具有约0.2MPa的塑性结构强度；与普通混凝土相比，3d抗压强度约提高1倍，7d抗压强度约提高50%。

3）混凝土表面质量显著提高。混凝土表面真空直接作用，使水灰比减小，密实度提高，有利于减少脱皮、起粉、收缩裂缝等缺陷，大幅度降低了混凝土的收缩性能，提高了抗磨蚀、抗渗、抗冻融等性能。28d抗压强度可提高约20%，抗冻性能提高2～2.5倍，抗磨蚀强度提高30%～50%，收缩性可降低约15%。

4）提高与钢筋的握裹力，根据经验其提高幅度在30%～50%之间。

5）施工工序繁琐。随着高性能混凝土和高性能外加剂的研制应用，其在水工领域的推广应用价值受到了影响。

（2）用途。混凝土采取真空作业后可显著提高其抗磨蚀强度和抗渗、抗冻融性能，在水利水电工程中主要用于泄流孔道、过流面混凝土施工和交通道路混凝土表面处理。

### 3.8.2 混凝土真空作业设备

（1）混凝土真空作业设备。真空吸水设备结构见图3-46。

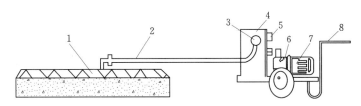

图3-46 真空吸水设备结构示意图

1—真空吸盘；2—软管；3—吸水进口；4—集水箱；5—真空表；
6—真空泵；7—电动机；8—手推小车

（2）混凝土真空吸水设备构成。

1）真空吸水机组。真空吸水机组构成及技术性能见表3-13与表3-14。

表3-13　　　　　　　　　　　　真空吸水机组构成表

| 项　目 | 用　途 |
| --- | --- |
| 真空泵 | 主要设备、型号和技术参数见表3-15 |
| 真空罐 | 提供真空储备，以保证真空腔内的真空度，体积不应小于150～200L |
| 集水罐（器） | 收集从混凝土中吸出的泌水 |

表 3-14　　　　　　　　　　　　　　　　　真空吸水机组技术性能表

| 序号 | 项目 | HZJ-40 | HZJ-60 | 改型泵Ⅰ号 | 改型泵Ⅱ号 |
|---|---|---|---|---|---|
| 1 | 最大真空度 $T/\text{kPa}$ | 96.99 | 99.33 | 96.99~99.33 | 99.99 |
| 2 | 抽气速度/(L/s) | 28 | | 70 | 60 |
| 3 | 电动功率/kW | 4 | 4 | 5.5 | 5.5 |
| 4 | 转速/(r/min) | 1440 | 2850 | 670 | 600 |
| 5 | 抽吸能力/m³ | 2×20 | 60 | 20 | 2×20 |
| 6 | 配套吸垫规格/m | 3×5 | 3×5 | | |
| 7 | 主机外形尺寸（长×宽×高）/(mm×mm×mm) | 1350×600×800 | 1400×650×838 | 1500×750×850 | 1700×750×1050 |
| 8 | 质量/kg | 200 | 180 | 320 | 340 |

**注**　摘自《建筑施工手册》第四卷（第三版）。

2）真空吸盘。真空吸盘的构造类型见表3-15，真空吸盘构造见图3-47。

表 3-15　　　　　　　　　　　　　　真空吸盘的构造类型表

| 类别 | 构　造　及　特　点 | 适用范围 |
|---|---|---|
| 刚性（或半刚性）吸盘 | 用0.4mm左右厚度镀锌薄钢板或施工钢模板、木模板作为面层密封材料，它能够承受大气压力差而不发生变形，也能承受混凝土荷载的作用。骨架层的高度在4～5mm之间，可选用发泡塑料网片或改性聚乙烯气垫薄膜材料，后者骨架层与密封层合为一体。密封材料的四周应与新浇筑的混凝土表面紧密贴合，使真空腔与外界分隔。<br>对于固定模板，刚性（或半刚性）真空吸盘具有较好的整体性、密封性和使用寿命。但有笨重、密封困难，操作不便、易损坏过滤布等缺点 | 混凝土结构物坡比陡于2.4：1（垂直）面的真空作业 |
| 柔性吸盘 | 用柔性橡胶布或气球布，双面格等作为面层密封材料，采用粒状或网状等发泡和不发泡的塑料网构成骨架和真空腔，密封材料的四周与新浇筑的混凝土表面紧密贴合，使真空腔与外界分隔。<br>柔性的真空吸盘可以随意卷起和铺放，比刚性的真空吸盘使用方便 | 平面及坡比较缓斜面的真空作业 |

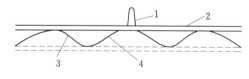

图 3-47　真空吸盘构造示意图
1—脱水口；2—密封层；3—过滤层；4—骨架层

3）吸水软管。用以连接真空吸盘和集水器，可采用橡胶管或经螺旋加强的塑料管，配有各种塑料接头和弯管。

4）过滤层。过滤层的作用是阻止水泥等微粒的通过，而水、气能自由滤出，具有良好的透水性能。常用的过滤层参数见表3-16。

表 3-16　　　　　　　　　　　　　　常用的过滤层参数表

| 种　类 | 特　点 |
|---|---|
| 纤维织物过滤布质过滤网 | 不易清洗，易被水泥颗粒堵塞，成本高。不适用于混凝土立面构件真空脱水工艺 |
| 无滤布吸垫（RM型） | 与纤维织物过滤布质过滤网相比，具有混凝土脱水均匀，混凝土表面平整度好、硬度高、成本低等特点 |
| $V_{88}$型无滤布吸垫 | 使用时将过滤垫光面置于混凝土表面，再将覆盖层置于过滤垫上，吸水管与真空泵连接，开启真空泵，混凝土内部水、气立即通过细缝排出，细缝不会被水泥砂浆堵塞，不冲洗也不会被硬化水泥砂浆粘住。既可用于平面真空作业，又适于斜、立面的真空吸水作业 |

无滤布真空吸盘见图 3-48。它的覆盖层厚 0.4mm 的医用橡胶布,过滤垫由单面带气垫半球形凸头塑料薄膜冲缝而成,细缝尺寸为 0.8mm×5mm,缝数为 4200 条/$m^2$。

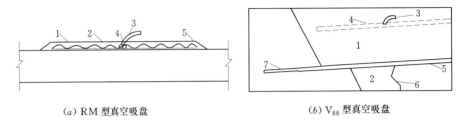

(a) RM 型真空吸盘　　　　　　　　(b) $V_{88}$ 型真空吸盘

图 3-48　无滤布真空吸盘示意图

1—覆盖层;2—过滤垫;3—抛物线吸水管;4—通道;5—气垫秃头;6—细缝;7—抬杠

(3) 真空吸水工艺参数。

1) 有效真空作业深度。试验研究表明,真空度向混凝土深度传播过程中的衰减幅度,传播速度较慢,有效真空作业深度宜为 30cm。

2) 真空度。根据混凝土的厚度以及单位水泥用量来控制。真空度越高,抽吸量越大,混凝土也越密实,但真空度达到一定限值时,吸水效果反而降低。因真空度过大时,表面的水泥浆层很快被吸干,形成薄壳,使毛细管道堵塞,从而降低脱水效果,一般选用真空度为 40~80kPa。

3) 真空作业时间。真空作业时间与真空度、混凝土厚度、水泥品种和用量、混凝土浇筑前的坍落度和温度等因素有关。按混凝土厚度确定时以大约 1cm/min 控制,有效真空作业深度所需时间参考值见表 3-17。

表 3-17　　　　　　　　有效真空作业深度所需时间参考值

| 混凝土厚度/cm | <5 | 6~10 | 11~15 | 16~20 | 21~25 |
|---|---|---|---|---|---|
| 真空作业时间/min | 3.75 | 4.75~8.5 | 10~16 | 18~26 | 28.5~38.5 |

注　1. 摘自《水利水电工程施工组织设计手册》。

　　2. 适用于普通硅酸盐水泥。

　　3. 真空度为 66.7kPa。

4) 脱水率。脱水率与脱水处理的目的、混凝土配合比、脱水时间及真空度大小有关。根据脱水处理的目的不同,脱水率的大小也不同。以提高混凝土的强度为目的时,脱水率可高些;以改善表层混凝土的性能或对混凝土表面处理以加快施工进程为目的时,脱水率可低些。真空混凝土的脱水率以最低剩余水灰比约为 0.35 为宜,混凝土真空脱水率与混凝土厚度的关系见表 3-18。

表 3-18　　　　　　　　混凝土真空脱水率与混凝土厚度的关系表

| 混凝土厚度/cm | 5 | 10 | 15 | 20 |
|---|---|---|---|---|
| 脱水率/% | 25~30 | 20~25 | 15~20 | 12~16 |

注　1. 摘自《近代混凝土技术》。

　　2. 真空作业前水灰比为 0.5~0.6。当水灰比不同时,按脱水率与原水灰比成正比关系的规律调整。

5）真空吸水过程的短暂振动。在真空抽吸时，混凝土的脱水过程会出现阻滞现象。为消除这种现象，使混凝土内部多余的水均匀排除，可采用短暂间歇振动的办法，即在开机一定时间后，暂时停机，立即进行5～20s的短暂振动，然后再开机。

6）按产品说明书要求验证工艺参数。

（4）真空模板。真空模板是由一普通形式的模板与一真空吸盘有机结合而成的。在水利水电工程中，真空模板是根据各类工程模板的特点，将其主体部分用带有真空腔体的模板取代或以一定的方式、将一独立的真空模板与之相连接所形成的模板系统。常见真空模板的类型见表3－19，滑动真空模板基本构造见图3－49，无滤布真空吸盘见图3－50。

表3－19                            常见真空模板的类型表

| 类型 | 种类 | | 特点 | 备注 |
|---|---|---|---|---|
| 按连接方式[见图3－49（a）、（b）] | 一体式 | | 模板的底板部分改制成刚性（半刚性）真空吸盘，该刚性吸盘承受混凝土荷载的作用。为减少滑模牵引阻力、方便吸盘的换洗以及避免吸盘过滤层被拉伤，将吸盘部分制成活动结构，滑升时将吸盘翻起或将模板稍稍托起 | 混凝土结构面的坡比陡于2.4∶1 |
| | 分体式 | | 模板与吸盘各自独立以某种方式连接。滑升时将吸盘翻起或将模板稍稍托起 | 混凝土结构面的坡比缓于2.4∶1 |
| 按模板工作方式分 | 滑升式 | 有轨式 | 用于平面、斜面或半径较大的弧面混凝土结构的施工。在其模板的后部一般均安装有操作平台。可改制成一体式、分体式两种真空模板，但以分体式真空模板为佳 | 见图3－50 |
| | | 液压提升式 | 液压提升滑模用于垂直墙面的混凝土施工。可改制成一体式真空滑模 | |
| | 爬升式 | 自升式 | 自升模板以爬升方式作业的模板，将其改制成一体式真空模板时工作十分方便 | |
| | 梁、柱真空拼装模板 | | 梁、柱模板（图中混凝土柱采用双面布垫） | |

注　实际施工时，可根据工程的特点和实际情况选用一体式或分体式真空作业方式。

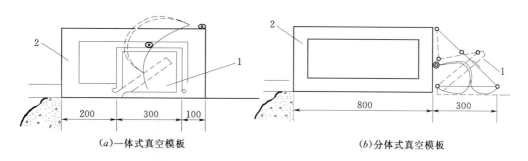

（a）一体式真空模板　　　　　　　　　　　　（b）分体式真空模板

图3－49　滑动真空模板基本构造示意图（单位：mm）

1—真空吸盘；2—滑模（滑模滑行时，真空吸盘位置如图虚线所示）

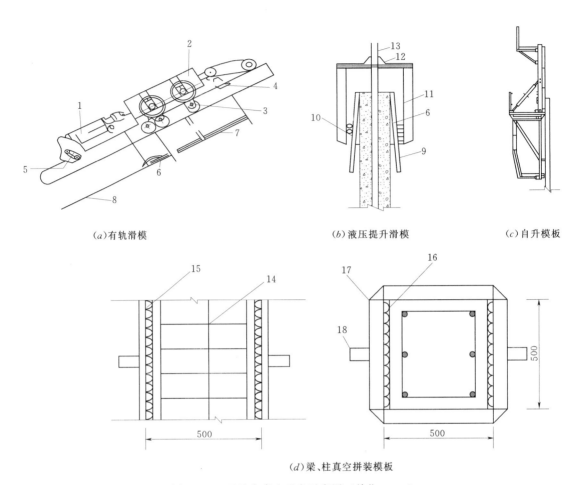

（a）有轨滑模　　　　　　（b）液压提升滑模　　　　（c）自升模板

（d）梁、柱真空拼装模板

图 3-50　无滤布真空吸盘示意图（单位：mm）

1—液压缸；2—滑升台车；3—钩轮；4—上爬机；5—下爬机；6—真空吸盘；7—滑动模板；
8—溢流坝面；9—模板；10—脱水口；11—提升架；12—穿心千斤顶；13—支撑杆；
14—钢筋骨架；15—真空腔板；16—过滤层；17—钢模；18—吸管

（5）真空混凝土施工。

1）原材料、配合比。水泥宜用硅酸盐水泥，粗细骨料要求同常规混凝土。配合比与常规混凝土相同，水灰比宜为 0.45～0.53，混凝土坍落度一般为 2～4cm。若脱水处理仅是为了缩短表面处理后的养护时间，混凝土骨料可采用间断级配。

2）施工工序。以溢流面（分体式）真空模板为例，施工程序如下：模板安装→混凝土浇筑→振捣→滑升模板→混凝土表面抹光处理→覆盖真空吸盘，密封吸盘边缘，同时浇筑另一层混凝土→脱水结束→抹光→养护等。

3）真空作业。

A. 开动电机后真空度应逐渐增加，当达到要求的真空度（40～80kPa）并开始正常出水后，真空要保持均匀。结束吸水工作前，真空度应逐渐减弱，防止在混凝土内部留下出水通道，影响混凝土的密实度。

B. 真空作业深度不宜超过 30cm，厚层宜分层或双侧（梁、柱）进行真空作业。

C. 真空作业时间可通过真空作业试验确定。结束前，应掀开吸垫四周，当发现混凝土表面和管中有残留水分时，要先排除后再关机。

D. 在气温低于8℃的条件下进行真空作业时，应注意防止真空系统内水分冻结。真空系统各部位应采取防冻措施，必要时应定期吸入热水或热空气。

E. 真空作业后提起吸盘再进行抹面，进一步对混凝土表面进行研磨压实。最后在混凝土表面覆盖塑料薄膜养护，当用露天湿草袋养护时，应定时浇水。

F. 用清洁水加入水箱，开动真空泵1min左右清洗水箱，反复数次，以去除所有沙粒与水泥。

G. 清洗真空吸盘以及机组其他部件，搞好维护保养，以备再用。

H. 真空滑模的施工速度取决于混凝土的凝结时间。一般要比普通滑模快，根据以往的施工经验，可不间断地每次提升30~50cm（当吸盘宽度在30~50cm之间时），正常情况下能达1m/h。

（6）质量控制。

1）原材料和配合比控制同常规混凝土。

2）真空吸盘的周边密封要满足要求，确保吸盘的真空腔与大气隔绝。

3）混凝土浇筑控制同常规混凝土。

4）真空抽吸时真空度要不低于由试验确定的数值，每次真空作业均应详细记录真空作业时间、真空度及吸水量，每次真空作业完毕必须洗涮吸盘。

# 4 混凝土养护和表面保护

## 4.1 混凝土养护

混凝土浇筑完毕后，在一个相当长的时间内，应保持其适当的温度和足够的湿度，以形成混凝土良好的硬化条件，这就是混凝土的养护工作。混凝土表面水分不断蒸发，如不设法防止水分损失，水化作用未能充分进行，混凝土的强度将受到影响，还可能产生干缩裂缝。因此，混凝土养护的目的：一是创造有利条件，是水泥充分水化，加速混凝土硬化；二是防止混凝土成型后因曝晒、风吹、干燥等自然因素影响，出现不正常的收缩、裂缝等现象。

### 4.1.1 混凝土养护方法

水工混凝土常用的养护方法主要有：洒水（喷雾）养护、覆盖养护、围水养护、铺膜养护、喷膜养护、蒸汽养护、热水养护、电热养护、太阳能养护、化学剂养护等。

（1）洒水（喷雾）养护。洒水养护是指采用人工洒水、花管自流、机具喷射、滴灌给水、仓面喷雾等方式，湿润混凝土表面。

1）人工洒水。人工洒水可适用于任何部位，有利于控制水流，可防止长流水对机电安装的影响。但由于施工供水系统的水压力有限和施工部位交通不便，人工洒水的劳动强度较大，洒水范围受到限制，一般难以保持混凝土表面始终湿润。

2）花管自流。利用在塑料管或钢管上钻有小孔的喷淋管（花管）进行自流养护。其一般方法是：在 $\phi25mm$ 的塑料管或钢管（因塑料管成本低，且钻孔较容易，一般采用塑料管较多）上，每隔 $150\sim300mm$ 钻 $\phi1\sim5mm$ 的小孔后，悬挂在模板或外露拉条上进行流水养护。从小孔中流出的微量水流，洒在养护面上，在混凝土表面形成"水套"（见图 4-1）。给花管不停地通水，便可保持长流水养护。

花管自流养护适用于水工建筑物的混凝土立面和溢洪道、护坦以及闸室的底板等。自流养护由于受水压力、混凝土表面平整度以及蒸发速度的影响，养护效果不稳定，必要时需辅以人工洒水养护。因浇筑仓面一般平整度较差，仓面难以做到全部有流水。同时，对相邻坝段混凝土施工有较大干扰，故而实施时有一定难度。

3）机具喷射。机具喷射是利用供水管道中的水压力推动固定在支架上的特殊喷头，在混凝土表面进行旋喷和摆喷。喷头可以自行加工，也可以利用农业灌溉中的机具。三峡水利枢纽工程工地上使用的水压旋喷机具见图 4-2。旋喷洒水养护适合于 28d 以内的较长间歇期仓面养护。

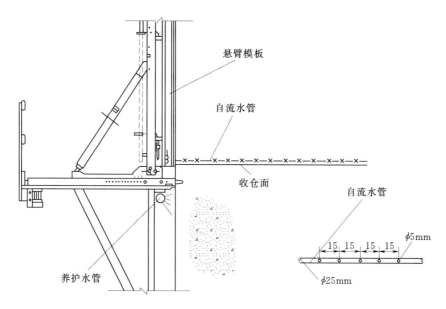

图4-1 悬挂在模板下口的自流养护水管示意图（单位：cm）

4）滴灌给水。在夏季高温条件下，混凝土养护工作难度较大，不仅需设专人洒水养护，而且在高温条件下，混凝土易处于缺水状态，这样混凝土的强度难以达到设计要求。为此，采用滴灌带对其进行养护，不仅节约用水，而且降低了养护成本，使混凝土面始终处于湿润状态，提高了混凝土板的质量。

在公伯峡水电站面板坝面板施工时，采用了滴渗保湿、土工膜保温的养护措施。每一块混凝土面板浇筑完成，混凝土初凝后用厚8mm复合土工膜覆盖。同时，在面板上布设滴渗设施进行保湿养护。

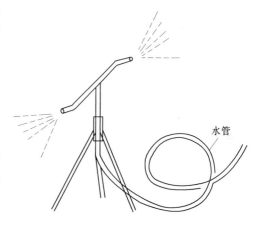

图4-2 水压旋喷机具示意图

5）仓面喷雾。

A. 掺气管喷雾。掺气管喷雾是在仓面上空形成一层雾状隔热层，使仓面混凝土在浇筑过程中减少阳光直射强度，降低仓面环境温度，对减少混凝土在浇筑振捣过程中温度回升有较好效果。掺气管喷雾是将掺气管固定在仓面两侧模板上，沿管长每50cm钻一个2mm小孔，将有孔方向对向仓面上方，仰角20°～30°。掺气管外接0.4～0.6MPa高压水及0.6～0.8MPa高压风，风、水在管内混合后由掺气管小孔喷出。这种装置喷射距离一般可达8～10m，雾化效果尚可，但需注意的是掺气管下方，往往由于有水滴下而需设置排水设施。

B. 新型喷雾机喷雾。仓面喷雾机是为确保三峡水利枢纽二期工程混凝土浇筑质量而研制开发的新产品。仓面喷雾机将清水通过离心式压力雾化喷嘴雾化成细小雾滴后，用风力将雾滴均匀吹送到混凝土浇筑面上方形成雾层，一方面雾滴吸热蒸发；另一方面雾层阻隔阳光直射，从而降低浇筑面上环境温度。1999年夏季，新型喷雾机在三峡水利枢纽工程泄洪坝段和左厂坝段施工仓面经过短期的试用和摸索后，迅速用于仓面降温保湿，为保障夏季混凝土浇筑质量发挥了重要作用。

（2）覆盖浇水养护。对于已经浇筑到顶部的平面和长期停浇的部位，可采用覆盖养护。覆盖的材料，根据实际情况可选用水、粒状材料和片状材料。粒状和片状材料不仅可以用于混凝土养护，而且也有隔热保温和混凝土表面保护的作用。覆盖粒状材料和片状材料养护时，需给覆盖材料浸水并始终要保持覆盖材料处于水饱和状态，既可满足养护要求。

1）仓面蓄水。蓄水养护方法简单方便、效果稳定，且具有散热保湿及降低大体积混凝土内外温差的效果。适用于短期不再上升和已浇到顶的部位。但蓄水养护要求混凝土收仓面基本水平，需要经常补充水量。

2）粒状材料覆盖。粒状材料可用于顶平面的长期养护。常用材料有沙、沙土、砂砾料和土石混合料等，覆盖厚度一般为30～50cm。覆盖粒状材料，还可以防止寒潮对混凝土表面的冲击以及外来物体撞击混凝土表面，适用于平面和坡度不大的斜面养护，但事后清渣工作量大。

3）片状材料覆盖。

A. 草帘、草带及麻袋片。在以往的工程施工中，使用广泛的片状养护材料是草帘、草袋、麻袋等吸水材料。这些材料成本较低，可用于平面、斜面和侧立面的覆盖养护，还具有保温作用。但草帘、草袋、麻袋片易于腐烂且易燃，既增加了清渣工作量和对混凝土表面的污染，又不利于防火。

B. 土工布。土工布又称土工织物，它是由合成纤维通过针刺或编织而成的透水性土工合成材料。成品为布状，一般宽度为4～6m，长度为50～100m。土工布分为有纺土工布和无纺土工布。土工布具有优越的透水性、过滤性、耐用性、耐酸碱性、不腐蚀、不虫蛀、抗氧化、重量轻、使用方便、施工简单。近年来，在许多工程中使用土工布覆盖并浸水的方式对混凝土进行养护，养护效果良好。

C. 保湿塑料薄膜。在无风或风小的情况下可采用塑料膜覆盖养护方法，以不透水汽的塑料膜来保持混凝土中的水，满足混凝土强度增长的需求。对于闸墩、桥墩、厂房梁柱等结构近年来多采用塑膜包裹养护方法，使混凝土表面保持湿润，实现养护目的。该方法为：混凝土脱模后，应先在混凝土表面洒水湿润，然后立即用塑料薄膜将混凝土构筑物包裹严实，用胶带纸或线绳等粘（扎）紧，塑料薄膜要紧贴混凝土表面，不漏缝、不透风。在养护期限内，混凝土表面自始至终要出现水珠水印。为使混凝土表面保持湿润状态，可向塑料薄膜内喷淋洒水，要经常检查薄膜的完整性。如发现有塑膜开脱破裂等现象，要及时修补完整。

D. 聚乙烯高发泡材料覆盖。聚乙烯高发泡材料是近年来发展起来用于混凝土养护的材料。它具有良好的保温性能，因此是一种具有保温和保湿两种养护功能的覆盖养护材料。

聚合物片材的种类从养护的功效区分，可分为闭孔和开孔结构材料。闭孔结构的材料为均厚的蜂窝壁，紧密相连没空隙，因此材料具有较好的保温隔湿性能。开孔结构材料，孔隙相连，吸水性强。根据两种材料的不同特性，闭孔材料在使用时，采用内贴方式，混凝土浇筑前，贴压在模板内侧，拆模后片材留在混凝土表面和混凝土紧密相贴，可有效防止混凝土水分蒸发；开孔结构的材料在使用时，采用外挂的方式，混凝土浇筑完毕拆模后，挂贴在混凝土表面，用水淋湿，在混凝土表面营造一个湿润的小环境，及时补充混凝土表面水分。聚合物片材成本较高，主要用作混凝土保温，结合混凝土养护作用。

4）模板保湿。模板也具有一定的保温隔湿的功效，在允许的情况下，混凝土浇筑完毕后，模板保留一段时间，对养护混凝土也是有利的，留模养护以木模板效果最佳。可采取带模包裹，浇水，喷淋洒水或通蒸气等措施进行保温、保湿养护；要保证模板接缝处不至失水干燥。为保证顺利拆模，可在混凝土浇筑24～48h后，略微松开模板，并继续浇水养护至规定时间。

（3）化学养护剂养护。混凝土养护剂又称混凝土养生液，是一种涂膜材料，喷洒在混凝土表面后固化，形成一层致密的薄膜，使混凝土表面与空气隔绝，大幅度降低水分从混凝土表面蒸发损失。从而利用混凝土中自身的水分最大限度地完成水化作用，达到养护的目的。喷洒量决定于产品和需要达到的效果，应按产品说明或试验确定。

混凝土养护剂是由有机高分子材料与无机碱金属硅酸盐合成的一种新型胶状养护剂。该养护剂喷涂在混凝土表面，不仅可在混凝土表面迅速形成覆盖薄膜。同时，可与混凝土浅层游离氢氧化钙作用，在渗透层内形成致密、坚硬表层，阻止水泥混凝土中水分蒸发，使水泥充分水化而达到自养目的。

用养护剂的目的是保护混凝土，因为在混凝土硬化过程表面失水，混凝土会产生收缩，导致裂缝，称作塑性收缩裂缝。在混凝土终凝前，无法洒水养护，使用养护剂就是较好的选择。有些混凝土结构，洒水保湿比较困难，也可以采用养护剂保护。

混凝土养护是表面保湿，养护剂的实质作用是"保护"，而不是"养护"。因为，养护的概念不仅要防止混凝土水分损失，还要补充水分帮助水泥水化，使强度健康增长。

养护剂的种类和作用机理：养护剂可分为成膜型和非成膜型两类，前者在混凝土表面形成不透水的薄膜，组织水分蒸发，后者依靠渗透、毛细管作用，达到养护混凝土的目的。

成膜型养护及主要4大类。①水玻璃类：主要成分为硅酸钠，喷洒到混凝土表面后，与混凝土中的氢氧化钙形成硅酸钙，封闭混凝土表面空隙，达到养护目的；②乳液类：主要包括石蜡乳液、沥青乳液和高分子乳液，喷洒到混凝土表面后，水分蒸发形成不透水薄膜；③溶剂类：如过氯乙烯溶液，喷洒到混凝土表面后形成塑料薄膜；④复合型：将无机类材料和有机高分子材料复合，具有双重作用机理。

非成膜型养护及主要成分是多羟基脂肪烃衍生物，依靠渗透作用在混凝土表面，达到养护效果。与混凝土表面无化学反应，不影响混凝土表面后期装饰。

### 4.1.2　混凝土养护时间

混凝土的养护时间在《水工混凝土施工规范》（DL/T 5144—2001）中规定："塑性混凝土应在浇筑完毕6～18h内开始洒水养护，低流动性混凝土宜在浇筑完毕后立即喷雾养护，并及早开始洒水养护"，"混凝土养护时间，不宜少于28d，有特殊要求的部位宜适当延长养护时间。"混凝土养护时间的长短，取决于混凝土强度增长和所在结构部位的重要性，不同水泥品种的混凝土强度增长率可参考有关资料。

## 4.2 混凝土表面保护

### 4.2.1 混凝土表面保护作用

混凝土表面保护主要指：夏季高温季节混凝土表面养护、低温季节混凝土表面保温，冬季低温季节长间歇混凝土表面浇筑，特殊混凝土并埋设限裂钢筋等一系列综合性防裂措施。主要目的是对大体积混凝土表面进行保护，提高混凝土表面抗裂性能，避免因混凝土内外温差过大而产生温度裂缝。

（1）混凝土表面防裂的要求。引起表面裂缝的原因是干缩和温度应力。干缩引起表面裂缝一般仅数厘米深度，主要靠养护解决。引起表面拉应力的温度因素有：气温变化、水化热和初始温差。气温变化主要有：气温骤降、气温年变化和日变化。在混凝土施工过程中，有时要留一些缺口供过水之用，与低温水接触后，在缺口的底部与两侧，往往会出现裂缝。

理论与实践经验都表明，表面保护是防止表面裂缝的最有效措施，特别是混凝土浇筑初期内部温度较高时尤应注意表面保护。混凝土表面保温后保温层应达到的等效放热系数值，可根据坝址气温骤降及气温年变化等情况通过计算确定。

1）气温骤降时的保护要求。按《水工混凝土施工规范》（DL/T 5144—2001）的规定："在低温季节和气温骤降季节，混凝土应进行早期保护。"表面保护的气温变化标准，按《混凝土重力坝设计规范》（SL 319—2005）的规定："日平均气温在2～4d内连续下降6～9℃时，28d龄期内的混凝土表面，必须采取保温措施。"

三峡水利枢纽工程中规定："当日平均气温在2～3d内连续下降超过6℃时，28d龄期内混凝土表面必须进行表面保温保护。"

2）在年气温变化较大的地区，为减小混凝土表层温度在施工期内的年变化幅度，应对上下游坝面进行长期保护。

3）低温季节，新浇混凝土产生水化热温升，内部温度较高，寒潮会使混凝土表面温度下降过快，为减小混凝土表面温度梯度和内外温差，必须在混凝土表面设置符合保温要求的保护层。

4）高温季节，为防止外界高温热量向混凝土内部倒灌，防止新浇混凝土内部温度超过坝体设计允许最高温度，必须在混凝土表面及时覆盖防晒隔热材料。

5）低温季节，对于孤立上升、散热较快的坝块，为延缓混凝土降温速度，减少新、老混凝土上、下层的约束温差，对连续上升的混凝土坝块必须进行表面保护。

6）秋冬季节来临之前，对于导流底孔、竖井、廊道和尾水管等坝体空洞应力集中的部位，应加强保护。

7）基坑过水，采用过水围堰导流方式的工程，汛期洪水淹没基坑时，较低的水温对混凝土温度影响较大，对于新浇混凝土内部温度还未冷却下来的大坝过水缺口、护坦、闸室底板等防裂要求高、薄而长的条块，应采取覆盖保温措施。

（2）混凝土外观保护。施工期间混凝土外观保护应结合混凝土养护、保温等措施，保护混凝土表面不受损坏。混凝土外观受损的主要原因有：

1）水流冲刷。当坝体采用分期导流和缺口导流方式时，汛期水流冲刷混凝土表面，对过水坝面外露的埋件和混凝土龄期不足的闸室底板、护坦等部位，有可能造成破坏。

2）物体坠落。在高空作业情况下，尺寸较大孔口的侧墙及顶板在施工时，下坠物体易损坏底板混凝土表面。因此，导流底孔底板等外观要求较高的部位，在设置混凝土养护和保温层时，应结合混凝土外观的保护要求，选择具有缓冲作用的材料。

3）水化学污染。施工期间，仓面冲洗、养护等作业所产生的废水中的铁锈、钙离子会对长期流水的坝面造成污染，在坝面留下难以清除的水渍，影响混凝土外观。

### 4.2.2 混凝土表面保护分类

混凝土表面保护按保护目的不同，其分类见表 4-1。

表 4-1
混凝土表面保护分类表

| 分　类 | | 持续时间 | 保护目的 |
|---|---|---|---|
| 表面防裂 | 短期保护 | 3～15d | 防止混凝土早期由于寒潮和拆模引起温度骤降而发生的表面裂缝 |
| | 长期保护 | 数月至数年 | 减少气温年变化的影响 |
| | 低温保护 | 根据当地气候，数月不等 | 防裂及防冻 |
| | 高温保护 | 数天 | 防止气温倒灌 |
| 外观保护 | 度汛保护 | 汛期 | 防止水流冲刷及推移质泥沙损坏混凝土表面 |
| | 施工期保护 | 整个施工期 | 防止坠落物体和化学污染损坏混凝土表面 |

### 4.2.3 混凝土表面保护材料

（1）材料种类。混凝土表面保护材料分类见表 4-2。

表 4-2
混凝土表面保护材料分类表

| 材料分类 | 材料名称 | 适用范围 |
|---|---|---|
| 粒状材料 | 木锯屑、沙、炉渣、砂性土 | 平面 |
| 片状材料 | 草帘、聚乙烯片材、尼龙编织布、塑料气垫薄膜 | 平面、侧立面 |
| 板状材料 | 刨花板、聚苯板、纸板、木模板 | 侧立面 |
| 喷涂材料 | 膨胀珍珠岩 | 平面、侧立面 |

（2）表面保护对材料的要求。

1）表面防裂的要求。用于表面防裂的材料，除应具有经久耐用和施工方便的性能外，主要需考虑材料的热学性能。按照混凝土表面保护的标准，对于为控制混凝土表面温度、防止混凝土表面裂缝而在混凝土表面设置的保温层，其等效放热系数 $\beta$ 值，应根据保温层材料的热学性能、保温层厚度和气温条件经计算确定。

对保温层等效放热系数 $\beta$ 值的要求，不同工程、不同部位均有所不同。水电工程不同部位的保温层混凝土等效放热系数 $\beta$ 值的要求见表 4-3。

| 表 4-3 | 等效放热系数 β 值 | |
|---|---|---|
| 工程名称 | 工程部位 | β 值要求 |
| 三峡水利枢纽 | 大体积混凝土 | $\beta \leqslant 2.0 \sim 3.0 W/(m^2 \cdot K)$ |
| | 大坝上游面、深孔、排漂孔、排沙孔等结构混凝土 | $\beta \leqslant 1.5 \sim 2.0 W/(m^2 \cdot K)$ |
| 公伯峡 | 进水口大坝上下游面 | $\beta \leqslant 1.16 W/(m^2 \cdot K)$ |

保温层混凝土的表面放热系数 β 值的计算和保温材料的热学性能，见本全书第三卷第九册《混凝土温度控制及防裂》。

对于为防止冷空气对流在秋季到来之前用于封闭坝体孔洞的材料和结构，则要求具有一定的强度，能抵抗风荷载，并轻便耐用、便于安装和拆卸。

2）外观保护的要求。用于外观保护的材料，应能抵抗水流冲刷、具有缓冲作用，能防止水化学污染。

### 4.2.4 混凝土表面保护方法

（1）混凝土表面保护施工方法。混凝土表面保护覆盖的施工方法，根据保护材料的不同特性，一般采用平铺法、外挂法、外贴法、内模法和喷涂法。

1）平铺法。平铺法用于建筑物的平面部位，如水工建筑物的闸室、流道底板、建筑物的顶平面和需要临时保护的水平施工缝。平铺法可选用粒状材料，如木屑、砂和砂型土等，也可用片状材料如草帘和尼龙保温杯等材料。

2）外挂法。外挂法主要适用于建筑物的侧立面，如坝体的上下游立面、闸室侧墙、竖直施工缝等。外挂法一般选用片状材料，如尼龙编织布、聚乙烯片材、复合保温被等。

3）外贴法。就是拆模后，将保温材料钉铆或粘贴在混凝土表面上，形成混凝土的表面保护。对于混凝土表面平整度要求很高，溢流坝面或其他特殊要求的混凝土面，则应以外贴为宜。此外，在高温季节浇筑的混凝土而要到低气温季节或寒潮来临前才需要表面保护时，应采用外贴。

4）内模法。对于混凝土保护要求较高和需长期保护的部位，可采用内贴法进行混凝土表面保护。其方法是在模板内侧安装保护材料，混凝土浇筑完毕，模板拆除后，内贴材料留置在混凝土表面与混凝土紧密相贴，形成保温层，可具有良好的保温效果。内贴法一般以板状保温材料为主，如膨胀珍珠岩板、刨花板、泡沫聚乙烯板，也可用片状材料。

5）喷涂法。喷涂法适用于需长期保护的混凝土表面，或无法使用其他方法的部位，如建筑物内部形状特殊的空腔、坝顶启闭机排架、门机大梁等截面尺寸较小的建筑物表面。

（2）保护材料选择原则。结合表面防裂和外观保护的需要统筹考虑，以满足经济适用的要求。保护材料应尽量选用耐久性好、不易燃烧、价格低廉和便于施工的材料。保护层的结构形式，应和模板结构相结合，以减少二次保护工作量和节省保护费用。

（3）混凝土表面保护工程实例。

1）公伯峡水电站进水口重力坝外挂聚乙烯（EPE）卷材。大坝外露面保温是大体积混凝土温控防裂的重要手段之一，表面保温的综合作用在于：作为温控措施，防止混凝土表面裂缝；作为冬季混凝土施工措施，防止混凝土受冻；弥补混凝土养护不足，防止混凝土干缩裂缝等。根据公伯峡水电站混凝土保温要求，经过热工计算，选用 2 层厚 2cm 的发泡聚乙烯（简称 EPE）卷材，其上黏覆一层彩条布，作为表面保护材料。

A. 材料特性。发泡聚乙烯，俗称珍珠棉，闭孔式微孔热塑性材料。它柔韧、质轻、富有弹性，回复性好，能通过弯曲来吸收和分散外来的撞击力，达到缓冲的效果。同时，发泡聚乙烯具有保温、防潮、防摩擦、耐腐蚀等一系列优越的使用特性。聚乙烯（EPE）卷材具有不吸水、不透风、阻燃、轻便且容易加固严密的特性，其物理性能见表4-4。

表4-4　　　　　　　　　　　　　　高发泡聚乙烯塑料物理性能表

| 尺寸规格/mm | | | 吸水率 /% | 水蒸气透湿系数 /[ng/(Pa·m·s)] | 抗压强度 /kPa | 导热系数/[W/(m·K)] | |
|---|---|---|---|---|---|---|---|
| 长 | 宽 | 厚 | | | | 干燥 | 浸水后 |
| — | 2000 | 20 | <6 | <0.35 | 150 | 0.046 | 0.1 |

B. 施工方法。首先在平地将两层宽1m（长约20m），厚2cm的EPE卷材叠加用线绳或细铅丝穿透缝贴紧，然后将其自上至下沿墙放下，水平方向每隔1～1.5m用0.025～0.1m木板条压紧，在木板条上用4″水泥钉按0.5m间距固定，两彩条布相互压缝0.2～0.3m，并用胶带纸粘贴密封。

C. 施工要点。该材料遇水后，保温性能降低，作为永久保温层材料时应注意防水；保温被贴近混凝土面试保温的关键；在风速较大的情况下保温效果较差。

2）三峡水利枢纽工程外挂聚苯乙烯（EPS）保温板施工。在三峡水利枢纽右岸厂房坝段工程施工中，根据大坝保温要求，采用聚苯乙烯（EPS）保温板用于大坝上下游永久面、历经一个冬天的大坝横缝、钢管槽墩墙等部位的混凝土表面保温。

A. 材料特性。保温板厚度选用30mm、50mm两种，尺寸0.6m×1.2m。根据板厚度的不同用于不同的施工部位。

聚苯乙烯（EPS）保温板的特点是吸水率和导热性较低，现场施工时可直接用刀片进行裁剪施工，并且质量轻，便于人工操作。

该工程采用的两种聚苯乙烯（EPS）保温板的物理性能检验结果见表4-5、表4-6。

表4-5　　　　　　　　　　　　　3.0cm厚聚苯乙烯板材质性能检验结果表

| 产品名称 | 隔热用聚苯乙烯泡沫塑料（EPS） | | 型号规格 | 1m×1.2m×0.03m | |
|---|---|---|---|---|---|
| 授权单位 | 常德市明华塑料制品有限公司 | | 送样日期 | 2004年8月28日 | |
| 检验依据 | | 《隔热用聚苯乙烯泡沫塑料》（GB 10801—1989） | | | |
| 序号 | 检验项目 | | 标准要求 | 检验结果 | 单项结论 |
| 1 | 表观密度/(kg/m³) | | ≥20.0 | 20.0 | 合格 |
| 2 | 压缩强度（10%用变）/kPa | | 100—170 | 120.0 | 合格 |
| 3 | 70℃、48h后尺寸变化率/% | | <3 | 0.3 | 合格 |
| 4 | 水蒸气透湿系数/[ng/(Pa·m·s)] | | <4.5 | 3.0 | 合格 |
| 5 | 吸水率/%(V/V) | | <3 | 2.5 | 合格 |
| 6 | 熔结性 | | | | |
| 7 | 断裂弯曲负荷/N | | ≥25 | 30.5 | 合格 |
| 8 | 弯曲变形/mm | | >20 | 20.7 | 合格 |
| 9 | 导热系数/[W/(m·K)] | | <0.041 | 0.038 | 合格 |
| 检验结论 | | 所测项目符合《隔热用聚苯乙烯泡沫塑料》（GB 10801—1989）的要求 | | | |

表 4-6                  **5.0cm 厚聚苯乙烯板材质性能检验结果表**

| 委托单位 | 上海大道包装隔热材料有限公司 | 送样日期 | 2002 年 12 月 24 日 | 报告日期 | 2003 年 1 月 25 日 |
|---|---|---|---|---|---|
| 产品说明 | 聚苯乙烯板 | 委托单位编号 | B02－453 | 样品结论 | BJ02167 |
| 生产厂家 | 上海大道包装隔热材料有限公司 | 型号规格 | | Ⅱ类 | |
| 检验项目 | 本产品标准 | 检验结果 | | 结论 | |
| 表观密度/(kg/m³) | ＞20.0 | 20.7 | | 合格 | |
| 导热系数/[W/(m²·K)] | ＜0.041 | 0.034（36℃） | | 合格 | |
| 压缩强度/kPa | ＞0.10 | 0.12 | | 合格 | |
| 尺寸变化率/% | ＜5 | 0.3 | | 合格 | |
| 吸水率/%(V/V) | ＜4 | 1.9 | | 合格 | |
| 水蒸气透湿系数/[ng/(Pa·m·s)] | ＜4.5 | 2.7 | | 合格 | |
| 结论 | 该产品上述检验项目合格（检验参照标准：GB 10801—1989） | | | | |

黏结剂选用 KP-WDVS 型黏结剂，该黏结剂是由矿物型胶凝材料，优化级配的骨料及特殊的添加剂组成。主要用于贴各种硬质聚合板、隔热保温材料、保温板等。KP-WDVS 型黏结剂具有良好的黏结性能和高透气性。

封闭防水涂层保温板不拆除部位采用 KP-2K 型水泥双组分柔性防水材料，其他部位采用自配的 107 号胶水拌水泥砂浆。

KP-2K 型是一种双组分、丙烯酸类高聚合物改性的水泥防水涂料，是由无机物（水泥基）材料和高分子材料复合而成。当两种组分按一定比例拌和后，其中的聚合物乳液失水而成为具有黏结性能和连续性的弹性膜层，水泥因与乳液中的水发生水化反应而产生硬化，水泥硬化体分散、填充在聚合物膜层中牢固的形成一个坚固而有弹性的防水层。水泥硬化的填充弥补了高分子材料耐水性、耐久性差的缺陷，并让聚合物膜层具有良好的户外耐久性和基层适应性。

B. 施工方法。保温板黏结采用"面粘法"和"点粘法"两种方法。对于大坝上游面水位以下等保温板不需拆除的部位，采用"面粘法"；对于大坝下游面、钢管槽侧墙及间歇期较长的横缝面，采用"点粘法"。

采用"面粘法"施工时，按厂家要求和现场试验配制好黏结剂，采用标准的 10/12 带齿刮板，将黏结剂满涂于干燥的保温板表面后粘贴。采用"点粘法"施工时，保温板周边涂抹黏结剂，宽度 50～100mm，中间部位均匀涂刷，点粘面积不小于保温面积的 40%。

保温板粘贴前对基面进行预处理，清除基层表面的浮浆、油垢、杂物等（具有强吸附型的基面要先用 KP-WDVS 型底液以 0.1：1 比例用水稀释处理）。同时，基层表面必须有一定的强度，施工前应干燥平整。

保温板粘贴结束后，即可进行防水封闭涂料施工。涂料涂刷前，先清除粘贴好的保温板表面的油污、浮灰和杂物，用抹、滚、刷的方法把浆体均匀的涂刷于保温板的表面，并做好对接部位的封闭涂刷。涂刷分两遍施工，待第一层涂刷完并完全干燥后，重复上述步骤进行第 2 遍施工，涂刷次数一般为 2～3 遍。

涂刷好的保温板贴在混凝土面上，应保证平整度和黏结牢固，板与板之间应挤紧，不得有缝隙。

C. 质量控制要求及质量检查。保温板应黏结牢固，对于采用"面粘法"施工的保温板与混凝土面结合紧密，对于采用"点粘法"施工的，保温板周边与混凝土面结合紧密并形成封闭。黏结剂及防水涂层不得出现漏刷。同时，防水涂层不出现裂纹、起皮、脱落等现象。对粘贴不牢、粘贴面流水等部位应及时予以处理，还应按一定比例抽检保温板。

防水封闭涂料 KP - 2K 施工时的环境温度以 5～30℃ 为宜，涂刷后需防雨淋及强烈日光暴晒。

D. 安全防护。KP - WDVS 型黏结剂和 KP - 2K 防水封闭涂料属于水泥基材料，呈碱性，施工中，要带工作手套和护目镜，以尽量减少材料和皮肤的直接接触。

3）三峡水利枢纽三期工程施工中采用喷涂聚氨酯保温材料施工。

三峡水利枢纽三期工程施工中，根据保温要求，经过广泛调研，首次采用发泡聚氨酯（以下简称"聚氨酯"）新型保温材料。对聚氨酯保温材料，在实验室和施工现场进行了大量的保温观测试验，通过保温效果测试数据证明，聚氨酯保温材料不但保温效果好，而且能够有效降低保温所投入的人力、物力资源，具有较高的经济效益和社会效益。目前，这两种材料已在三峡水利枢纽三期工程主坝坝体上、下游永久面、各孔口过流面等部位的混凝土表面保温施工中，进行了大面积推广使用。

A. 材料性能。该材料在可靠性方面非常突出，在现场进行喷涂，不会产生冷翘和热翘，可形成具有一定厚度无接缝的连续防水保温层，在喷涂 30s 后即可固化，与混凝土面黏结性好，集保温、防水效果于一体，同时具有阻燃性，且对环境无污染、易拆除，拆除后经颗粒粉碎后可用于民间建筑的房顶保温、绝热处理，是可再生利用的产品。

B. 聚氨酯喷涂工艺。喷涂机械选用波兰进口 FF - 1600 多组分气动发泡设备。喷涂前，首先按照相关标准进行混凝土表面的外观处理，并确保混凝土表面干净、无明水。喷涂时，操作人员站在吊篮上进行施工，距喷涂面的距离不小于 1.0～1.5m，聚氨酯材料通过导管输送至喷枪头进行喷涂。喷涂材料由 A、B 两种组分组成。施工时，通过高压喷涂设备将 A、B 两种组分料按 1：1 混合后，喷涂于混凝土表面，喷涂厚度按 1.5cm 控制。为有效控制喷涂厚度，施工前在混凝土表面用水泥钉标示出喷涂厚度。

# 5 混凝土温控防裂综合措施

混凝土浇筑后，由于水泥水化过程中所放出的热量，使混凝土内部温度升高，混凝土块体因温度变化产生应变与应力，当块体温度变化产生的拉应力（或拉伸应变）大于混凝土的抗拉强度（或极限拉伸值）就会产生裂缝，裂缝的出现将破坏坝体结构的整体性和耐久性，对整个大坝安全带来严重的影响。因此，必须采取措施控制混凝土温度，温控防裂工作是项复杂的系统工程，除了从配合比设计、拌和、浇筑、冷却通水、养护外露面保温等环节做好工作外，合理安排仓位、科学配备资源、加快入仓速度及加强仓面保护等对混凝土温控也有着重要的作用。

## 5.1 原材料的优选

### 5.1.1 水泥

（1）采用发热量低的水泥降低水泥水化热。低热水泥即低热硅酸盐水泥，是《中热硅酸盐水泥、低热硅酸盐水泥、低热矿渣硅酸盐水泥》（GB 200 —2003）新增的水泥品种，该水泥具有低水化热、早期强度略低、后期强度增进率高的特点。低热水泥的高 $C_2S$ 含量，使得水泥具有低热特性，其长期耐久性也会优于高 $C_3S$ 含量水泥。实验结果表明，低热水泥可以与中热水泥一样掺相同数量的粉煤灰而获得相同或更有耐久性的混凝土。因此，大体积混凝土中采用低热水泥为防止大体积混凝土，由于温度应力而导致开裂问题提供了新的技术途径。

在三峡水利枢纽工程中实验结果证明：采用掺低热水泥混凝土施工部位比相同要求的掺中热水泥混凝土施工早期水化热最高温升平均低 $2\sim3℃$，有利于大体积混凝土内部温度控制。掺低热水泥混凝土后期强度满足设计要求，并略高于中热水泥混凝土。但由于掺低热水泥混凝土早期强度较低，在三峡地区冬季施工时，对混凝土水平缝面冲毛及模板施工存在一定影响，更适合在夏季高温季节推广使用。

（2）采用氧化镁（MgO）含量较高的中热水泥。水泥中的氧化镁（MgO）含量如果控制不当会影响水泥的安定性，历来为水泥界人士所禁忌。近年来，随着认识的深入，发现水泥中适当的氧化镁（MgO）含量（一般不超过 5%），有利于大体积混凝土防止危害性裂缝的发生，从而可简化温控措施，降低工程成本。水口、李家峡等水利水电工程实践表明：机口外掺 4% 氧化镁（MgO）的混凝土，具有明显的延迟微膨胀特性，混凝土自生体积膨胀 28d 约为 $80\sim100\mu\varepsilon$，提供补偿应力约 $0.3\sim0.5MPa$，3 个月后趋于稳定。

三峡水利枢纽工程第一阶段施工采用的中热水泥自身体积变形为收缩型，为改善中热水泥的变形性能，使混凝土具有微膨胀性质，提高混凝土抗裂能力，采取对供应三峡水利枢纽工程中热水泥的厂家均在满足国标的前提下，把水泥熟料中的氧化镁（MgO）含量控制为 $3.5\%\sim5\%$，取得了显著成效。

滕子沟双曲拱坝混凝土粗细骨料均为长石石英砂岩，砂岩骨料水泥用量比灰岩骨料多用 $12\sim15kg/m^3$ 左右，对混凝土热学性能不利，温控防裂难度大。施工中选用氧化镁（MgO）含量约为 $4\%$ 的 42.5 级中热硅酸盐水泥，具有一定的微膨胀性，对防止混凝土温度裂缝有较好的效果。

### 5.1.2 外加剂

掺加外加剂能减少水泥的用量，改善混凝土的和易性，降低混凝土水泥水化热，延缓水泥水化热峰值的出现时间，从而推迟了混凝土温度峰值的出现时间，有利于混凝土的温控，同时保证了混凝土的质量。

在混凝土中是选用高效减水剂还是选用普通减水剂，主要是根据混凝土减水和综合性能的需要确定，而不只是强度的需要。在大坝混凝土中以内部混凝土强度最低，而内部混凝土由于对温升的严格要求，希望胶凝材料用量不能过高，否则温控难以过关，要控制胶凝材料用量，必须把用水量减到合理的范围。

在三峡水利枢纽工程中经过对多种减水剂、引气剂的试验研究，优选出数种萘系高效减水剂和引气剂，在试验中减水率达 $18\%$ 以上，在三峡水利枢纽工程第二阶段广泛使用在大坝内部、基础和外部混凝土部位，有效地降低了混凝土用水量和胶凝材料用量。

三峡水利枢纽工程在抗冲磨高标号部位，经过试验研究还使用了减水率更高的丙烯酸类高效减水剂 X404，该减水剂具有减水率高，可降低水泥的早期水化热、含碱量低等优点，与参比的萘系高效减水剂相比，性能更好，综合减水率在 $30\%$ 以上，但这类减水剂的价格昂贵，主要用在高强度混凝土部位。对 $R_{28}400$、$R_{28}450$ 高标号混凝土，掺 X404 缓凝高效减水剂混凝土与掺萘系同标号混凝土相比，可减少混凝土胶凝材料用量 $4.0\sim4.7kg/m^3$，浇筑层实测最高温度降低 5℃ 左右，有利于大坝温控防裂。同时，由于 X404 缓凝高效减水剂综合减水率高，还改善了混凝土的干缩、强度等一系列性能，提高了混凝土的抗裂能力和耐久性。

### 5.1.3 粉煤灰

高掺优质的粉煤灰对降低用水量从而降低单位混凝土的水化热有利，三峡、小湾等水电站工程中均使用符合《粉煤灰混凝土应用技术规范》（GBJ 146—90）的Ⅰ级粉煤灰。三峡水利枢纽三期工程中部分标号常态混凝土的粉煤灰掺量达到了 $45\%$，溪洛渡水电站拱坝的混凝土粉煤灰掺量均达到 $35\%$。

## 5.2 配合比的优化

大体积混凝土产生裂缝的主要原因是混凝土内外温差，如何有效的降低混凝土水化热温升，减小内外温差，提高大体积混凝土抗裂性能，减少或避免温度裂缝的产生，是大体积混凝土施工亟待解决的问题。在施工中可通过多种途径对混凝土配合比进行优化，以解决混凝土的温控防裂问题。

### 5.2.1 降低水泥用量

混凝土的最高温升主要由水泥水化热形成。加大骨料粒径，改善骨料级配，使混凝土中骨料大小均匀，能减少单位水泥的用量。试验表明，混凝土每增加1个级配，可少用水泥20～40kg/m³；坍落度每降低1cm，一般可少用水泥4～6kg/m³。而混凝土中水泥若少用10kg/m³，则可降低混凝土绝热温升1.2℃左右。因此，配合比设计时，在满足混凝土强度和主要指标并满足现场施工的前提下，应优先采用低坍落度、高级配的混凝土。

### 5.2.2 调整水胶比

在水工混凝土中，通过长期的试验和应用，使用中热水泥混凝土施工技术已十分成熟，取得了良好的效果。为进一步降低混凝土内部水化热温升，通常通过调整混凝土水灰比对混凝土配合比进行优化，以减少水泥用量。混凝土的水灰比对水泥水化热的发散速度有影响，水灰比增大，水化热的发散速度将随之增加。因此，尽量宜减小混凝土的水灰比。

如在三峡水利枢纽工程施工中，通过不断试验，对混凝土配合比进行优化。其中，$C_{90}30F250W10$ 混凝土水灰比由 0.45 加大为 0.48，粉煤灰掺量不变，水泥用量减少 11～21kg/m³ 之间；对 $C_{90}15F150W8$ 四级配混凝土水灰比由 0.55 缩小为 0.50，粉煤灰掺量由 40％调整为 45％，水泥用量减少了 5.0kg/m³。两个标号混凝土经过优化后，性价比都有所提高，降低了水泥用量，降低了混凝土内部水化热最高温升，提高了混凝土的防裂性能。

### 5.2.3 优化外加剂掺量

通过优化混凝土中减水剂的掺量，从而减少混凝土用水量，减少水泥用量，是降低混凝土水化热温升的途径之一。在三峡水利枢纽工程大坝进水口周围 $R_{90}300F250W10$ 高标号混凝土施工中，由于水泥用量较大出现了初期温升过快的现象，导致温控困难。为解决这一问题，经过试验在原混凝土配合比的基础上，将缓凝减水剂掺量由 0.6％提高到 0.7％，用水量减少 2kg，相应减少水泥用量，确保该部位混凝土温升可控。

## 5.3 预冷混凝土

预冷混凝土的目的是控制混凝土出机口温度。不同的工程按季节、浇筑区域、结构部位等对拌和系统出机口混凝土温度有不同的要求。三峡水利枢纽工程中，主要建筑物基础约束区重要结构部位的混凝土除冬季12月至次年2月采用自然拌和外，其他季节混凝土出机口温度不超过7℃；脱离基础约束区的混凝土除11月至次年3月采用自然拌和外，其他季节出机口温度不超过14℃；而在小湾水电站工程施工中，对不同部位混凝土的出机口温度按季节不同也有不同的温度控制要求，具体温度控制见表5-1。

混凝土出机口温度主要取决于拌和前各种原材料的温度。为降低混凝土浇筑温度，往往需要对混凝土原材料采取降温措施，以降低混凝土出机口温度。降温的措施不同，降温的效果差别较大。

表 5 - 1　　　　　　　　　　小湾水电站工程出机口温度控制表　　　　　　　　　　单位：℃

| 区域 | 月　　份 | | | | |
|---|---|---|---|---|---|
| | 1、12 | 2、11 | 3、10 | 4、9 | 5、8 |
| 强基础约束区 | 7 | 7 | 7 | 7 | 7 |
| 弱基础约束区 | 8 | 8 | 7 | 7 | 7 |
| 非基础约束区 | 9 | 9 | 7 | 7 | 7 |

　　我国从 20 世纪 60 年代开始混凝土骨料预冷和加冰拌和混凝土技术的研究，主要方法有真空气化法、水冷法、风冷法预冷粗骨料和以冰代替水拌和混凝土等工艺措施。在工程实践中三门峡、丹江口水利工程采用过浸泡式水冷骨料。70 年代，风冷骨料技术通过试验后在葛洲坝第一阶段工程中应用成功，并广泛应用于各水电工程。葛洲坝水利枢纽第二阶段工程进行了喷淋式水冷骨料试验，并在工程中采用喷淋式水冷、风冷、以冰代水拌和混凝土的工艺措施，使夏季生产的低温混凝土出机口温度达到 7℃ 的标准，达到国际低温混凝土的水平。

　　在三峡水利枢纽工程中，在原有骨料预冷工艺的基础上进一步创新，研究了简称"二次风冷骨料"的新工艺，可将夏季出机口混凝土温度降到 7℃ 以下，并具有操作简单、冷耗小、效率高、使用灵活等优点。

### 5.3.1　骨料预冷

　　（1）水冷骨料预冷。水冷，即以水为介质，对骨料进行冷却。水的比热大，并具有渗透性强、冷却时间短等优点。因此，水冷方式被普遍采用。主要水冷方式有浸泡式水冷和喷淋式水冷。但水冷骨料存在一定的局限性：

　　1）水有 0℃ 结冰的特点，一般只能生产 2～4℃ 的冷水，再按一定的冷透程度取值（60%～70%），冷水喷淋时间 7～8min，实测不同粒径骨料一般在 6～13℃，如不采取其他措施，在我国南方地区，夏季只能生产出机口温度 20℃ 左右的混凝土。

　　2）经水冷的骨料，如不采取其他措施，进入拌和楼储料仓备用时骨料温度不断回升，其混凝土出机口温度不能保证，当达不到温控标准时，已入仓骨料难以处理。

　　3）经水冷后的骨料，虽经脱水，但其表面水难以脱净，特别是小骨料表面含水率高，受水灰比限制，加冰量减少，当采用冷风继续降温（到 0℃ 以下）时，特别是中小石仓，由于含水率高，易于冻仓，从而影响系统运行。

　　4）采用水冷需要设冷水厂，制储一定数量的冷水，通过保温的冷水输水管送入保温的淋水廊道内进行慢速皮带喷淋，骨料经过脱水后进入拌和楼储料仓备用，回收的冷水须经集水、除石、沉淀、补水掺合等流程，再冷至要求温度，才可循环使用，其工艺复杂，生产环节多，占地面积大，冷耗高，系统操作运行、管理复杂。

　　（2）风冷骨料预冷。风冷骨料是以空气为介质，对骨料进行冷却。空气的比热小，冷却骨料需要的时间长，但可以采取降低风温和加大风量的方法予以补偿。20 世纪 70 年代初，葛洲坝水利枢纽工程经过风冷骨料试验并用于工程后，风冷骨料被广泛使用。其特点是风冷骨料可在拌和楼储料仓进行连续冷却，冷风自下而上（或水平方向）流动，而骨料按用料速度自上而下流动，边进料、边冷却、边储料，工艺简单，当骨料达到预期冷却温度而拌和楼暂停生产混凝土时，换可控制风温和风量，起保温作用。风冷骨料的关键是空气冷却器，鼓风机送、回风及骨料仓内配风的技术研究和设备选型。国内研制成功的高效空气冷却器，其体积小、质量轻，可直接附于骨料仓壁（因此称附壁式空气冷却器）。

（3）先水冷后风冷骨料预冷。传统的先水冷后风冷骨料工艺，以葛洲坝水利枢纽工程喷淋式水冷为代表，该工程低温混凝土生产能力为 180m³/h。其工艺是：设保温冷却廊道，廊道内安装两条带宽 1400mm 的带式输送机，带速 0.35m/s，坡度 3%。淋水段长 135m，脱水段长 15m，坡度 5%；设两条 $\phi$250mm 保温管，输送 3～4℃冷水，并在每条带式输送机上用 $\phi$100mm 淋水管喷淋，冷水从带式输送机两侧溢出，经集水槽、除石斗、沉淀池进行处理后，再冷却使用。初始温度 28.4℃的骨料，经过保温廊道喷淋冷却后，使特大石、大石、中石、小石分别冷却至 13℃、8℃、7℃、6℃。冷却后的骨料经振动筛脱水后，用胶带机送入拌和楼储料仓，再以 −13～−17℃冷风继续将骨料冷却到 0～−6℃，并以片冰代水拌和混凝土直到混凝土出机口温度小于 7℃的标准。通过这一工艺，其混凝土温度与夏季自然拌和的混凝土相比，降幅达 23℃。

（4）二次风冷骨料。二次风冷骨料工艺在三峡水利枢纽工程首创并成功应用，在其后的工程中被广泛推广应用。大量的工程实践表明，二次风冷骨料工艺与传统的先水冷后风冷工艺相比，生产工艺单一、运行操作简便，易于控制；以一次风冷代替水冷，冷却调幅大，系统运行灵活，冷耗低，冷量利用率高，运行稳定可靠；系统布置紧凑，占地面积小；设备相对简单，数量少，土建工程量小，工期短、安装拆除方便，可重复利用率高；可减少系统设备和土建投资，节省运行成本。二次风冷骨料施工工艺为如下：

1）从筛分系统来的骨料通过上料皮带自上而下进入一次风冷预冷仓进行一次骨料风冷。

2）经过一次风冷后的骨料经过上楼栈桥皮带机输送到拌和楼骨料仓内进行骨料二次风冷；二次风冷骨料工艺的创新，在于利用拌和系统已有的地面二次筛分所设骨料调节仓，配置附于仓壁的高效空气冷却器及相应的送配风装置组成冷风闭式循环系统用以连续冷却骨料，替代传统的水冷工艺。一次风冷代替水冷，由于冷水为正温，而冷风为负温，因此降温幅度大，冷却时间长，骨料冷透率高；通过一次风冷后，骨料含水率降低，在拌和楼的料仓进行二次风冷时，大大减少了骨料冻仓的可能性；骨料通过二次风冷含水率大大减少，给加冰拌和混凝土措施带来更大的机动性，这些都是以往水冷骨料无法做到的。

在三峡水利枢纽右岸三期工程施工中，为掌握风冷效果，每个班次度检查骨料经过冷却后的温度。检查时，使用红外线点温仪先测量骨料表面温度，再用小锤砸开骨料，测量骨料内部温度，并记录内外温差。部分一冷、二冷特大石的检测结果（示例）见表 5-2、表 5-3。

表 5-2　　　　　　　　一次风冷骨料（特大石）砸石温度检测成果表

| 检测项目 | 检测次数 | 最高温度/℃ | 最低温度/℃ | 平均温度/℃ |
|---|---|---|---|---|
| 表面温度 | 2435 | 11.3 | −9.5 | −0.28 |
| 内部温度 | 702 | 12.2 | −5 | 0.95 |
| 内外温差 | 702 | 5.8 | 0.3 | 1.54 |

| 检测项目 | 检测次数 | 最高温度/℃ | 最低温度/℃ | 平均温度/℃ |
|---|---|---|---|---|
| 表面温度 | 399 | －1 | －10 | －5.3 |
| 内部温度 | 399 | 0 | －6.5 | －2.9 |
| 内外温差 | 399 | 4.6 | 0 | 2.4 |

### 5.3.2　掺冷水、片冰拌和

由于水的比热大，降低混凝土出机口温度的最有效方法是在混凝土拌制过程中，采用冷水和掺加能够快速融化的片冰。根据不同季节，所掺加的片冰量有所不同。施工时，根据气温和原材料温度情况适时调整冷水温度和片冰量。

三峡水利枢纽右岸三期工程混凝土拌制，夏季最高温时段（4—10 月），掺入片冰量最高达到总用水量的 70%～80%。对于重要部位的混凝土和高标号混凝土适当降低 1～2℃控制。冬季低温季节（12 月至次年 2 月），由于外界气温和原材料温度较低，除坝体基础约束区混凝土有不同要求外，一般不采取降温措施，生产常态混凝土（自然入仓）可满足大体积混凝土施工温控要求。

## 5.4　控制浇筑温度

混凝土浇筑温度系指混凝土经过平仓振捣后，覆盖上层混凝土前，在 5～10cm 深处的温度。混凝土浇筑温度由混凝土的出机口温度和混凝土运输、浇筑过程中温度回升两部分组成。本节所述浇筑温度控制，即从拌和楼出机口开始，经运输、入仓、平仓振捣到覆盖上层混凝土前这一系列过程的温度控制。小湾水电站工程混凝土浇筑温度控制见表 5－4。

表 5－4　　　　　　　小湾水电站工程混凝土浇筑温度控制表　　　　　　　单位：℃

| 区域 | 月　　　份 | | | | |
|---|---|---|---|---|---|
| | 1、12 | 2、11 | 3、10 | 4、9 | 5—8 |
| 强基础约束区 | 11 | 11 | 11 | 11 | 11 |
| 弱基础约束区 | 12 | 12 | 12 | 11 | 11 |
| 非基础约束区 | 12 | 12 | 12 | 16 | 16 |

混凝土浇筑过程中的热量倒灌较多，所以在施工中应采取有效措施，加快混凝土运输、吊运入仓和平仓振捣速度，以减少或防止热量倒灌，否则会大大降低预冷骨料和加冰拌和的降温效果。一般要求预冷混凝土运输、浇筑过程中温度回升率不大于 0.25。

大量的工程实践表明，降低混凝土入仓过程中的温度回升无论从难度上还是从成本上，都优于降低混凝土出机口温度。因此，在现场施工时要重点研究、解决如何降低混凝土在运输和入仓过程中的温度回升问题。

### 5.4.1　运输车辆及皮带供料线遮阳

（1）为减少混凝土运输过程中的温度回升，防止温度倒灌，在运输的车辆或皮带及供料线上需要设置保温设施。

如在江口水电站大坝工程施工中，对拉运混凝土的机关车立罐和蓄能罐采用侧面包裹、顶面覆盖高压聚苯乙烯泡沫塑料保温被，并用铁丝绑扎紧密的方式进行保温。

而在三峡水利枢纽工程中，在自卸车车厢厢体外贴聚苯乙烯泡沫保温板，在车厢顶部加盖遮阳篷。遮阳篷采用塑料编织布为材料，在厢体两侧各焊一根 $\phi25mm$ 钢管，将彩条布两侧安装滑环并套装在钢管上。当汽车卸料时遮阳篷沿钢管滑至车厢尾部，汽车装完混凝土后由人工将遮阳篷拉开覆盖车厢。经现场试验，当气温在 $28\sim30℃$ 时，安装遮阳篷的车辆，其混凝土温度回升仅 $1\sim3℃$，而无遮阳篷情况时的回升达 $2\sim5℃$。遮阳篷亦有防雨功能。

（2）拌和楼前喷雾。三峡水利枢纽工程在采用自卸汽车运输混凝土时，空车在拌和楼前进行喷雾降温，喷雾装置架设在进入拌和楼前长 $10\sim20m$ 的道路两侧，略高于自卸车顶，使该范围形成雾状环境。

喷雾装置采用油漆喷枪改装而成，喷枪中间设置一个进水接口，尾部设置一个进气接口，进水、进气口均用高压橡胶软管与供水、供气主管相连，供水压力为 $0.4\sim0.6MPa$。每座拌和楼前两侧各设一排喷嘴，间距 $75cm$，喷嘴直径 $0.5mm$，每座拌和楼用水量为 $8m^3/h$。通过实测雾区气温比外部低 $5\sim10℃$，效果明显。

### 5.4.2　提高混凝土运输、入仓强度

为了减少混凝土在运输、入仓过程中的温度回升，提高浇筑强度，加快浇筑速度是重要的措施之一。因此，必须从浇筑方法、浇筑设备配置、人员配置、其他资源配置和施工协调等方面进行优化。在资源一定的情况下，加强设备的调度管理，提高作业效率至关重要。

在加强管理上，一是强调现场交接班制度，所有设备运行人员，必须在现场交接班；二是吃饭时间仓内混凝土不能停料停浇，要保证浇筑的连续性；三是重点仓位必须采用重点保仓措施。

入仓速度的提高：一是配备足够的入仓手段；二是合理地布置和利用好入仓设备，充分发挥入仓设备的效率。

在三峡水利枢纽右岸三期工程大坝混凝土浇筑时，根据仓面大小和设备的性能确定浇筑方法，一般 $500m^2$ 以下仓号采用平铺法浇筑，一个胚层（一般厚 $30\sim50cm$）的浇筑时间控制在 4h 以内，门机、塔机单机入仓强度在 $80\sim140m^3/h$ 左右，胎带机入仓强度为 $80m^3/h$ 以上。

### 5.4.3　合理安排浇筑时段，避开高温时段

夏季混凝土施工温控是温控的难点和重点，尤其是每年 6—8 月的高温季节，对仓号的浇筑安排提出了很高的要求。基本的原则是避开中午最热时段，尽量在早晚或阴天施工。安排仓号时，随时了解和跟踪天气预报，掌握天气的趋势走向，一有阴天或低温时间，注意抓住时机，强浇快浇。平时避开 10：00 至 14：00 时段，在中班开仓，跨过零点班，早班 10：00 前收仓。

充分利用有利浇筑时段，抓住早、晚和夜间气温相对较低时机，抢阴雨天时段浇筑，

关键在于施工管理上的合理安排。在高温时段停止浇筑时，要集中力量检修各种设备，搞好备仓和各项浇筑准备。一旦进入有利的低温时段，即组织高强度入仓和快速浇筑，使混凝土施工一气呵成，抢在下一高温时段到来之前收仓。

### 5.4.4 仓面覆盖保温

为减少混凝土浇筑过程中的温升，对仓面进行临时保温也是非常必要的措施之一。

混凝土在夏季浇筑过程中的温度变化：一是运输途中的温度回升，从丹江口大坝实测资料统计，一般运输时间为30min，温度回升0.5～1℃；二是仓面回升，这是主要的，回升值随混凝土入仓到上层覆盖新混凝土的时间长短而不同，一般间隔1h回升率20%，间隔2h回升率35%，间隔3h回升率45%。从以往的施工水平看，施工条件较困难时，混凝土入仓浇筑到被覆盖，时间可长达2～3h以上，这对夏季混凝土温控很不利，日照强时通常回升率能达到30%～70%。

夏季浇筑温控混凝土，为防止仓面混凝土温度回升过快，在浇筑过程中，对新浇混凝土及浇筑台阶进行覆盖保温，是控制仓面温度回升的一种方便有效的措施。仓面保温材料一般选择保温被，常用的有两层厚1cm聚乙烯保温卷材外套塑料编织彩条布，而作为第三代泡沫塑料制品的高压聚乙烯泡沫塑料，导温系数小，可适用仓内高低不平的任何形状混凝土面作覆盖物而紧贴表面，起到隔温效果。为现场使用方便，保温被一般做成单张1.5m×2.0m规格的块状。

在采用台阶浇筑法施工时，开仓浇筑前要求每仓配备不少于仓面面积50%的保温被，浇筑时对振捣好的混凝土立即覆盖，当要覆盖新混凝土时揭开保温被，振捣完后再盖上，直到混凝土初凝或收仓为止，对温度控制不很严的部位也可以到无强日照为止。

塔带机输送能力满足平仓浇筑时，仓面保温被备料面积不小于仓面面积的2/3，每浇筑层振捣区域应立即覆盖，直至上层混凝土开始布料时方能揭开，浇筑非温控混凝土的部位及时段不要求使用保温被。

三峡水利枢纽工程曾在夏季通过实测，新混凝土盖被同不盖被相比在10cm深处混凝土温度，间隔1h低5℃，间隔2～3h低5.5℃，间隔4～5h低6.75℃。由此可知，在太阳直射、气温为28～35℃时，盖被可使浇筑温度降低5～6℃。而气温为26～28℃无强日照时可使浇筑温度降低2℃。另在实测气温达33～36℃时，盖被后15cm深处比不盖被1～3h后，浇筑温度分别少回升2～4℃、4～5℃和7～8℃，也就是盖被后3～4h未覆盖新混凝土，而混凝土温度回升只0.5～2℃，同一罐料不盖被则回升5～9℃。间隔时间在1～3h内可降低表面温度4～10℃，10cm深处3～8℃，15cm深2～7℃，20cm深1～5℃，25～50cm深1～3℃。平均可降低15cm深处的浇筑温度2～7℃。15cm深处回升率在3h内为30%，按振捣后算起为5%左右；同时测不盖被，15cm深处回升率在3h达70%，按振捣后算起为65%。这充分说明盖被对降低混凝土温度回升率大有好处。

三峡水利枢纽工程大坝施工中，采用了新型特制保温材料进行浇筑仓面临时覆盖隔热保温。该材料是由帆布内包厚1～1.5cm EPE高发泡聚乙烯泡沫塑料片材制作而成，一般制作成1.0m×3.0m规格。帆布套表面涂刷一层防水、防酸、防腐胶水。经检验该材料导热系数为0.426～0.446W/（$m^2 \cdot$℃）。由于聚乙烯泡沫塑料的气孔为非闭合型，在与水后浸水，实施时曾进行现场测试，以了解干燥、潮湿和有水三种工况下保温被的保温效果。经分析测试成果得出下列结论：

（1）保温被干燥情况下的保温效果好，保温被潮湿情况次之，保温被下有水的情况最差。

（2）从新浇混凝土水平仓面的保温效果测试结果看，保温被下仓面平均温度为 12～14℃，保温被内外温差为 4～6℃。

（3）老混凝土（龄期 30d 左右）表面效果测试结果反映，保温被下老混凝土表面温度平均为 10～12℃，保温被内外温差一般为 2～4℃。

实践表明，对面积较大的无钢筋或少钢筋坝块，仅在实施大面积全仓隔热保温单项措施的情况下，即可保证浇筑温度不超温。

### 5.4.5 仓面喷雾

在混凝土仓面浇筑环节，采用仓面喷雾机进行喷雾，形成仓面小气候，降低仓面环境温度，增大仓面湿度。仓面降温是通过仓位两侧布置的喷雾管喷雾，在浇筑仓面上方形成一定厚度的雾层，一方面雾层阻挡阳光直射仓面；另一方面雾滴吸热蒸发，达到降低浇筑部位上方环境温度的目的。为增强喷雾效果，将仓面每侧喷雾管分为两段，将雾化器装在管路中间，通过阀门控制只在浇筑仓面上方喷雾。每次开仓前先进行试喷，确定最佳峰、水流量比例及喷射压力，确保达到最佳喷雾效果。通过喷雾，仓面小环境温度比气温低 5～6℃。

## 5.5 通水冷却

在混凝土内埋设冷却水管进行冷却，是被广泛采用的降低混凝土内部温度的重要方式，通水冷却的主要目的有：

（1）削减混凝土坝浇筑块初期水化热温升，以利于控制坝体最高温度、减小基础温差和内外温差。

（2）将设有接缝、宽槽的坝体，冷却到灌浆温度或封闭温度。

（3）改善坝体施工期温度分布状况。

通水冷却的冷却过程一般分两期，即一期冷却和二期冷却。在有的工程（如三峡水利枢纽工程和小湾水电站工程）把二期冷却又分为中期通水冷却和后期通水冷却两期。

二期冷却的主要目的是为了满足建筑物接缝灌浆的要求。二期冷却所需要的时间，取决于设计灌浆温度、冷却水管间距和冷却水的温度。

### 5.5.1 冷却水管布置

冷却水管一般采用 DN25mm 焊接钢管和 $\phi$32mm 聚乙烯塑料管（PE管）制作。钢管一般用于固结灌浆高程以下或结构复杂的孔口坝段，其优点是便于加固，在混凝土浇筑过程中不易发生位移变形，但其制作加工难度大，造价较高，且不易在混凝土浇筑层间铺设。塑料冷却水管在大坝中被大量使用，其优点是现场安装、连接简单，在浇筑过程中铺设基本不影响混凝土浇筑振捣，但在平仓振捣过程中易发生位移或破损。因此，多数工程中，一般在施工中用 $\phi$10mm 圆钢制成"U"形卡将塑料管固定在混凝土浇筑层面上，并且在每套水管连接完成后即进行通水,施工中发生破损漏水情况可及时进行处理。

冷却水管在坝体内蛇形布置,布置的间排距(水平和垂直)根据混凝土标号和施工层厚确定,一般为1.0～3.0m。如小湾大坝施工中按3m生层平铺法浇筑的大坝混凝土,冷却水管间排距一般采用1.5m×1.5m和1.0m×1.5m两种。

### 5.5.2 通水冷却程序

(1)一期冷却。一期冷却是在混凝土浇筑完后立即通水,或者在浇筑过程中即通水冷却。一期冷却的作用是削减混凝土的水化热温升和减少温差。水化热温升的消减,必定会减少基础(或上下层)温差,并且由于一期冷却期间混凝土平均温度的下降,又可减少混凝土内外温差,对防止早期混凝土表面裂缝有显著作用。

混凝土在浇筑完的前5～7d内温升较快,混凝土内部温度达到最高值。为了有效降低大体积混凝土内部温升,控制混凝土内外温差,对大体积新浇混凝土采用制冷水或天然河水进行初期冷却。

(2)二期冷却。二期冷却又可分为中期通水冷却和后期通水冷却,中期冷却一般在入冬前进行,其目的主要是减小高温季节浇筑的混凝土越冬期间混凝土内外温差,使大体积混凝土顺利过冬;后期通水冷却在坝体接缝灌浆之前进行,其目的是使坝体混凝土温度达到接缝灌浆温度。

A. 混凝土中期冷却。初期冷却的主要作用为削峰,初期冷却结束后坝体的温度比稳定温度仍较高,且初冷结束后坝体的水化反应并没有结束,温度有回升。据三峡水利工程三期大坝工程实测资料,当年浇筑的混凝土,在冬季前较初冷结束时的温度回升达4℃左右。而进入冬季后外界气温下降,致使混凝土的内外温差增大,为降低内外温差,在三峡水利枢纽、小湾水电站等大型的混凝土工程中,采取中期通水冷却的技术措施取得了较好的效果,有效地控制了裂缝。

B. 混凝土后期冷却。有接缝灌浆的部位,灌浆前需对坝体混凝土进行后期通水冷却,后期通水冷却一般从每年10月初开始,通水时间以坝体温度达到灌浆温度要求为准。另外,接缝灌浆灌区顶部宜有9m的盖重混凝土,其温度也需达到设计规定值。同时,控制坝体实际接缝灌浆温度与设计接缝灌浆温度的差值在+1℃和-2℃范围内,避免较大的超温和超冷。

(3)在溪洛渡水电站拱坝通水冷却遵照"早冷却、小温差、缓慢冷却"的原则,采用初期冷却、中期冷却和后期冷却连续冷却的方法,降温过程和温度曲线由设计根据温控防裂计算后确定,在现场采用了光纤连续测温技术,并开展了智能化通水冷却的实用性试验研究,开创了水利水电工程智能化通水冷却的先河。

## 5.6 洒水降温与表面保温防护

大量工程实践表明,洒水降温和表面保护是防止表面裂缝的最有效措施之一,特别是混凝土浇筑初期内部温度较高时尤应注意表面保护。

### 5.6.1 洒水降温

在夏季对混凝土进行洒水降温及养护。混凝土的洒水降温及养护一般在混凝土仓面收仓 8h 后进行，养护期至下次上层混凝土浇筑开始。一般的洒水降温方式如下：

（1）永久暴露面和过流面采用花管水帘形式长期流水养护，混凝土面上覆盖草袋、土工布等。

（2）一般混凝土收仓仓面采用人工洒水进行养护，直至上层混凝土开始浇筑。

### 5.6.2 表面保温防护

在寒潮（气温骤降）和越冬期间，对混凝土表面进行保温。不同气候地区、不同坝型和不同工程部位应采取相应保温材料和措施，以确保保温效果。

应用于水电工程的保温材料有发泡聚氨酯、纤维板、聚乙烯、聚苯乙烯等。

混凝土表面保护材料的施工方法，可分为喷涂、内贴和外贴三种。喷涂就是直接将保温材料用喷板喷在混凝土面上，利用材料发泡形成一定厚度的保温层而形成混凝土的表面保护；所谓内贴，就是将保温材料粘贴或固定在模板的内侧面上，待拆模后，即形成混凝土的表面保护；所谓外贴，就是拆模后，将保温材料钉铆或粘贴在混凝土表面上，形成混凝土的表面保护。

一般来说，内贴较外贴简便，并避免了高空作业，有利于提高混凝土表面保护质量，但对于混凝土表面平整度要求很高，溢流坝面或其他特殊要求的混凝土面，则应以外贴为宜。此外，在高温季节浇筑的混凝土而要到低气温季节或寒潮来临前才需要表面保护时，应采用外贴。

表面保护材料品种繁多，但无论采用何种材料，其施工方法及工艺十分重要。

## 5.7 综合措施的应用

在工程实际中，为了大体积混凝土的温控防裂，其采取的措施都不是单一的，如在三峡水利枢纽、溪洛渡水电站、小湾水电站等大型水利水电工程施工中，采取采用了优化混凝土设计指标及配合比、高温季节拌制低温混凝土、混凝土运输过程中遮阳保温、改善混凝土施工浇筑工艺、优化机械设备配置、进行人工冷却、流水养护、加布防裂钢筋、科学合理安排施工时间等多种措施，在不同时段、不同部位综合应用，确保满足混凝土浇筑温控要求，有效地防止了坝体产生裂缝。

# 6 低温季节及雨季混凝土施工

## 6.1 低温季节混凝土施工

### 6.1.1 低温季节施工划分

我国地域辽阔，地形复杂，气候多变。应根据当地 10 年以上的气象资料确定低温施工期划分和天数，当缺乏当地气象资料时，可借鉴邻近地区的气象资料。如果是平原地区可以利用气候指标图进行估计（内插法），山区则应研究当地山地的气象要素梯度变化特点，并有较多的测站时，才能使用。在气象要素中对温度、湿度等内插精度较高，对降水、云量等精度较差，对地方性较大的风向、风力、雾等要素精度很低。同时，可以运用气象要素的分布规律性进行推断。如已有气象资料的地点与地形复杂、没有气象资料的地点相距不远，则大气环流、海、陆纬度等对气候造成的影响相差不多，气象要素的水平差异相对于垂直差异来说是不大的，这时，气象要素的差异主要是两地的海拔高度差和地形不同造成的，海拔高度和地形对气象要素产生的变化有一定规律，可以进行推算。有关气象资料有一些经验公式可用。目前，在国家气象局和各地气象台站的网站上大多有全国和各地气象资料的数据，可以检索查询。根据气象资料的分析，我国各地低温季节施工期参考见表 6-1，确定低温季节施工期和施工天数。

表 6-1 我国各地低温季节施工期参考表

| 工程所在地区 | | 施工期日平均温度 | 施工天数/d | 起讫日期 |
|---|---|---|---|---|
| 北部寒冷地区 | 第Ⅰ区 | −20℃以下 | 200～220 | 10 月初至 5 月上旬 |
| | 第Ⅱ区 | −16℃以下 | 180～200 | 10 上旬至 4 月中旬 |
| | 第Ⅲ区 | −12℃以下 | 160～180 | 10 下旬至 4 月上旬 |
| | 第Ⅳ区 | −8℃以下 | 140～160 | 10 下旬至 3 月下旬 |
| | 第Ⅴ区 | −4℃以下 | 105～140 | 11 上旬至 3 月中旬 |
| 中部温和地区 | 第Ⅵ区 | 0℃以下 | 50～105 | 11 月底至 3 月初 |
| | 第Ⅶ区 | +5℃以下 | 35～50 | 12 月底至 2 月中旬 |

### 6.1.2 低温季节施工标准

按照《水工混凝土施工规范》（DL/T 5144—2001）的规定，凡工程所在地的日平均气温连续 5d 稳定在 5℃以下或最低气温连续 5d 稳定在 −3℃以下时，即进入低温季节施工期。混凝土受到冻害仅仅和温度有关，与施工的地点无关。因此，在规范中以日平均气温作为标准。气温稳定，在气象学上是指在降温的低温季节连续 5d 通过某一温度，之后很难再恢复这一温度。气象部门可以提供气温稳定在某一温度的资料，对科学合理确定施工期较为方便。

本章中涉及的气温，除另有注明外，一律为日平均气温。

### 6.1.3 低温季节混凝土施工要求和措施

（1）低温季节混凝土施工要求。

1）防冻和防裂。

A. 防止混凝土早期受冻。在低温季节，当气温低于 0℃时，新浇混凝土内空隙和毛细管中的水分逐渐冻结。由于水冻结后体积膨胀（约增加 9％），使混凝土结构遭到损坏，最终导致混凝土强度和耐久性能降低。因此，低温季节混凝土施工，首先要防止混凝土早期受冻。

B. 防止混凝土表面裂缝。低温季节浇筑混凝土，外界气温较低，若再遇气温骤降（如寒流袭击），将由于混凝土内外温差过大，使混凝土表面产生裂缝。因此，混凝土的表面保温养护是十分必要的。

C. 注意防止混凝土受冻胀力的破坏。一般在低温季节混凝土施工时不允许有外来水（包括拆模后），但是，特殊情况有外来水时，当有水体接触混凝土而水的温度低于 0℃时，水体冻结，对混凝土结构产生冻胀力。如果混凝土结构设计时未考虑冻胀力的作用，应事先分析混凝土结构在冰的冻胀力作用下结构的安全性。当结构有可能破坏时，应事先采取预防措施。例如，在寒冷地区修建的混凝土面板堆石坝的面板混凝土施工期越冬时，面板下游堆石体底部的积水必须采取可靠的措施进行处理，否则这部分积水结冰后冻胀将使混凝土面板破坏。常用的处理措施有两种方法：一是通过预埋的排水管用水泵持续排水，使其经常处于流动状态而不冻；二是在入冬前用保温材料覆盖混凝土面板（最好按设计要求回填面板上游的防渗黏土），经热工计算，确认面板下游的积水不会冻结。

2）混凝土允许受冻结临界强度和混凝土的成熟度。混凝土在正温养护下获得一定强度后再受冻，混凝土结构不致造成破坏，后期强度能继续增长，最终强度可达 28d 龄期强度的 95％以上。这种受冻以前所应具有的强度，称为允许受冻的临界强度。混凝土允许受冻临界强度是低温季节混凝土拆模、保温、检验混凝土质量的重要标准。按《水工混凝土施工规范》（DL/T 5144—2001）的规定，混凝土允许受冻临界强度值应满足下列要求：

A. 大体积混凝土不应低于 7.0MPa（大体积内部混凝土应不低于 5.0MPa，大体积外部混凝土不应低于 10.0MPa）或成熟度不低于 1800℃·h。

B. 非大体积混凝土和钢筋混凝土不应低于设计强度的 85％。

关于大体积混凝土，目前仍没有统一的定义，用表面积系数来表示仅仅是一种方法。由于方法简单我国北方施工企业的工程技术人员，习惯使用此法来划分大体积混凝土，用于热工计算，并在施工中以表面积系数小于 3 来划分大体积混凝土。目前，工业和民用建筑大体积混凝土使用得越来越多，一般在工业和民用建筑中，以表面积系数小于 5 来划分大体积混凝土。

在工业和民用建筑施工中，按《建筑工程冬期施工规程》（JGJ 104—1997）的规定，混凝土允许受冻临界强度，对于硅酸盐水泥和普通硅酸盐水泥混凝土不宜低于混凝土设计强度的 30％，对于矿渣硅酸盐水泥混凝土不宜低于混凝土设计强度的 40％，对于中热硅酸盐水泥混凝土不宜低于混凝土设计强度的 40％。

在低温季节施工，混凝土浇筑块在变化的低温状态下进行养护，其强度增长不同于实验室条件下的情况。实践证明，混凝土在低温养护条件下，其强度为养护龄期与养护温度乘积的函数。乘积相等，其强度大致相等。这个乘积称为混凝土成熟度。采用混凝土成熟度作为检验低温季节混凝土是否达到允许受冻临界强度的标准和确定拆模时间比较方便。

泊格施特（S. G. Bergstrom）根据绍尔（Saul）理论建立了混凝土成熟度函数式，混凝土成熟度可按此式进行计算。函数按式（6-1）计算：

$$M = \sum (t+10)a_t \tag{6-1}$$

式中　$M$——混凝土成熟度，℃·h；

　　　$t$——养护时段混凝土的平均温度，℃；

　　　$a_t$——温度为 $t$ 的持续时间 ，h 。

这个公式曾被广泛应用，但实践证明，其误差较大。

在桓仁水电工程施工中按式（6-2）计算：

$$M = \sum (t+X)a_t \tag{6-2}$$

式中　$X$——试验常数。与水泥特性有关，普通硅酸盐水泥 $X=5$；矿渣水泥 $X=8$。使用不同的水泥应按配合比通过试验确定 $X$ 值。

其他字母含义同前。

在溪洛渡、向家坝、小湾等水电站施工工地上一直沿用成熟度 1800℃·h 作为混凝土允许受冻标准，并用于确定拆模时间。

国内科研单位对国产的施工材料进行了大量的研究后，提出了等效龄期法计算混凝土成熟度。

用等效龄期法确定混凝土强度宜按下列步骤进行：

a. 用标准养护试件的各龄期强度数据，经回归分析采用式（6-3）计算：

$$f = ae^{-b/D} \tag{6-3}$$

式中　$f$——混凝土立方体抗压强度，MPa；

　　　$D$——混凝土养护龄期，d；

　　$a$、$b$——回归分析拟合参数；

　　　$e$——自然对数底，$e=2.71828$。

b. 根据现场实测混凝土养护温度资料，用式（6-4）计算混凝土已达到的等效龄期（相对于 20℃标准养护时间），以等效龄期 $t$ 作为 $D$ 代入式（6-3）即可计算出强度。

$$t = \sum (\alpha_T t_T) \tag{6-4}$$

式中　$t$——等效龄期，d；

　　　$\alpha_T$——温度为 $T$ 的等效系数，按表 6-2 采用；

　　　$t_T$——温度为 $T$ 的持续时间 ，d。

**表 6-2**　　　　　　　　　　　　　　温度 $T$ 与等效系数 $\alpha_T$ 关系表

| 温度 $T$ /℃ | 等效系数 $\alpha_T$ | 温度 $T$ /℃ | 等效系数 $\alpha_T$ | 温度 $T$ /℃ | 等效系数 $\alpha_T$ |
|---|---|---|---|---|---|
| 50 | 3.16 | 28 | 1.45 | 6 | 0.43 |
| 49 | 3.07 | 27 | 1.39 | 5 | 0.4 |
| 48 | 2.97 | 26 | 1.33 | 4 | 0.37 |
| 47 | 2.88 | 25 | 1.27 | 3 | 0.35 |
| 46 | 2.80 | 24 | 1.22 | 2 | 0.32 |
| 45 | 2.71 | 23 | 1.16 | 1 | 0.30 |
| 44 | 2.62 | 22 | 1.11 | 0 | 0.27 |
| 43 | 2.54 | 21 | 1.05 | $-1$ | 0.25 |
| 42 | 2.46 | 20 | 1.00 | $-2$ | 0.23 |
| 41 | 2.38 | 19 | 0.95 | $-3$ | 0.21 |
| 40 | 2.30 | 18 | 0.91 | $-4$ | 0.20 |
| 39 | 2.22 | 17 | 0.86 | $-5$ | 0.18 |
| 38 | 2.14 | 16 | 0.81 | $-6$ | 0.16 |
| 37 | 2.07 | 15 | 0.77 | $-7$ | 0.15 |
| 36 | 1.99 | 14 | 0.73 | $-8$ | 0.14 |
| 35 | 1.92 | 13 | 0.68 | $-9$ | 0.13 |
| 34 | 1.85 | 12 | 0.64 | $-10$ | 0.12 |
| 33 | 1.78 | 11 | 0.61 | $-11$ | 0.11 |
| 32 | 1.78 | 10 | 0.57 | $-12$ | 0.11 |
| 31 | 1.65 | 9 | 0.53 | $-13$ | 0.10 |
| 30 | 1.58 | 8 | 0.50 | $-14$ | 0.10 |
| 29 | 1.52 | 7 | 0.46 | $-15$ | 0.09 |

（2）低温季节混凝土施工措施。按照工程所在地区的气象资料，编制专项的施工组织设计和施工技术措施，保证浇筑的混凝土满足设计要求。需要研究确定低温季节施工的起讫日期，要求进行环境及各环节的热工计算，保温材料的调查，配合比、外加剂试验，对掺有外加剂的骨料的试验、混凝土质量检查测量方法及设备、采用成熟度计算混凝土的强度、气温骤降的施工保护措施等。以便作好施工准备。低温季节混凝土工程施工设计和施工措施设计的具体内容应至少包括下列几个方面：

1）正确布置骨料储存及堆放系统，如堆料场形式，温度、湿度的控制，骨料运输方式，及相应的保温措施等。

2）选择骨料预热方法，确定骨料预热数量和预热温度。

3）选择混凝土拌和系统和运输设备的保温措施。

4）确定混凝土浇筑块体尺寸（面积和高度）与块体升高速度。

5）研究确定混凝土浇筑施工暖棚形式、仓面温度要求、混凝土浇筑与养护方法以及地基面的加温措施，并应有防火措施。

　　6）选择保温模板形式和拆模后的保温防裂措施。

　　7）准备测温仪器，确定测温方法及组织管理。

　　8）确定采暖方式、采暖温度与供热系统的布置，选择供热锅炉设备。

　　9）编制各项保温材料、燃料、施工设备、劳动力等计划。

　　10）编制施工进度计划，核算低温季节施工增加费。

### 6.1.4　低温季节混凝土生产

　　（1）保温采暖温度要求。低温季节混凝土拌和与浇筑仓面各部位，一般均应处于正温状态，具体要求见表6-3。

表6-3　　　　　　　混凝土拌和与浇筑仓面各部位保温温度要求参考表

| 序号 | 部位名称 | 采暖计算温度/℃ | 序号 | 部位名称 | 采暖计算温度/℃ |
|---|---|---|---|---|---|
| （一）混凝土拌和与运输系统 | | | 7 | 空气压缩机房 | 15 |
| 1 | 骨料预热间 | 5～15 | 8 | 车库 | 10 |
| 拌和楼 | | | 9 | 工地试验室 | 16 |
| 2 | 称量层 | 18 | （二）混凝土浇筑 | | |
| | 拌和、出料、进料层 | 10 | 1 | 准备工作仓面 | 5 |
| 3 | 外加剂间 | 16 | 2 | 清基及加热仓面 | 5 |
| 4 | 洗罐间 | 10 | 3 | 浇筑仓面 | 5 |
| 5 | 锅炉房 | 16 | 4 | 养护仓面 | 5 |
| 6 | 胶带输送机房 | 5 | | | |

　　（2）骨料供应与预热。

　　1）骨料储备和保温。混凝土施工进入低温季节以前，应作好骨料储备保温和预热等准备工作。

　　A. 砂石骨料开采加工。人工骨料开采、破碎可全年生产。骨料的水下采挖和筛洗加工，负温条件下一般均停止生产。因此，低温季节混凝土施工需用的骨料，必须在进入低温施工期以前筛洗加工完毕，堆存备用。

　　B. 混凝土骨料储备量。可根据低温季节混凝土浇筑量按式（6-5）估算：

$$W = 1.25 k_e (V_a + V_b) \qquad (6-5)$$

式中　$W$——骨料储备量，$m^3$；

　　　　$k_e$——混凝土骨料用量，水下开采 $1.3 m^3 / m^3$，其他方式开采 $1.5 m^3 / m^3$；

　　　　$V_a$——低温季节混凝土总浇筑量，$m^3$；

　　　　$V_b$——低温季节月平均混凝土浇筑量，$m^3$；

　　　　1.25——不均匀系数。

　　C. 骨料堆存。保温防冻骨料堆应尽量覆盖保温，不能保温时要及时清除冰雪。当气温低于 $-15℃$ 时，不保温的骨料堆将出现冻层。为防止骨料堆多次冻结，应集中使用卸料口，以便推土机破除冻层和推送骨料。

2）骨料预热。当日平均温度稳定在 $-5$℃以下时，应加热骨料。骨料可以在料堆或储料仓内加热，亦可利用解冻室加热。热风可以用于直接加热，热水一般用于间接加热。

A. 用蒸汽和热水间接加热。在砂石料层内埋设钢排管，通过管壁进行热交换。排水管一般采用厚 $\phi 50 \sim 100mm$ 壁的无缝钢管，可以水平或垂直布置，管距不宜小于 $0.5m$。垂直布置对粗细骨料均适用，水平布置一般用于砂的加热。为了提高砂的加热效果，可以在加热管下面喷射压缩空气，利用空气在砂内扩散传热。

使用蒸汽和热水间接加热骨料的方法具有适应性强、含水量稳定的优点，在水电工程中应用较多。缺点是钢管磨损严重，气温在 $-10$℃以下时，加热管要设置在储料仓内，土建工程量比较大。

B. 用热风直接加热。利用热风炉提供高温热风，通过埋在料层中的风管直接吹入加热骨料。方法简单，可降低含水量。热风加热的蒸发量可按含水量的 $25\%$ 计。缺点是热风的热容量较小，加热时间长，仅适用于大中石的加热。

热风还可以直接吹入旋转鼓桶内加热，加热速度快而均匀，特别适用于小石和砂的加热。

骨料加热的各种方法必须进行热工计算和结构单体设计，具体计算方法可以参考采暖通风设计资料。

（3）混凝土拌和。

1）一般要求。

A. 拌和混凝土前，应用热水或蒸汽冲洗拌和机，并将积水或冰水排除，并使拌和机机体处于正温状态下。混凝土拌和时间应比常温季节适当延长，延长时间由试验确定，一般延长 $20\% \sim 25\%$。

B. 提高混凝土的出机温度，首先考虑用热水拌和（在一般情况下，拌和用水温度每提高 5℃，混凝土约升温 1℃），当热水拌和尚不能满足要求时，再加热砂石骨料。水泥不得直接加热。

C. 用热水拌和，水温一般不宜超过 60℃。超过 60℃时，应改变拌和加料顺序，将骨料与水先拌和，然后加入水泥拌和，以免水泥假凝。

D. 骨料最高温度不宜超过 60℃。若可以采用不加热的骨料时，则骨料中绝不能混有冰雪、表面不能结冰。

E. 外加剂溶液不能直接用蒸汽加热。

2）混凝土出机口温度。混凝土出机温度取决于各种组成材料拌和前的温度，混凝土出机温度应满足规范规定的最低浇注温度与混凝土运输、装卸、浇筑、振捣过程中温度损失之和。同时，应考虑混凝土注入模板后，由于模板和保温材料吸收部分热量而引起的温度降低。混凝土理论拌和后的温度可按式（6-6）计算：

$$t_k = [0.84(m_c t_c + m_s t_s + m_g t_g) + 4.2 t_w(m_w - m_s w_s - m_g w_g) + c_b(w_s m_s t_s + w_g m_g t_g)$$
$$- q_J(w_s m_s + w_g m_g)] / [4.2 m_w + 0.84(m_c + m_s + m_g)] \qquad (6-6)$$

式中　　　　　　$t_k$——混凝土拌和后的温度，℃；

$m_w$、$m_c$、$m_s$、$m_g$——水、水泥、砂、石的质量，kg；

　　$t_w$、$t_c$、$t_s$、$t_g$——水、水泥、砂、石的温度，℃；

$w_s$、$w_g$——砂、石的含水量,%;

　　$c_b$——水的比热容:当 $t_s$ 及 $t_g > 0℃$ 时,$c_b = 4.2kJ/(kg \cdot ℃)$;当 $t_s$ 及 $t_g$
　　　　　　$\leqslant 0℃$ 时,$c_b = 2.1kJ/(kg \cdot ℃)$;

　　$q_J$——骨料中冰的溶解热,当 $t_s$,及 $t_g > 0℃$ 时 $q_J = 0$,当 $t_s$ 及 $t_g \leqslant 0℃$ 时
　　　　　　$q_J = 335 \ kJ/(kg \cdot ℃)$;

　　0.84、4.2——水泥、砂的比热容,$kJ/(kg \cdot ℃)$。

　　式(6-6)是绝热过程的计算结果,公式中考虑到了骨料为负温的情况,若骨料为正温相应数值为 0。实际拌和过程中有热量的损失和拌和机机体的温度传导等影响。混凝土出机口温度比理论拌和后温度的参考降低值(见表 6-4)。

表 6-4　　　　　　　　　　　混凝土拌和过程中的温度降低值

| 混凝土和气温间的温度差/℃ | 15 | 20 | 25 | 30 |
|---|---|---|---|---|
| 混凝土温度降低值/℃ | 3.0 | 3.5 | 4.0 | 4.5 |

　　部分水利水电工程低温季节混凝土施工要求的出机温度见表 6-5。

表 6-5　　　　　　　部分水利水电工程低温季节混凝土施工要求的出机温度表

| 水电站名称 | 日平均气温/℃ | | | |
|---|---|---|---|---|
| | 5～-5 | -5～-10 | -10～-20 | 低于-20 |
| 直岗 | 8～12 | 10～15 | | |
| 李家峡 | 10～12 | 12～18 | | |
| 龙首 | 8～10 | 10～14 | | 高于 20 |
| 公伯峡 | 8～10 | 10～15 | | |
| 拉西瓦 | 6～10 | 10～15 | 15～18 | 15～18 |
| 班多 | 8～10 | 10～15 | 15～18 | |
| 纳子峡 | 10～12 | 12～15 | 15～20 | 15～20 |

　　(4)混凝土运输。

　　1)一般要求。低温季节运输混凝土要注意下列几点:尽量减少倒运次数;装载混凝土的设备,应加以保温,并有可靠的防风措施;在工作停顿或结束时,必须立即用蒸汽或热水将运输设备及混凝土拌和机洗净。当恢复运输时应先给运输设备加热。

　　2)运输设备的保温。

　　A. 当日平均气温低于-10℃时,混凝土罐需要保温。一般吊罐四周用橡塑海绵保温。

　　B. 低温季节运送混凝土的大中型自卸汽车(装混凝土 $3m^3$ 以上)也应加以保温。一般侧卸车、自卸车车厢侧面均采用橡塑保温海绵封闭,顶口安装滑动式保温盖布,保温盖布在混凝土卸料完成后,将其拉盖封闭。搅拌车车厢采用帆布及保温卷材封闭保温。当温度比较低和运输距离较远时可以利用汽车废气进行保温,在车厢底板上加厚 2mm 钢板,形成高约 50mm 的空腔,通入废气加热,其温度可达 130～135℃。为保证安全,应使车厢底的废气出口截面积比入口管子截面大 4～5 倍。

　　C. 带式输送机运输保温。带式输送机必须布置在保温棚或保温廊道内;保温棚窗户

玻璃要完整无缺，廊道外壁要用防风和保温材料组成，最好采用砖墙；带式输送机停止运输时要及时用刮板刮去残余的混凝土；当气温低于-5℃时，廊道内应预先采暖。廊道内蒸汽采暖管宜安在胶带输送机下方；如使用远红外线等电热器宜安放在胶带输送机上方。

D. 混凝土泵运输混凝土时的保温。混凝土泵及其附属设备冲洗装置应安装在采暖保温棚内；在不低于-10℃的气温下，混凝土泵生产能力大于20m³/h时，运送混凝土的管道覆盖一层保温被即可。气温低于-10℃时，需要进行保温。例如，使用聚苯乙烯泡沫塑料套管外包油毡或聚氯乙烯卷材等保温材料。清除管道中的残余混凝土，一般用热水冲洗，也可用压缩空气进行风力吹除。

E. 混凝土运输过程中的温度损失。低温季节的混凝土运输过程中混凝土有温度损失，温度的降低值和装载混凝土的容器、运输时间、外界气温和运输中的混凝土温度差、外界的气象条件等因素有关。计算比较复杂，实际应用时，可用经验公式进行估算。混凝土运输过程中的温度损失按式（6-7）计算：

$$t_u = a(t_0 - t_a)t \qquad (6-7)$$

式中　$t_u$——混凝土运输过程中的温度损失，℃/h；

　　　$t_0$——混凝土开始运输时的温度，℃；

　　　$t_a$——外界气温，℃；

　　　$a$——容器系数；

　　　$t$——运输时间，h。

装载容器系数 $a$ 根据我国一些水电工程的经验，可按下列情况选用：采用吊罐时，水平运输和垂直运输时均为 $a=0.13$；采用敞口容器，包括自卸汽车和胶带机（100m以内）运输，$a=0.2$。

（5）混凝土浇筑前的准备。

1）基岩与混凝土表层加热。在严寒条件下基岩或老混凝土表面温度通常都呈负温，在这些部位浇筑混凝土时，一般将基岩和老混凝土加温至正温（加温深度不小于10cm）或以浇筑仓面边角表面温度达到正温为标准。以防施工缝早期受冻。一些工程基岩与混凝土表层加热方法和要求见表6-6。

表6-6　　　　　　　　一些工程基岩与混凝土表层加热方法和要求表

| 水电站名称 | 加热方法和要求 |
| --- | --- |
| 班多 | 表面用热水或蒸汽加热至5℃ |
| 龙首 | 表面以内10cm深加热至2～3℃ |
| 纳子峡 | 用热风枪冲洗，将表面以内10cm深加热至2～3℃ |
| 李家峡 | 暖棚内施工，使表面以内10cm深加热到正温 |
| 公伯峡 | 暖棚内采暖，用蒸汽加热，使岩石和混凝土表面以内10cm深加热至3～5℃ |
| 拉西瓦 | 综合蓄热法施工，用玻棉保温被覆盖220V工业电热毯进行加热，使岩石和混凝土表面以内10cm加热至2～3℃ |

2）基岩与混凝土面清基与保温。当日平均气温高于-5℃时，可在白班和前半夜露天清基。如有结冰，可用蒸汽或热风枪冲洗。当日平均气温低于-5℃时，清基一般应在暖

棚内进行。不设暖棚时，清基一般采用高压风枪，避免用水冲洗，浇筑前应用蒸汽或暖风对钢筋和模板进行加热，仓号中间部位采用保温被覆盖电热毯升温。

混凝土施工完成后，外露的表面必须保温，外露在保温模板和暖棚外的所有金属部件，均应保温。对于距新浇混凝土 1.0～3.0m 内的老混凝土应进行保温。在新老混凝土结合处，应加强保温，保温厚度应为其他面保温厚度 2 倍，保温层搭接长度不应小于 30cm。

### 6.1.5 低温季节混凝土浇筑和养护

当预计施工期的日平均气温在 0℃ 以上时，混凝土可在露天浇筑。在寒冷地区施工期预计日平均气温在 −5℃ 以下时，应采用蓄热法或暖棚法浇筑。暖棚法浇筑可考虑吊罐卸料进溜筒入仓或手推车卸料进溜筒入仓。溜筒布置间距应满足暖棚内机械或人工平仓振捣要求。低温季节施工宜提高浇筑强度，避免混凝土受冻和减少保暖热量损失。

混凝土在浇筑过程中，从混凝土入仓、平仓振捣到外表面覆盖保温材料过程中的温度损失值可按经验式（6-8）估算：

$$t_J = 0.17(t_p - t_c)Z \tag{6-8}$$

式中　$t_J$——混凝土浇筑过程中的温度损失，℃/h；

　　　$t_p$——混凝土入仓温度，℃；

　　　$t_c$——外界或暖棚内气温，℃；

　　　$Z$——平仓振捣到表面覆盖时间，h。

混凝土入仓后，由于模板和保温材料吸收热量会引起混凝土温度降低，在计算混凝土开始养护温度时应考虑此部分温度降低。在水工混凝土中混凝土的热容量比模板和保温材料的热容量大得多，当模板和保温材料的热容量小于混凝土的热容量 10% 时，此部分温度降低可以不计，否则可根据热平衡理论进行计算。

低温季节混凝土施工方法主要有：蓄热法（包括综合蓄热法）、暖棚法（蒸汽法、电热法）、负温混凝土法和外部加热法。

混凝土养护方法与外界气温及结构表面积系数有关，我国北方寒冷地区和南方温和地区在进入低温季节以后气温相差较大、平原与山区的日温差也各不相同。各地可按气象资料预测养护期最低日平均气温，可参照表 6-7 选择施工方法。对青藏高原和黑龙江漠河地区等特别严寒地区（最热月与最冷月平均温度差大于 42℃），在进入低温季节施工时要认真研究确定施工方法。

表 6-7　　　　　低温季节混凝土施工方法选择参考表

| 养护方法 | 预测养护期最低日平均气温/℃ | 表面积系数 1/M | 养护方法 | 预测养护期最低日平均气温/℃ | 表面积系数 1/M |
|---|---|---|---|---|---|
| 蓄热法（包括综合蓄热法） | 0～−10 | <3 | 负温混凝土法 | −5 | >3 |
| 暖棚法 | −10～−30 | <2 | 外部加热法 | −5～−30 | >5 |

注　表面积系数 $M = A/V$；$A$ 为混凝土构件的冷却表面积，m²；$V$ 为混凝土构件的体积，m³。

水利水电工程大体积混凝土大多采用蓄热法、综合蓄热法或暖棚法施工。外部加热法及负温混凝土法，很少在主体工程上使用。

（1）蓄热法（包括综合蓄热法）。蓄热法是在混凝土的外表面用适当的材料保温，使混凝土缓慢冷却，在受冻前达到所要求的混凝土强度。热源主要靠自身的水泥水化热供给。

目前，蓄热法又分蓄热法和综合蓄热法，综合蓄热法是在蓄热法的基础上利用高效能的保温围护材料，使混凝土加热拌和的热量缓慢散失，并充分利用水泥的水化热和掺用相应的外加剂（或短时间加热）等综合措施，使混凝土温度在降至冰点前达到允许的受冻临界强度或承受荷载的强度。一般综合蓄热法分高、低蓄热法两种养护方法，高蓄热法养护过程，主要以短时加热为主，使混凝土在养护期达到要求的强度；低蓄热法，则主要以使用早强水泥或掺用防冻外加剂为主，使混凝土在一定的负温条件下不被破坏，仍可继续硬化。例如，拉西瓦水电站大坝工程低温季节施工中，冬季施工混凝土 126 万 m³，在 −10℃ 的气温下，掺用 WQ−X 型稳气剂后，采用浇筑前基面电热毯预热，浇筑过程中周边暖风加热，仓面保温覆盖的综合蓄热法施工。

在低温季节混凝土施工中，蓄热法不需设置加热设备，是一种简单而又经济的方法。当蓄热法不能满足要求时，应选择综合蓄热法。当室外温度不低于 −15℃ 时，地面以下的工程或表面系数不大于 5 的结构，应优先采用综合蓄热法。

1）施工措施。

A. 采用蓄热法施工的混凝土模板，由保温材料组成。采用综合蓄热法施工的混凝土，由加热设备及保温材料组成。混凝土浇筑完毕，其外露表面应立即覆盖保温材料（混凝土与保温材料之间需用防水布或塑料薄膜等防水材料隔开）。

B. 混凝土结构有孔洞的部位，应有封堵挡风保温设施。

C. 边角部位的保温层厚度应为其他部位厚度的 2～3 倍。

D. 新老混凝土的结合处，保温范围应超过工作缝或结构缝 1.0～1.5m。在基础混凝土块体四周 1.0～3.0m 范围内，也需加以保温。

E. 新浇混凝土的外露钢筋和预埋件应全部加以保温。

2）保温要求及相应材料参数。为了防止新浇混凝土受冻，应对其表面进行保温，保温程度一般用覆盖材料的热阻 R 表示。保温必需的热阻值 R 与外界气温及混凝土的水化热有关，水工混凝土要求保温料的总热阻值应进行热工计算确定，混凝土保温材料的总热阻值见表 6−8。

表 6−8　　　　　　　　　　　混凝土保温材料的总热阻值

| 水泥用量 /(kg/m³) | 日平均气温/℃ | | | | | | |
|---|---|---|---|---|---|---|---|
| | 0 | −5 | −10 | −15 | −20 | −25 | −30 |
| 180 | 0.28 | 0.50 | 0.74 | 1.04 | 1.20 | 1.63 | 1.86 |
| 210 | 0.21 | 0.43 | 0.65 | 0.91 | 1.05 | 1.41 | 1.63 |
| 240 | | 0.34 | 0.56 | 0.82 | 0.97 | 1.20 | 1.39 |
| 270 | | 0.27 | 0.45 | 0.66 | 0.91 | 1.04 | 1.28 |
| 300 | | 0.19 | 0.39 | 0.58 | 0.82 | 0.97 | 1.14 |

注　1. 本表根据差分法计算结果再乘以保温材料透风、潮湿等因素的附加系数得到，附加系数为 1.8。

　　2. 水泥品种为 42.5 级普通硅酸盐水泥。

保温材料的总热阻可按式（6-9）计算：

$$R=0.05+\sum(h/\lambda)\qquad(6-9)$$

式中　$R$——模板及覆盖材料的总热阻，$(\text{m}^2\cdot\text{℃})/\text{W}$；

　　　$h$——某一种材料的厚度，m；

　　　$\lambda$——某一种材料的导热系数，$\text{W}/(\text{m}\cdot\text{℃})$。

A. 保温模板：保温模板的构造分三部分，即承重结构、保温材料部分和防风隔潮部分。

保温模板结构见图6-1，其中外保温模板适用于各种部位；内保温模板适用于混凝土非永久外露面。如用于混凝土永久外露面，应经过论证，必须保证混凝土表面的平整和光洁。保温模板应加工严密，保温材料应相互搭接，在孔洞和搭接处一定要保证施工质量。

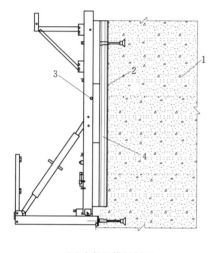 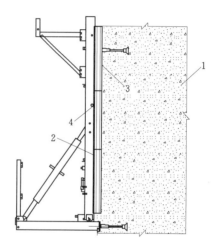

(a)内保温模板剖面　　　　　　　　(b)外保温模板剖面

图6-1　保温模板结构示意图

1—混凝土；2—防潮材料；3—模板或框架；4—保温材料

B. 保温材料：蓄热法的保温材料，应选择导热性能低、密封性能好、不易吸潮、价格低、重量轻、来源广、便于施工和能多次利用的材料。近年来，新型的保温材料在水利水电工程得到广泛的应用，例如，聚苯乙烯、发泡聚氨酯等。与此同时，木丝板等对自然资源浪费大的保温材料已基本上不使用了。例如，在拉西瓦水电工程中使用了发泡聚氨酯泡沫板（厚5cm，用于外保温模板）、聚苯乙烯板（厚5cm，用于内保温模板）、塑料布、保温被或聚氯乙烯卷材等材料作为保温材料。

常用的保温材料有硬泡聚氨酯、挤塑聚苯板、模塑聚苯板、酚醛树脂、矿物纤维制品、聚苯颗粒浆料、复合木材、软质木材等。各种常用保温材料热学性能见表6-9。而硅酸铝保温材料又名（硅酸铝复合保温涂料），是一种新型的环保墙体保温材料。硅酸铝复合保温涂料以天然纤维为主要原料，添加一定量的无机辅料经复合加工制成的一种新型绿色无机单组分包装干粉保温涂料，施工前将保温涂料用水调配后批刮在被保温的墙体表面，干燥后可形成一种微孔网状具有高强度结构的保温绝热层。硅酸铝复合保温涂料具有优良的吸音、耐高温、耐水、耐冻性能、收缩率低、整体无缝、无冷桥、热桥形成；质量稳定可靠、抗裂、抗震性能好、抗负风压能力强、容重轻、保温性能好并具有良好的和易性、保水性、附着力强、面层不空鼓、施工不下垂、不流挂、减少施工耗、燃烧性能为 A 级不燃材料；温度在 −40～800℃ 范围内急冷急热，保温层不开裂，不脱落，不燃烧，耐酸、碱、油等优点。是墙体保温材料中安全系数最高，综合性能和施工性能最理想的保温涂料，成型稳固，黏结力强，施工方便快捷，并且不受被保温体几何形状的限制，特别适用于内、外墙保温、中央空调下送风系统及异性表面保温，可杜绝传统材料缝隙泄露而损失能量，构成整体密封。产品符合《建筑保温砂浆》（GB/T 20473—2006）的规定，并达到国家消防及环保要求。例如，在拉西瓦水电工程中地下厂房内使用了硅酸铝保温材料，喷涂厚度为 2～3mm。

表 6-9　　　　　　　　　　各种常用保温材料热学性能表

| 材料种类 | 导热系数 /[W/(m·℃)] | 密度 $\rho/(kg/m^3)$ | 比热容 $C$ /[kJ/(kg·℃)] |
|---|---|---|---|
| 岩棉 | 0.033～0.04 | 40～60 | 0.84 |
| 矿渣棉 | 0.041～0.055 | 60～100 | 0.75 |
| 玻璃棉、玻璃丝 | 0.052～0.06 | 100～200 | 0.84 |
| 膨胀珍珠岩 | 0.087～0.062 | 81～300 | 0.75 |
| 聚苯乙烯泡沫塑料 | 0.042～0.059 | 30～210 | 1.38 |
| 聚苯乙烯泡沫塑料板（硬质） | 0.043 | 40～50 | 0.84 |
| 聚苯乙烯泡沫塑料板（软质） | 0.052 | 27 | 0.84 |
| 聚氨酯泡沫塑料（硬质） | 0.0275～0.037 | 30～60 | 1.38 |
| 聚氨酯泡沫塑料（软质） | 0.023～0.035 | 30～40 | 1.30 |
| 挤塑聚苯板（XPS） | 0.03 | 25～35 | 2.1 |
| 模塑聚苯板（EPS） | 0.041 | 18～22 | 2.1 |
| 酚醛泡沫塑料 | 0.035 | 30～50 | 2.72 |
| 橡塑海绵 | 0.039 | 80～120 | 2.56 |
| 硅酸铝复合保温涂料 | 0.021 | 230 | 0.9 |
| 沥青油毡 | 0.17 | 600 | 1.51 |
| 建筑用毛毡 | 0.05 | 150 | 1.88 |
| 建筑钢材 | 58.15 | 7850 | 0.48 |

（2）暖棚法。这是在混凝土结构周围用保温材料搭成暖棚，在棚内安设热风机、蒸汽排管或电热进行采暖，使混凝土浇筑和养护处于正温条件下，暖棚法施工一般适用于地下工程与混凝土工程量比较集中的部位。

暖棚法施工时，棚内各测点温度一般不宜低于 5℃，各测点应选择具有代表性的位置，在离地面 50cm 处必须设点，混凝土施工时，每昼夜测温不应少于 4 次。

混凝土养护期间应测量棚内湿度，混凝土不得有失水现象，有失水现象时，应在混凝土表面洒水；应将棚内的烟气和可燃烧气体排至棚外；并应采取防止烟气中毒和防火有效措施。

严寒和寒冷地区和风沙大的地方，由于外界风速大，暖棚的热损失大，对暖棚的结构要求高等原因，不适于搭棚施工。可采取保温被覆盖下设供热设施的方法。在公伯峡水电站工程中，低温季节施工风大不易搭设保温棚，他们采用了搭简易防风棚浇筑混凝土，浇筑完成以后立即在混凝土上铺塑料隔水层，设置供热气管，上盖保温被，用以代替暖棚法施工。

1）暖棚法施工工艺。暖棚法施工工艺流程见图6-2。

图6-2　暖棚法施工工艺流程图

2）施工方法。装配式暖棚主要包括钢桁架组合梁、蛇形柱立柱和保温活动顶棚，暖棚上部可分为几个整体吊装单元，暖棚的安装及拆移用缆机或吊车进行，组合梁及立柱之间全部采用螺栓连接，以方便结构构件组装及拆移。梁长和立柱间距为6m，暖棚净高度考虑施工因素统一定为4.75m。暖棚顶部用钢桁架等间距铺设，端部用螺栓固定，覆盖保温材料全部为保温被，在活动棚盖两侧部位铺设马道板作为施工交通人行马道。卸料时在左右方向设活动式棚盖作为进料口，进料口活动棚盖用带滚轮的钢排架和保温被绑扎组成，最大开口范围4～8m，以方便混凝土入仓。每个暖棚内配备合理的供暖设备，使混凝土浇筑和养护均处于正温下。装配式暖棚见图6-3。

（3）负温混凝土法。负温混凝土是掺有较大量防冻剂的混凝土，在外界负温条件下浇入不保温的模板中，进行简单覆盖养护，以防混凝土冷却过快和霜雪直接落在混凝土上。这种施工方法，仅适用于栈桥墩、挡墙、涵洞等非主要工程部位的无筋混凝土。

采用负温养护法施工的混凝土，宜使用硅酸盐水泥或普通硅酸盐水泥，水工大体积混凝土不能使用硫铝酸混凝土，混凝土浇筑后的起始养护温度不宜低于5℃，并应按预计混凝土浇筑7d内的最低温度选用防冻剂。

防冻剂的含碱量较高，所以要在施工中控制总的含碱量。一般混凝土工程每立方米的含碱量（$Na_2O$当量计）要小于2～3kg，常用防冻剂的含碱量见表6-10。使用的水泥的含碱量应小于0.6%。在掺有外加剂的低温季节混凝土中不应使用碱活性骨料。

表6-10　　　　　　　　　　　常用防冻剂的含碱量表

| 防冻剂及组成 | 化学式 | 碱量/kg |
|---|---|---|
| 亚硝酸钠 | $NaNO_2$（100%） | 0.449 |
| 氯化钠＋氯化钙 | $NaCl+CaCl_2$（50%＋50%） | 0.464 |
| 氯化钠＋亚硝酸钠 | $NaCl+NaNO_2$（50%＋50%） | 0.486 |
| 碳酸钾 | $K_2CO_3$（100%） | 0.448 |
| 硫酸钠 | $Na_2SO_4$（100%） | 0.436 |
| 硝酸钠 | $NaNO_3$（100%） | 0.365 |

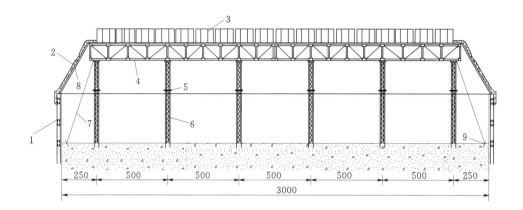

(a)A—A横剖面

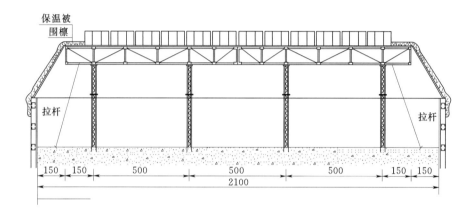

(b)B—B纵板剖面

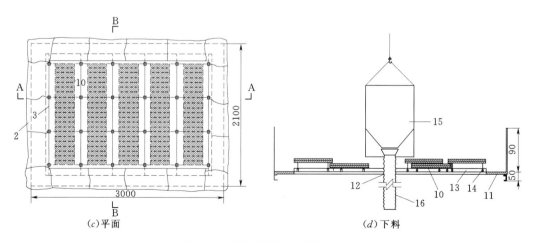

(c)平面

(d)下料

图 6-3 装配式暖棚 (单位：cm)

1—保温模板；2—保温被；3—活动护栏；4—钢桁架组合梁；5—连接板；6—立柱；7—拉杆；8—梯形
保温棚架；9—预埋锚筋；10—活动棚盖；11—马道板；12—放料口；13—轨道梁；14—放料斗；
15—滚轮；16—混凝土罐

1）防冻外加剂掺量。防冻外加剂掺量应按预计混凝土浇筑后7d的最低温度选择。防冻外加剂的品种较多，大都为复合型的商品外加剂，应按使用说明经试验后确定掺量。目前，在混凝土施工中不提倡掺加氯盐。必须掺加氯盐时可根据预计负温混凝土在硬化7d内的最低气温，按表6-11参考选用。

表6-11　　　　　　　　　　　　　　负温混凝土的氯盐掺量表

| 预计周最低气温/℃ | 100L拌和用水中无氯盐的数量/kg | | |
|---|---|---|---|
| | 氯化钙（CaCl₂） | 氯化钠（NaCl） | 氯化钙＋氯化钠 |
| −5 | 5 | 5 | |
| −10 | 10 | 10 | 3＋7 |
| −15 | | | 9＋6 |

2）负温混凝土的强度。负温混凝土的标号应不低于C9，水泥等级不低于42.5级，混凝土水泥用量不得少于225kg/m³，水灰比不大于0.6，坍落度不大于4cm。搅拌时间应延长50%。

负温混凝土达到允许受冻临界强度值后，方可拆模。并在整个低温季节覆盖保温材料保温。负温混凝土的允许受冻临界强度应按规范进行计算后确定。负温混凝土各龄期强度与标准养护条件下的强度关系见表6-12。

表6-12　　　　　　　　负温混凝土各龄期强度与标准养护条件下的强度关系表

| 防冻剂及组成 | 混凝土硬化平均温度/℃ | 各龄期混凝土强度 $f_{cu}$, $k$/% | | | |
|---|---|---|---|---|---|
| | | 7d | 14d | 28d | 90d |
| NaNO₂（100%） | −5 | 30 | 50 | 70 | 90 |
| | −10 | 20 | 35 | 55 | 70 |
| | −15 | 10 | 25 | 35 | 50 |
| NaCl(100%)<br>NaCl＋CaCl₂<br>（70%＋30%、40%＋60%） | −5 | 35 | 65 | 80 | 100 |
| | −10 | 25 | 35 | 45 | 70 |
| | −15 | 15 | 25 | 30 | 50 |
| NaNO₂＋CaCl₂<br>（50%＋50%） | −5 | 40 | 60 | 80 | 100 |
| | −10 | 25 | 40 | 50 | 80 |
| | −15 | 20 | 35 | 45 | 70 |
| | −20 | 15 | 30 | 40 | 60 |
| K₂CO₃（100%） | −5 | 50 | 65 | 75 | 100 |
| | −10 | 30 | 50 | 70 | 90 |
| | −15 | 25 | 40 | 65 | 80 |
| | −20 | 25 | 40 | 55 | 70 |
| | −25 | 20 | 30 | 50 | 60 |

（4）蒸汽加热法。在蓄热法不能满足要求时，可采用蒸汽加热法养护混凝土，使混凝土加快凝结硬化。这种方法适用于各类混凝土结构，但需锅炉等设备，费用较高。

蒸汽养护法必须使用低压饱和蒸汽，施工现场有高压蒸汽时，应通过减压或过水装置后使用。使用蒸汽养护法时，水泥用量不宜超过 $350kg/m^3$，水灰比宜为 $0.4\sim0.6$，坍落度不宜大于 5cm。

1）适用范围。适用于表面积系数 $M>5$ 的混凝土和钢筋混凝土结构、水电站的框架结构、水闸控制塔、就地浇筑的块状构筑物的凸出部分以及闸墩滑模等。

2）常规要求。采用蒸汽加热法养护混凝土的常规要求见表 6-13。

表 6-13　　　　　　　　蒸汽加热法养护混凝土的常规要求表

| 阶　　段 | 表面积系数 $M$ | 温度要求 |
| --- | --- | --- |
| 加热前 | | 混凝土温度不低于 5℃ |
| 升温 | <6 | 每小时不超过 10℃ |
| | 6～12 | 每小时不超过 15℃ |
| | >12 | 每小时不超过 20℃ |
| 加热最高温度 | | 不超过 70～80℃ |
| 降温 | | 每小时不超过 10℃ |
| 拆模 | | 混凝土冷却至 5℃ 以下 |

采用蒸汽法养护的混凝土，应优先选用火山灰或矿渣水泥，其加热温度不宜超过 80℃；对普通硅酸盐水泥的混凝土，其加热温度不宜超过 70℃。采用内部通气法时，最高温度不能超过 60℃。

3）混凝土强度与养护时间及蒸汽养护混凝土强度增长百分率见表 6-14。

表 6-14　　　　　　　　蒸汽养护混凝土强度增长百分率表　　　　　　　　％

| 养护时间 /h | 混凝土硬化是蒸汽平均温度/℃ | | | | | | | | | | | | | | |
| --- | --- | --- | --- | --- | --- | --- | --- | --- | --- | --- | --- | --- | --- | --- | --- |
| | 普通水泥 | | | | | 矿渣水泥 | | | | | 火山灰水泥 | | | | |
| | 40 | 50 | 60 | 70 | 80 | 40 | 50 | 60 | 70 | 80 | 40 | 50 | 60 | 70 | 80 |
| 12 | 20 | 27 | 32 | 39 | 44 | — | 26 | 32 | 43 | 50 | — | 22 | 38 | 52 | 67 |
| 24 | 34 | 45 | 50 | 56 | 62 | 30 | 40 | 54 | 66 | 77 | 27 | 40 | 56 | 70 | 83 |
| 36 | 46 | 53 | 64 | 70 | 75 | 43 | 60 | 63 | 80 | 90 | 39 | 50 | 67 | 82 | 95 |
| 28 | 57 | 66 | 72 | 80 | 85 | 53 | 69 | 80 | 90 | 100 | 46 | 58 | 76 | 90 | — |
| 60 | 66 | 73 | 80 | 84 | 89 | 61 | 77 | 87 | 97 | — | 52 | 64 | 82 | 93 | — |
| 72 | 70 | 79 | 84 | 88 | 87 | 90 | 67 | 82 | 91 | — | 58 | 69 | 85 | 95 | — |

4）蒸汽套。在模板外围作一层紧密不透气的蒸汽套，蒸汽在二层之间加热。蒸汽套宜作成工具式定型结构，以便拆卸周转。水平长构件每 $1.5\sim2.0$m 分段送入蒸汽；垂直构件每隔 $3\sim4$m 分层送蒸汽。同时，设置排出冷凝水装置，套内温度可达 $30\sim40$℃。

拉西瓦水电站进水口拦污栅混凝土用滑模蒸汽套法施工，进水口形式为岸塔式，呈台阶式布置，拦污栅由 3 个中墩和 2 个边墩组成，单孔净宽 3.5m，中墩断面尺寸 5m×1.8m。滑升时外界平均气温 -15℃，最低气温 -23.5℃。

蒸汽套和滑模为整体结构。滑模每次滑升 $30\sim50$cm，如混凝土有缺陷，可以在修补平台上进行人工修补。养护温度保持在 60℃，经过 20h 养护后降温出蒸汽套，并在保温平台上用厚 2cm 聚氯乙烯卷材将混凝土覆盖保温，在保温平台内通蒸气养护 3～7d。

（5）电热法。电热法是在混凝土结构的内部或外表设置电极通入交变电流对混凝土进行加热，使其尽快达到允许受冻强度。

1）适用范围。表面积系数 $M>5$ 的混凝土结构；采用其他加热方式不能保证混凝土在受冻前或规定的期限内达到强度要求者；有充足的电源。

2）电极形式及布置。电极形式及适用范围见表 6-15。

表 6-15                           电极形式及适用范围表

| 形式 | 常用规格 | 设置方法 | 适用范围 |
|---|---|---|---|
| 棒形 | $\phi4\sim6mm$ 钢筋截成短棒 | 经模板或混凝土表面插入混凝土内 | 钢筋混凝土梁、柱、板、支墩及较大型结构 |
| 弦形 | $\phi6\sim16mm$ 钢筋，长 2～3.5m | 平行于结构中心线，在混凝土浇筑前放入 | 钢筋含量较少的结构物 |
| 薄片形 | 长方形薄铁皮电极，宽度一般 50mm 左右 | 设在混凝土结构外表面，或设在模板内侧 | 薄壁结构 |

电极的布置：为使混凝土加热均匀，电极的布置分为单根或成组形式，分别见图 6-4、图 6-5。单根电极时，若加热初期电压为 50～65V 时则电极间距为 20～25cm；若电压为 87～106V 时，则间距为 30～40cm。直径 6mm 的成组电极，其间距可参考表 6-16 选用。电极与钢筋必须保持的最小距离 $a$ 可按表 6-17 采用。如不能满足表 6-17 时，电极与钢筋间距应加绝缘。

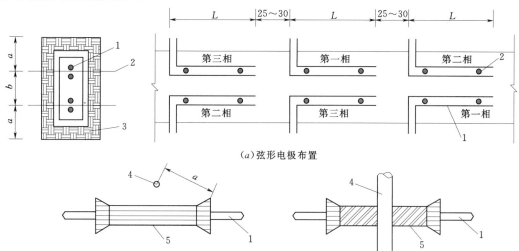

（a）弦形电极布置

（b）电极与钢筋的绝缘

图 6-4   弦形电极布置图（单位：cm）

1—$\phi6mm$ 成对弦形电极；2—临时锚固电极的钢筋；3—模板；4—钢筋；

5—绝缘塑料管或橡皮；L—弦形电极的长度，一般 2～2.5m

$a$—电极与钢筋绝缘距离；$b$—电极组间距

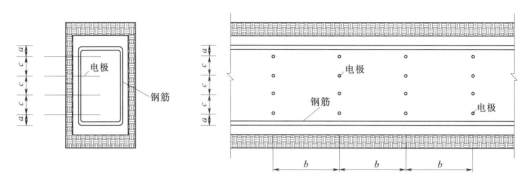

图 6-5 成组电极布置图

a—电极与钢筋绝缘距离；b—电极组间距；c—同相电极间距

表 6-16 直径 6mm 的电极组间 b 及 c 值

| 电压<br>/V | 距离<br>/cm | 混凝土电热养护最大电力/(kW/m³) | | | | | | | |
|---|---|---|---|---|---|---|---|---|---|
| | | 3 | 4 | 5 | 6 | 7 | 8 | 9 | 10 |
| 65 | b | 48 | 42 | 37 | 34 | 32 | 30 | 28 | 24 |
| | c | 13 | 11 | 10 | 9 | 8 | 8 | 7 | 7 |
| 87 | b | 65 | 57 | 51 | 47 | 43 | 41 | 38 | 36 |
| | c | 13 | 11 | 10 | 9 | 8 | 8 | 7 | 7 |
| 106 | b | 81 | 71 | 63 | 58 | 55 | 51 | 48 | 46 |
| | c | 12 | 11 | 9 | 9 | 8 | 7 | 7 | 7 |
| 220 | b | 175 | 152 | 146 | 124 | 115 | 108 | 102 | 96 |
| | c | 12 | 10 | 9 | 8 | 8 | 7 | 7 | 7 |

表 6-17 电极与钢筋之间最小距离 a 值

| 开始加热时的电压/V | 51 | 65 | 87 | 109 | 220 | 380 |
|---|---|---|---|---|---|---|
| 单根电极与钢筋间的最小距离 | 5 | 7 | 10 | 15 | 20 | 30 |
| 组成电极与钢筋间的最小距离 | 4 | 4 | 6 | 6 | · | · |

3）电热法允许最高温度。混凝土用电热法加热允许最高温度见表 6-18。

表 6-18 混凝土用电热法加热允许最高温度表

| 水泥种类 | 水泥等级 | 结构的表面系数 | | |
|---|---|---|---|---|
| | | 5～10 | 10～15 | 15～20 |
| 火山灰或矿渣水泥 | 32.5 | 80℃ | 60℃ | 45℃ |
| 普通水泥 | 32.5 | 70℃ | 50℃ | 40℃ |
| 普通水泥 | 42.5 | 40℃ | 40℃ | 35℃ |

4）电热法温度变化速度。电热法混凝土升降温速度，应遵守表 6-19 的规定。

表 6-19 电热法混凝土升降温速度表

| 表面积系数 | 每小时升降温/℃ | 表面积系数 | 每小时升降温/℃ |
|---|---|---|---|
| 5～8 | 不大于 5 | 8 以上 | 不大于 10 |

5）电热法要求。电热法必须采用交流电，不得使用直流电。电压一般在 $50\sim110\text{V}$ 范围内，对素混凝土或少筋混凝土结构（含筋量小于 $50\text{kg/m}$），可将电压加大到 $120\sim220\text{V}$。采用低流态混凝土，坍落度控制在 $2\sim4\text{cm}$。开始加热时，混凝土温度不应低于 $3\text{℃}$。混凝土外露表面（无模板遮盖的），要用保温材料覆盖后才能加热。温度控制可采用调节电压或周期切断电流的办法。在加热过程中，混凝土应洒温水，保持湿润状态。如温度上升达不到设计要求时，可洒盐水以增加导电率。加热过程中应加强测温工作。每一构件测温孔不少于 3 个，孔距不超过 $2.5\sim3.0\text{m}$。在开始升温期间，每小时测 1 次以后每班测 3 次。

6）电加热养护混凝土的其他方法。

A. 电热毯养护法。电热毯养护法对于表面系数较大，气温较低，工艺周期要求较短的工程具有实用价值。由于电热毯功率低，温度分布均匀，故其养护时混凝土温度接近常温。此法具有控制技术简单、安全和耗能低的特点。适用于第Ⅴ区和第Ⅵ区的混凝土施工。

B. 工频涡流养护法。当交变电流在单根导线中流动时会产生交变磁场，当此导线外面套有铁管时，则交变磁场将大部分集中在铁管内。由于铁管有一定的厚度，就产生感应电动势和感应电流。由于铁管存在电阻，电流则在管壁内产生热量。可以利用这种热量来加热混凝土。金属模板可以作为涡流模板使用。

C. 线圈感应加热法。在线圈内通入交变电流，则在线圈周围产生交变磁场，如在线圈内放入铁芯，铁芯中的电磁场强度会比原来线圈中的磁感应强度大几十倍到几百倍，交变磁场在铁芯中产生涡电流，涡电流的能量会变成热量。利用这个原理，可以用来加热内有钢筋、外有钢模板的混凝土结构。混凝土感应加热法的优点是：线圈与加热构件不接触，操作安全；能预热模板、钢筋和浇筑空间；使用一般金属模板，不需改装；感应器电路可以重复使用。但此法能耗较大。

D. 红外线加热养护法。远红外线也是一种电磁波，具有辐射、定向、穿透、被吸收和被反射等基本功能。混凝土红外线加热就是利用新浇筑的混凝土有较好的吸收红外线的能力，使混凝土不断获得热量。

### 6.1.6 低温季节混凝土模板拆除

（1）低温季节混凝土拆模的原则。低温季节施工期的混凝土模板一般不拆模。如果必须拆模，应按下列规定进行。

1）对非承重模板，混凝土强度必须大于允许受冻临界强度或成熟度值，拆模和养护应满足温控防裂要求，应保证内外温差小于 $20\text{℃}$ 和 $2\sim3\text{d}$ 内混凝土表面降温小于 $6\text{℃}$。

2）对承重模板，应进行计算后确定拆模方法和时间。

3）避免在夜间和预期气温将骤降时间内拆模。在风沙大的地区拆模后还要注意混凝土表面保湿，可使用覆盖保温被或聚氯乙烯卷材等方法。

（2）拆模时间。低温季节混凝土施工，拆模时间可参考表 6-20 选取。

（3）表面保护措施。混凝土拆模后，防止混凝土表面出现裂缝，混凝土表面仍要采取保温措施。

1）混凝土暴露表面用各种层状材料覆盖，应注意将这些保温材料构成不透风的围护层。

表 6-20　　　　　　　　　　　　低温季节混凝土拆模时间参考表

| 日平均温度 /℃ | 混凝土浇筑情况 | | 混凝土养护情况 | | 拆模时间 | | | 模板和表面 保温要求 |
|---|---|---|---|---|---|---|---|---|
| | 施工方法 | 采暖措施 | 顶面覆盖 | 通气天数 /d | 暖棚天数 /d | 天数 /d | |
| 0～-10 | 蓄热法 | 露天、加热水拌和 | 铺保温被 | | | 5 | 覆盖保温被及 聚氯乙烯卷材 |
| -11～-20 | 暖棚法 | 暖气排管 1050kJ/(h·m²) | 铺保温被 | 1 | 3 | 7 | 覆盖保温被及 聚氯乙烯卷材 |
| -20～-30 | 暖棚法 | 暖气排管 1260kJ/(h·m²) | 暖气排管上 铺保温被 | 2 | 5 | 7 | 覆盖保温被及 聚氯乙烯卷材 |

**注**　本表为一般大坝混凝土保温模板在低温季节的拆模时间,对于承重模板,要根据实际计算确定。

2)保温模板如不影响下一道工序施工,可不拆除,直至低温季节结束。

3)浇筑块侧面未达到受冻临界强度,需要拆模继续浇混凝土时,拆模应在暖棚内进行。

4)混凝土顶面可用厚20～30cm的湿砂层养护。

### 6.1.7　质量控制与检查

(1)质量控制与检查的内容要求。低温季节混凝土施工的质量控制与检查除了应符合《水工混凝土施工规范》(DL/T 5144—2001)及其他国家有关标准规定以外,并应符合下列要求。

1)检查化学附加剂的质量和用量。

2)测量水和骨料的加热温度。

3)测量混凝土在施工过程中各阶段的温度。

4)测量混凝土达到允许受冻结临界强度前的温度过程。

(2)混凝土温度的测量要求。

1)全部测温孔均应编号,并绘布置图,以防漏测。

2)暖棚法施工时,暖棚内气温每4h测量1次温度,以距混凝土面50cm处的温度为准,四角和中心的平均温度为暖棚内温度。

3)蓄热法养护时,混凝土浇筑开始至混凝土达到允许受冻临界强度,或当混凝土温度降到0℃或设计温度以前,应至少每6h测量1次温度。

4)掺防冻剂的混凝土在强度未达到本章要求的混凝土允许受冻临界强度前,应每2h测量1次温度;达到允许受冻临界强度以后,每6h测量1次温度。

5)采用加热法养护混凝土时,升温和降温阶段每1h测量1次温度,恒温阶段每2h测量1次温度。当采用电加热养护时,应同时检查记录供电变压器二次电压和二次电流,每班不少于2次。

6)水、外加剂及骨料的温度每1h测量1次。测量水、外加剂和砂的温度时,温度传感器或温度计插入深度不小于10cm,测量粗骨料温度时,插入深度不小于10cm并大于骨料粒径1.5倍长度,周围要用细粒径的骨料充填。用点温计测量时,应自15cm以下取样测量。

7）混凝土出机口温度、运输过程中温度损失和混凝土浇筑温度，根据需要或每2h测温1次。温度传感器或温度计插入深度不小于10cm。

8）已浇混凝土块的内部温度，可用电阻式温度计或热电偶等仪器观测或设测温孔用温度传感器或温度计测量。测温孔可在应测温部位预埋一头封闭的白铁管（直径1cm，长15cm），测温时管内注入$CaCl_2$溶液，其浓度应保证在-25℃时不冻结。

9）大体积混凝土浇筑后3d内应加密观测温度变化：外部混凝土应每天观测最高、最低温度；内部混凝土8h观测1次温度，其后宜12h观测1次温度。当气温骤降时，应加密观测的次数。

10）外界温度、湿度、风速等气象要素每6h测量1次，宜使用自动测量仪器。在温度观测中应注意测温仪器应与外界气温隔离，温度计应留置孔中不小于3min后开始读数。观测时应使视线和温度计的水银柱凸面的顶点（酒精柱凹面中点）保持水平，以免视差。读数时，应先读小数后读大数，保证读数的精度。在正温下养护的混凝土，应在温度条件最差的地方测量混凝土温度。蓄热法养护时，应在与模板相接触的混凝土处深度5～10cm处测量。

## 6.1.8　工程实例

拉西瓦水电站大坝工程，薄拱坝坝高250m，混凝土总方量282万$m^3$，其中冬季施工混凝土126万$m^3$。工程地处我国西北高寒地区，冬季较长，多年平均气温7.2℃，极端最低气温-23.8℃，日温差大，干燥多风，寒潮冲击频繁，年冻融循环次数最大达117次。拉西瓦水电站在冬季施工中，主坝混凝土月平均浇筑强度为6.83万$m^3$/月，最高月浇筑强度为7.82万$m^3$/月，出现在2007年12月，次高月浇筑强度为7.35万$m^3$/月，出现在2008年1月，为了保证冬季混凝土施工质量，采取了以下措施。

（1）混凝土现场生产拌和温控措施。

1）砂及小石预热：为防止砂及小石出现负温产生冰冻结块而影响混凝土拌和，利用转存料罐布设的蒸汽排管对砂和小石进行加热，保证温度达到正温。

2）热水拌和：采用热水拌和是冬季施工期提高混凝土出机口温度的主要措施。

3）粗骨料加热：采用以上两项措施后，仍不能使出机口温度满足温控标准时，可对拌和楼临时储料仓的中石、大石和特大石进行二次加热风预热。

同时，对混凝土原材料掺用适当的外加剂，使混凝土缓慢冷却，在受冻前达到规范所要求的混凝土强度。

（2）混凝土运输保温措施。混凝土从拌和站的出机口到浇筑仓面，侧卸车、自卸车车厢侧面均采用橡塑保温海绵封闭，顶口安装滑动式保温盖布，保温盖布在混凝土卸料完成后，将其拉盖封闭。搅拌车车厢采用帆布及保温卷材封闭保温，并减少倒运次数，以此避免混凝土因热量损失而受冻。尽量缩短混凝土运输时间，做到不随意停车，施工现场不压车，减少混凝土在运输过程中的热量损失。

（3）混凝土入仓保温措施。对于用吊罐入仓的混凝土，为了减少混凝土的温度损失，吊罐四周用橡塑海绵保温，以确保混凝土入仓温度不低于8℃。

经过上述措施的现场应用证明，混凝土的入仓温度平均达到了 9.2℃，混凝土运输保温见图 6-6。

(a) 混凝土侧卸车的保温

(b) 混凝土吊罐的保温

图 6-6　混凝土运输保温图

（4）混凝土成型现场温控措施。

1）蓄热法施工。拉西瓦工程坝址区每年 10 月下旬至翌年 3 月中旬，日平均气温低于 5℃，大坝混凝土即进入冬季施工。即模板采用外嵌 5cm 聚氯乙烯泡沫板的保温模板，混凝土顶面用保温被或聚氯乙烯卷材覆盖保温，施工缝面在天气较暖和时，将表面覆盖的新型保温被揭除采用凿毛机凿毛，清理仓号采用高压风枪，避免用水冲洗。当日平均气温 $-10℃ \leqslant T_a \leqslant 5℃$ 时，采用蓄热法施工，以充分利用混凝土自身的水化热供给。同时，掺用适当的外加剂，使混凝土缓慢冷却，在受冻前达到规范所要求的混凝土强度。

边角部位的保温层厚度为其他部位厚度的 2~3 倍，混凝土结构有孔洞的部位用棚布封堵进行挡风保温，防止冷空气对流。

新老混凝土结合处，保温范围超过施工缝或结构缝 1.0~1.5m，在基础混凝土四周 1.0~1.5m 范围内，也用保温被或聚乙烯卷材加以保温。蓄热法混凝土施工见图 6-7。

图 6-7　蓄热法混凝土施工图

2）综合蓄热法施工新工艺。当日平均气温在 $-10℃ \leqslant T_a \leqslant -25℃$ 时，采用"综合蓄热法"新工艺进行施工。

浇筑前模板采用外嵌 5cm 聚苯乙烯泡沫板。施工缝面在天气较暖和时将表面覆盖的新型保温被局部揭除采用凿毛机凿毛，清理仓号采用高压风枪，避免用水冲洗。仓号清理干净后及时进行验收，验收合格后采用"综合蓄热法"新工艺施工。

"综合蓄热法"包括对模板周边部位采用搭设简易保温篷升温及仓号中间部位采用电热毯升温。

坝前、坝后及横缝模板周边部位升温：坝前、坝后及横缝模板在 3～4m 范围内沿上下游面弧线及横缝方向采用彩条布搭设简易保温篷，将彩条布上口固定在悬臂模板上，下口采用重物压实固定，使悬臂模板在 3～4m 范围内形成了三角封闭区域即形成了简易三角保温篷。并在相应仓号四周拐角处各布置 1～2 台暖风机，将暖风机主管引入临时保温篷内，对各模板进行整体升温，风管引入时尽量平顺，减少弯头，以利于提高供热效能。

仓号中间部位采用电热毯升温：采用工程电热保温毯进行仓面混凝土的升温，根据所要求保温的部位，将保温区域清理干净（混凝土面不得有水），将电热毯展开平铺在施工面上，相邻两块搭接 3～5cm，接通电源后，使保温面温度逐渐升高。使用过程中要特别注意运输移动，不允许在地面拖拉、折叠，以免划破、拉伤使线路断路或短路造成事故。

仓号浇筑过程中的蓄热保温：在仓号浇筑混凝土过程中，采用一边揭除保温被一边浇筑的方法。浇筑完毕的每一胚层混凝土及时覆盖新型保温被进行保温。同时，在浇筑过程中始终保持暖风机对保温篷的暖气输送，使模板保持一定的温度，利用钢制模板良好的导热性能，对周边浇筑混凝土传热，以达到周边混凝土保温的目的。

边坡坝段蓄热法保温：边坡坝段采用搭设简易保温篷并结合暖风机进行吹暖风的蓄热方法进行冬季保温施工。

主坝混凝土冬季施工采用 YH-20 燃油暖风机对仓号升温，每台实际发热量约为 17kcal/h。每个仓号浇筑时需要 8 台 YH-20 燃油暖风机。燃油暖风机参数见表 6-21。

表 6-21　　　　　　　　　　燃油暖风机参数表

| 型号 | 额定发热量 | 热效率/% | 热风出口温度/℃ | 烟气出口温度/℃ |
|---|---|---|---|---|
| YH20-A | 20 万大卡 | ≥85 | 70～90 | 120～190 |

| 型号 | 额定热风量/(m³/h) | 额定耗油量/(kg/h) | 适用燃料 | 外形尺寸/(mm×mm×mm) | 重量/kg |
|---|---|---|---|---|---|
| YH20-A | 6000 | 8～24 | 0 号柴油 | 2200×1100×1550 | 475 |

（5）永久及临时混凝土表面保温。

1）上下游坝面采用外挂式挤塑聚苯乙烯保温板永久保温，基础约束区厚 $\delta=15cm$，非基础约束区厚 $\delta=5cm$，孔口曲面采用喷涂弹性材料永久保温。

2）侧面保温均采用二层厚 2cm 的聚氯乙烯卷材临时保温，用扁铁、膨胀螺栓、铅丝固定。

3）仓面采用塑料薄膜上覆新型保温被临时保温；已浇混凝土在 9 月底完成所有部位混凝土表面保温工作。

（6）拆模。拉西瓦水电站主坝冬季浇筑的混凝土拆模时间为 5～7d，并要求模板拆除后立即进行混凝土表面保温，防止产生裂缝。

## 6.2　雨季混凝土施工

### 6.2.1　施工管理措施

雨季加强天气变化的观测，密切注视当地的天气预报，合理安排生产任务，尽量把混凝土浇筑安排在无雨天气进行，避免在大雨及暴雨中浇筑混凝土。检查砂石料仓排水情况。运输工具采取防雨、防滑措施。浇筑仓内采取截水、排水、防雨措施，防止周围雨水流入仓内。增加骨料含水率测定频次，适时调整拌和用水量。

### 6.2.2　施工技术要点

（1）有抗冲耐磨和抹面要求的混凝土，不应在雨天露天施工。

（2）在小雨天气浇筑时，应采取下列措施：

1）适当减少混凝土拌和用水量和出机口混凝土的坍落度，必要时可适当减小水灰比。

2）做好新浇筑混凝土面尤其是接头部位的保护工作。

（3）无防雨棚的仓面，中雨及以上的天气不得新开混凝土浇筑仓面。浇筑过程中遇中雨及以上的天气时，应采取下列措施：

1）遇中雨时，应及时采取遮盖、排水措施，可继续浇筑。

2）遇大（暴）雨时，应立即停止进料，已入仓混凝土应振捣密实后遮盖。

3）雨后应先排除仓内积水，如混凝土能重塑，被雨水冲刷的部位应加铺砂浆后继续浇筑，否则应按施工缝处理。

（4）浇筑的仓号若遇小雨时，用不透水的彩条布或防雨布覆盖，继续进行混凝土入仓和平仓振捣工作，试验室人员要加密仓面混凝土取样检测次数，并及时联系调整混凝土坍落度，保证拌和物和易性和混凝土浇筑品质。

（5）浇筑过程中的仓号遇中雨时，立即用防雨布覆盖，防雨布接头搭接严密、不透水，必要时采用黏结或缝合的方法将各仓面防雨布连接成整体。中雨浇筑时，试验室人员同样要加强现场检测，及时联系拌和楼对混凝土出机口坍落度进行调整。此外，浇筑过程中派专人用小型抽水泵将防雨布顶面的降雨积水排出仓外。

（6）中雨以上天气不新开混凝土浇筑仓号，有抹面要求的混凝土不在雨天施工。正在浇筑的仓号遇大雨时停止浇筑，并及时平整仓面，将已入仓的混凝土振捣密实，然后全仓面覆盖，并随时将积水采用人工或真空泵排出仓外。停浇后的混凝土缝面，视降雨时间长短和混凝土面初凝情况，按要求进行处理，采取雨后继续浇筑或停浇按工作缝处理。

（7）混凝土运输车辆设帆布防雨棚，防止雨水灌入；运输路段的陡坡、急弯处限速慢行，并采取必要的防滑措施。

# 7 混凝土接缝灌浆

## 7.1 接缝灌浆布置要求

常规混凝土坝一般均分成若干坝段并将各坝段再分为若干坝块分别浇筑，由此形成纵横缝，视结构要求在坝体上升到一定高度和承受水压力荷载前需将纵、横缝用水泥浆液充填胶结，以形成整体。

接缝灌浆是指通过预埋管路对混凝土坝块之间的收缩缝进行的灌浆。接缝灌浆布置：灌区分区高程要求每坝段尽可能一致，灌浆管路管口宜在廊道上、下游边墙或利用永久马道、施工临时栈桥在坝后引出，管口应集中布置，距地高度 1.0～1.5m 处，方便施工人员操作。

### 7.1.1 接缝灌浆分缝、分区

接缝灌浆分缝是根据设计要求的混凝土覆盖时间和浇筑能力设立分缝、分块，横缝间距一般为 15～20m，纵缝间距一般为 15～30m，特殊坝块可适当放宽（小湾水电站特高拱坝不设纵缝，最大仓面底宽超过 90m，面积约 2000m$^2$）；接缝灌浆系统应分区布置，每个灌区高度以 9～12m 为宜，面积以 200～300m$^2$ 为宜。但对于弧形、球形键槽的灌区面积可适当放宽至 500m$^2$ 左右（小湾特高拱坝最大单个灌区面积达 641m$^2$）。

### 7.1.2 灌浆系统布置原则

浆液应能自下而上均匀地灌注到整个缝面。灌浆管路和出浆设施与缝面应畅通。灌浆管路应顺直、畅通、少设弯头。同一灌区的进回浆管和排气管管口宜集中。同一灌区的进、回浆管和排气管管口在高程方向宜布置在本灌区底部，不宜布置在本灌区顶部以上，如确实无法布置，应不超过上一层灌区高度（防止灌浆时管口压力为负压，不利于灌浆，排气管出浆和压力不能保证）。

### 7.1.3 键槽型式和灌浆系统

（1）键槽形式。为传递坝体应力，接缝灌浆键槽型式主要有梯形键槽、圆弧形键槽和球形键槽（横缝）、三角形键槽（纵缝）等，键槽形式布置见图 7-1 和图 7-2。

（2）灌浆系统。灌浆系统一般有进浆管、回浆管、升浆管或水平支管、出浆盒、进浆槽、排气槽、排气管以及止浆片组成。灌浆升浆管路和出浆设施的形成应优先采用塑料拔管方式，也可采用预埋管和出浆盒方式。灌浆排气系统的形成可采用埋设排气槽和排气管方式，也可采用塑料拔管方式。

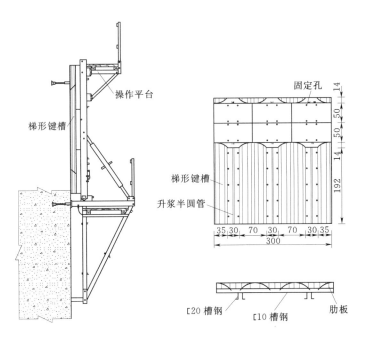

图 7 - 1　梯形键槽模板布置图（单位：cm）

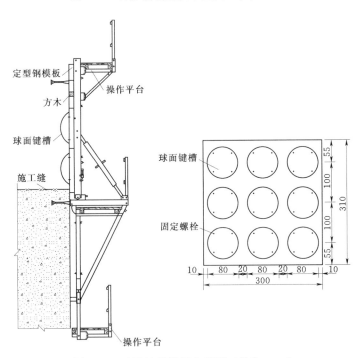

图 7 - 2　球形键槽模板布置图（单位：cm）

采用塑料拔管方式时，升浆管的间距宜为 1.5m，升浆管顶部宜终止在排气槽以下 0.5~1.0m 处。采用预埋管和出浆盒方式时，出浆盒呈梅花形布置，每盒担负的面积宜为 5m²，灌区顶部的一排出浆盒距排气槽宜为 0.5~1.0m。纵缝底部一排出浆盒可适当加密，出浆盒应布置在先浇块键槽的倒坡面上。接缝灌浆系统布置见图 7 - 3。

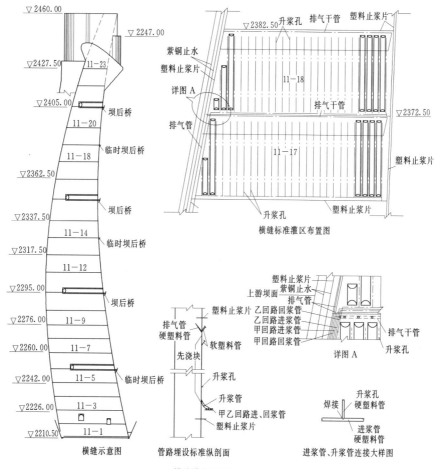

（a）横缝灌浆系统布置图

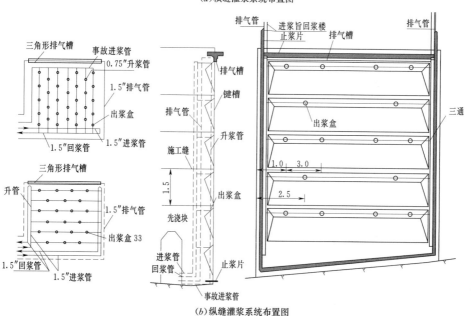

（b）纵缝灌浆系统布置图

图 7-3　接缝灌浆系统布置图（单位：m）

### 7.1.4　接缝灌浆必备条件

灌区两侧混凝土及灌区混凝土的温度必须达到设计规定值。灌区内的键槽设置、管道及止浆片埋设等均按施工图纸布置。灌区两侧坝体混凝土龄期宜大于 6 个月，在采取有效措施情况下，也不得少于 4 个月。除顶层外，接缝灌浆区上部宜有厚 6～9m 的混凝土压重（高拱坝接缝灌浆区上部混凝土压重高度应根据设计要求确定），其温度达到设计规定值。接缝张开度不宜小于 0.5mm（部分工程为 0.3mm），灌浆系统和缝面畅通，灌区止浆系统封闭完好，若发现有异常情况必须处理合格。

## 7.2　接缝灌浆准备

接缝灌浆准备主要有灌浆系统埋件的加工和安装，灌浆系统的检查和维护及灌浆前准备等。灌浆管路和部件的加工应按设计图纸进行，加工完成后应逐件清点检查，合格后方可运送现场安装。

### 7.2.1　灌浆系统埋件加工和安装

（1）止浆片的加工和安装要求。

1）每个灌区的周围都由止浆片封闭，因此要求止浆片在灌浆压力作用下不损坏，不漏浆。止浆片可采用厂家生产的专门塑料带，也可采用镀锌铁片或黑铁片，宽度约 25～30cm，厚度 1.0～1.5mm（镀锌铁片），不应小于 1mm（黑铁片），并应作防锈处理。由于塑料止浆带不会锈蚀，成本较低，目前各工程优先采用。止浆片安装时，搭接长度不应小于 4cm，并搭接牢固，不应漏焊，两翼用铁丝和模板拉直固定。混凝土浇筑时，止浆片周边混凝土应由人工将大骨料散开（最好使用小骨料混凝土），宜采用软管人工振捣棒振捣密实，尤其是水平止浆片的翼下混凝土要特别细心振捣填实。

2）必须保证各灌区止浆片、特别是基础灌区底层止浆片的埋设质量。止浆片的安装不得错位，先期埋设止浆片外露部分，若有缺陷，必须进行修补。

（2）灌浆管路的加工和安装要求。

1）软塑料拔管加工：软塑料拔管一般为聚氯乙烯或聚乙烯等透明材料制成，外径约25mm，内径 19mm。一端为封头，宜采用热压模具加工成圆锥形；另一端为气门芯装置的压紧连接方式充气接头。塑料拔管与气门嘴连接要牢固，软（硬）管的接头均采用焊接，用 0.2～0.3MPa 压力进行通气检查。低温时，塑料软管可在不高于 50℃的温水中浸泡后再充气检查。

2）升浆管拔管的安装：在先浇块的模板上安升浆管的部位先安装竖向 $\phi30$mm 的半圆钢管，使之在先浇块浇筑后形成半圆槽，槽两边每隔高程 50.00cm 预埋固定管路的铁丝。拆模后，预埋形成的半圆槽应在上下浇筑层间保持光滑、顺直、连续。灌浆区起始层（底层）的，后浇块浇筑前，应清理半圆槽。安装好进、回浆管后，把经充气 24h 的检查无漏气现象的塑料软管放掉空气，然后将封头插入进浆管的三通内，顺次把塑料软管由低到高放入半圆槽内，理直，并利用铅丝及预埋铁钉固定好。塑料软管埋设完毕，于混凝土浇筑前再充气加压膨胀，使软管外径从 $\phi25$mm 扩大到 $\phi28$mm 左右，以插入三通部分无松动现象为准。混凝土浇筑完后 16～24h 把气放掉，拔出塑料软管，形成管孔。灌浆区中间层，把塑料软管的封头直接插入下层拔管孔内，插入深度约 30cm，其工序与灌浆起始层相同，个别拔管堵塞时，在下一层浇筑时利用三通连通处理管与相邻通畅孔相连。

3）升浆管路采用塑料拔管方式时应遵守下列规定：

灌浆管路应全部埋设在后浇块中，只有在形成一个封闭灌区后，才可改变浇筑块的先后次序。

拔管时机应根据塑料软管的材质、混凝土状态以及气温等条件，通过现场试验确定。一般情况下，宜待后浇块混凝土终凝后相机放气拔出。

采用塑料拔管方式时，拔管应用软管，充气 24h 后检查，无漏气现象时方可使用。拔管堵头宜采用热压模具加工成圆锥形，充气接头应用压紧连接方式。

（3）排气槽、管的安装。灌区顶部的排气槽由两根水平拔管骑缝造孔构成，先浇块分缝模板上钉水平半圆木条两条（坝块两端各留 100cm 不钉），或者使用等边角铁，拆模后形成槽子，槽子两侧相隔 50cm 预埋铁钉。后浇块浇筑前在先浇块上预留的槽内安装塑料软管，充气理直，并用铁丝将充气软管固定到预埋的铁钉上。为减小拔管长度，在水平拔管中部，用长约 20cm、$\phi 25mm$ 的套管相连，水平拔管分两段分别从两侧通过旁通四通与排气管连通后，缓变引出混凝土面拔出，拔出条件及保护措施与升浆管安装相同。

（4）预埋钢管或硬塑料管。

1）采用预埋塑料管方式时，埋管应用聚乙烯硬管，外露管口段宜换用铁管。塑料管间连接可用焊接法、套接法或黏结法，连接后应进行受力和漏水检查。管上开孔应使用电钻，钻后应将管内渣屑清除干净。

2）采用预埋铁管方式时，进回浆管转弯处应用弯管机加工或用弯管接头连接，进浆管与升浆管或水平支管连接应用三通，均不得焊接。管上开孔应使用电钻，钻后应将管内渣屑清除干净。

（5）采用预埋管和出浆盒的点出浆系统的安装。

1）安装灌浆管路、出浆盒、排气槽、止浆片等，应在模板架立之后，先浇块浇筑前完成，出浆盒盖板、排气槽盖板应在后浇块内安设。

2）出浆盒和排气槽的四周应同模板紧贴，安装牢固。盒盖与盒，槽盖与槽应完全吻合，并加以固定，四周应封闭。出浆盒盖常用预制专门的砂浆块，排气槽盖一般用 1mm 左右的铁皮加工做成。

（6）止浆片、出浆盒及其盖板、排气槽及其盖板的材质、规格、加工、安装均应符合设计要求。

（7）灌浆管路应尽量避免穿过缝面，否则必须采取可靠的过缝措施。

（8）灌浆管路安装完毕后应予固定，以防在浇筑过程中管路移动。

（9）分层安装的灌浆系统应及时逐层做好施工记录，整个灌区形成后，应绘制竣工图。

（10）灌浆系统的管路应根据需要选择不同的管径。外露的管口段的长度不宜小于 15cm（也不宜过长，不大于 50cm），离底板的高度应适宜（1.0～1.5m 范围），并应分别标记管路名称。

（11）安装要求。

1）上浇筑层拔管安装前，必须对下层管路进行通水检查，畅通后才能安装。

2）所有拔管形成的孔应加以保护，确保浇筑间歇期，施工缝面处理等过程中孔不被堵塞。管路引出坝外部位应布置 50cm 长钢管，且外露坝外 15cm。管口应有丝扣封堵，以防杂物堵塞管口，并在管口作好编号标记。

3）不论任何原因，灌浆系统在接缝灌浆完成以前被堵塞，都应排除堵塞物，或应钻孔或采取其他措施，并按监理人的指示安装另外的灌浆管及附件，使其能完全代替灌浆系统中被堵塞的部分。

4）管路外露部分要求按灌区排列有序。

5）在安装过程中和安装完成后都要求对每个灌区的各个灌浆管路作详细的编号及标识，灌区编号必须与设计图纸一致。

## 7.2.2　灌浆系统检查和维护

（1）灌浆系统的检查应设专人负责。每层混凝土浇筑前、后都应对灌浆系统进行认真检查，发现问题及时处理。

（2）采用塑料拔管方式时，每层后浇块混凝土在拔管后，应对升浆管路系统进行通水检查和冲洗。

（3）采用预埋管方式时，在先浇块浇筑前后及后浇块浇筑后，都应对预埋灌浆系统进行通水检查。

（4）整个灌区形成后，应再次对灌浆系统通水复查，发现问题及时处理，直至合格。通水复查应做记录。

（5）任何时期灌浆系统的外露管口和拔管孔口均应堵盖严密、妥善保护。

（6）后浇块在清洗仓面时应防止污水流入接缝内，在浇筑前应将先浇块的缝面用清水冲洗干净。

（7）在混凝土浇筑过程中，应有专人负责灌浆系统的检查和维护工作。

## 7.2.3　灌浆前准备

（1）测定灌区缝面两侧和上部坝块的混凝土温度，可采用充水闷管测温法或设计规定的其他方法。

混凝土温度的测定：采用冷却水管通水闷温法，具体要求为：灌浆前对灌区两侧混凝土的冷却水管均进行通水，然后关闭进、出水阀门，闷温 4～7d（视冷却水管材料确定，一般铁管的闷温时间为 4～5d），使混凝土与管内的水充分进行热交换；测温时将闷温的水放入保温杯或绝热材料做的小水桶内，立即用温度计测定水温（连续测读 5 次），取其中间数据平均值作为该层冷却管的闷温资料，再按灌区高程取各浇筑层相应冷却水管温度的闷温值平均后作为该灌区的最终温度。有仪器埋设的坝段的灌区温度应参照仪器的测值，灌区混凝土温度应以闷温成果为主，仪器测值参考为辅。

（2）测量灌区缝面的张开度。灌区内部的缝面张开度应使用测缝计量测，表层的缝面张开度可以使用孔探仪或厚薄规量测。

缝面张开度测定：灌前接缝张开度的测定除埋有仪器的坝段可借用仪器测值外，无仪埋坝段可采用直接测量法（塞尺量测）。另外，选择部分缝面的上部、中部或下部在廊道中预先布置固定点，用千分表定期测读，一般为每天测读 1 次，并做好详细的测读记录。对缝面不具备直接测量的灌区，张开度也可根据预灌性压水利用灌区容积（扣除管道积水）和面积折算。

（3）对灌区的灌浆系统应进行通水检查，通水压力应为灌浆压力的 80%。检查内容如下：查明灌浆管路通畅情况，灌区至少应有一套灌浆管路畅通，其流量宜大于 30L/min；查明缝面畅通情况，采用单开通水检查方法，两个排气管的单开出水量均宜大于 25L/min；查明灌区封闭情况，灌区漏水量宜小于 15L/min。

（4）当灌浆管路发生堵塞时，采用压力水或风水联合冲洗等措施力求贯通。若无效则采用钻孔、掏洞、重新接管等方法修复管路系统。

（5）当两根（或一根）排气管与缝面不通时，可采用反向压水处理，若无效，则应补钻排气孔修复排气管路。

（6）当止浆片或混凝土缺陷漏水时，应采取嵌缝、封堵等措施处理。

（7）当灌浆管路全部堵塞无法疏通时，应全面补孔，钻孔布置和补灌措施报设计、监理批准后执行。

（8）灌浆前必须先进行预灌性压水检查，预灌性压水检查压水压力等于灌浆压力，检查情况须做记录；预灌性压水检查合格，灌区即具备灌浆条件，可向监理工程师申请签发准灌证，进行灌浆作业，否则应按检查意见处理。

预灌性压水检查，是按照灌浆压力、灌浆方案全面鉴定接缝具备可灌条件的一项重要工序。由此，可根据预灌性压水检查资料，预测灌浆过程中可能发生的问题，针对特殊情况进行专门分析和研究，制定相应的技术措施，保证灌浆质量。需取得的资料包括：

1）接缝注水容积（注明注满的历时）。

2）各管口的单开出水率及关闭压力。

3）总漏水率。

4）验证特殊灌浆工艺的可行性等。

（9）准灌证。接缝灌浆施工应实施准灌证制度。准灌证表格式由监理工程师制定，其检查、检测项目至少包含下述准备工作：

1）灌区两侧坝块和压重块混凝土温度。

2）缝面张开度检查及对应浆材选择。

3）缝面张开变形检测装置安装。

4）灌区灌浆系统检查观路畅通、缝面畅通、灌区密闭性。

5）缝面浸泡与冲洗。

6）相邻灌浆区已满足预灌性压水检查。

7）通水平压准备。

8）水、电、原材料等资源到位能保证连续灌浆作业。

9）灌浆过程参数检测仪表满足监控要求。

（10）灌前应对缝面浸泡和冲洗工作，缝面充水浸泡必须保证不小于 24h，并将水放净或用风吹净缝内积水，方可进行灌浆。

（11）两个灌区相互串通时，应待互串区均具备灌浆条件后同时进行灌浆。有 3 个或 3 个以上灌区相互串通时，必须查明情况，研究制定可靠的方案，慎重施工。

（12）为监测坝体位移及缝面增开度，应根据需要在有关的缝面上安设变形观测装置。

（13）在需要通水平压或冲洗的灌区，应做好相应的准备工作。

（14）在制浆站、灌浆泵和灌区之间应建立可靠的通信联络方式。

（15）对接缝灌浆浆液有特殊要求的部分工程，灌前应优先对浆液进行室内试验。试验内容主要有马氏漏斗黏度、减水剂掺量、析水率和浆液强度等。

（16）其他准备工作。

1）灌浆泵的位置选择，一般距灌浆部位的最大距离不宜超过 50m。为便于缝面回浆，灌浆泵设置高程应尽量接近灌区层底或在层底上下 2m 范围内。

2）灌浆设备的选择，应选择排浆量满足 10～15min 之内完成整个灌区填充浆液的灌浆设备，在超过最大设计压力 1.5 倍的情况下设备运转正常，在压力变换过程中机械能处于良好的稳定状态，能灌注较稠的水泥浆。灌浆设备必须满足连续灌浆的要求。

3）观测使用的电子表面测缝计、千分表、压力表使用前必须经过检查，并有一定数量的备用。

4）在需要通水平压或冲洗的灌区，应做好相应的准备工作。

# 7.3 接缝灌浆

## 7.3.1 灌浆顺序及间歇时间

（1）总体施工程序。灌浆管路安装→灌浆系统的检查和维护→冷却水管及灌浆管路交接→二期冷却→闷温检查→灌区封闭通水检查→缝面充水浸泡及冲洗→预灌性压水检查→灌浆→灌后检查→冷却水管的封堵。

（2）接缝灌浆灌区的灌浆顺序。同一坝段、同一坝缝的各层灌区，自基础层开始，逐层依高程自下向上灌注。在同一高程上，重力坝宜先灌纵缝后灌横缝；拱坝宜先灌横缝再灌纵缝。横缝灌浆宜从大坝中部向两岸推进，纵缝灌浆宜从下游向上游推进或先灌上游第一条纵缝后再从下游向上游推进。

上层灌区的灌浆，应待下层和下层相邻灌区灌好后方可进行。若上、下层灌区均具备灌浆条件，可同时进行灌浆，但开灌时间和升压时机必须错开，避免缝面压力过大。小湾水电站特高拱坝坝体接缝灌浆曾创造两层灌区同时连续灌浆施工成功的范例，即两层灌区各自配置相应的设备和人员，现场有专人指挥协调同步施工，灌浆先从低层灌区开灌，待低层灌区排气管出浆比重达到设计要求，上层灌区开灌，两层灌区开灌和结束时间控制在 1h 之内，自大坝中部开始依次向岸坡坝段推进。

同一横缝、同一高程的灌区灌浆结束 4d 后，其相邻横缝的灌区方可灌浆，若相邻的灌区已具备灌浆条件，可采用同时灌浆方式，也可采用逐区连续灌浆方式。当采用连续灌浆时，前一灌区结束后 8h 以内，必须开始后一灌区的灌浆，否则仍须间隔 4d 后再进行灌浆。

同一横缝同一高程具有 2～4 个独立灌区时，可采用同时灌浆方式，也可采用连续灌浆方式。当采用连续灌浆方式时，第二灌区灌浆应在第一灌区灌浆结束后 4h 以内进行，否则仍应间隔 10d 后进行灌浆。

同一坝缝的下一层灌区灌浆结束 10d 后，上一层灌区方可开始灌浆。若上、下灌区均已具备灌浆条件，可采用连续灌浆方式，但上层灌区灌浆须在下层灌区灌浆结束后 4h 以内进行，否则仍须间隔 10d 后再进行灌浆。

任何灌区即将施灌前，在灌浆缝面起压的同时，邻缝也须进行通水平压，平压压力保证顶部压力不超过 0.2MPa。灌浆前、灌浆中，该灌区上层灌区保持通水循环，并且灌浆后至少通水循环 6h。

### 7.3.2　灌浆布置

接缝灌浆属一次性施工，如出现质量问题，后续处理很难达到设计要求。因此，当灌区具备开灌条件后，为保证灌浆质量，必须确保施工设备的完好，人员配备充足，要制定详细、可行的灌浆方法，在灌浆过程中严禁灌浆中断。

（1）施工风、水、电及通信布置。

1）施工供电：接缝灌浆用电量不大，必须保证线路布置的安全可靠性。

2）施工用水：接缝灌浆施工用水量较小，用水点分散，但为防止在施工过程中出现意外情况（停水、停电、灌浆中断和异常串区等），必须另备有一条用水管路（冲洗灌区），来保证灌区后续灌浆质量。

3）施工供风：接缝灌浆施工过程中的施工用风，主要为灌区灌前吹水，用风量不大，可采用 1 台移动式空压机，通过管路引入施工面。

4）施工通信的联系：由于施工面分布广，转移频繁，为保证灌浆作业的连续性和安全性，现场宜采用对讲机或有线电话联系。

（2）制浆站布置。根据接缝灌浆工程的特点（点多、线长），为保证施工过程中的连续性，满足现场用浆要求，在施工过程中宜采用集中制浆站向施工面供浆。

集中制浆站站内应布置 2 台高搅机交替集中制浆，1～2 个 1m³ 贮浆桶，2 台 SGB6—10 灌浆泵，两边各布置一个水泥储存室，用于不同水泥和外加剂分开存放并标示，室内水泥平台高于地面 1.5m 以防潮，水泥房应储存 50t 左右的水泥，要求防雨和通风性能好。为保证计量准确，制浆站配备称量设备及比重称、比重计、马氏漏斗、温度计，对袋装水泥可按袋计量，对于用量较小的减水剂现场进行称量使用，也可提前按比例称好分袋保存，称量误差不大于 5%。制备浆液使用高速搅拌机，保证搅拌时间不少于 30s。

集中制浆站制备水灰比应为设计要求最浓比级浆液，一般为 0.45∶1 或 0.5∶1 比级的水泥浆液，便于施工面按所需浆比重新配置。

如果灌浆工作面距离制浆站超过 200m 或高差超过 50m 时，应增设周转站（增加一套浆液周转设备），来保证灌浆工作面正常供浆需要。

### 7.3.3　灌浆压力和增开度

（1）灌浆压力的控制。灌浆压力的大小，不仅直接影响灌浆质量，而且与接缝两侧坝块的应力稳定有关，合适的灌浆压力将使浆液流动畅通，充填接缝容积密实，并使灌浆浆液进一步泌水，从而获得良好的水泥结石。

灌浆压力以层顶排气槽压力作为控制值，以灌区层底进浆管压力作为辅助控制值，根据式（7-1）计算：

$$P_底 = P_排 + \gamma_{浆或水} H + \varepsilon \gamma_{浆或水} H \qquad (7-1)$$

式中　$P_底$——层底进浆压力，kPa；

　　　$P_排$——层顶压力，kPa；

　　　$\varepsilon$——阻力损失系数，在灌浆管路和缝面通畅的情况下，横缝约为 0.3，纵缝约为 0.5；

　　　$\gamma_{浆或水}$——浆液或水容重，kN/m³；

　　　$H$——灌区高度。

灌浆时压力可按如下控制：灌浆区层顶（排气回浆槽）压力为 0.35~0.50MPa；灌浆区层底进浆管口压力为 0.55~0.65MPa；坝顶部位无盖重灌区顶层排气槽压力为 0.10~0.15MPa。

（2）增开度控制。在压水、灌浆过程中按设计技术要求或监理工程师指示在具备观测的缝面上布置变形观测装置，进行增开度观测。增开度监测仪器采用千分表，增开度观测应 5~10min 观测 1 次，缝面增开度的控制，根据设计要求确定，大多数工程缝面增开度宜不大于 0.5mm（部分工程为 0.3mm）。

缝面增开度的观测与灌浆压力同步控制，且以缝面增开度控制为主。同时为减少对相临缝的受压，灌浆过程中，对同一高程邻近未灌浆的缝面和灌区，应进行通水平压。在附近有电梯井、廊道等大的孔洞时，须特别注意灌浆压力的控制，加强对缝面增开度的观测。

### 7.3.4　接缝灌浆施工

（1）灌浆施工工艺。灌浆根据缝面张开度和排气管单开出水量选择开灌水灰比。浆液水灰比可采用 2、1、0.6、0.5 或 0.45 等几个比级，一般情况下开灌水灰比为 2:1 的浆液，待排气管出浆后浆液水灰比可改用 1:1。当排气管出浆水灰比接近 1 或水灰比为 1 的浆液灌入量约等于灌区容积时，即改用最浓比级浆液灌注，直至结束。

当缝面张开度大于 1mm，管路畅通，两个排气管单开出水量均大于 30L/min 时，开灌水灰比可采用 1 或者 0.6、0.5（或 0.45）比级浆液。小湾水电站特高拱坝接缝灌浆当缝宽大于 1mm，两个排气管单开出水量均大于 30L/min 时采用中热水泥单一水灰比 0.45:1 浆液灌注；对缝宽小于 1mm 大于 0.3mm 时，采用中热水泥 0.6:1 和 0.45:1 两级水灰比浆液灌注。在浆液中须掺加 1.0%~1.2% 的 GM-Ⅱ高效减水剂，0.45:1 的浆液马氏漏斗黏度控制在 45s 以内。

灌浆时从进浆管进浆，其他管口全部敞开，按照出浆次序依次关闭管口，直至排气管口出浆，当排气管口排出最浓一级浓浆时，调节进浆量并控制压力，其他管口也放浆至最浓比级浆液后关闭，按照设计要求的结束条件继续施灌，直至结束。

灌浆结束条件：当排气回浆管浆比达到或接近最浓比级浆液，且管口压力或缝面增开度达到设计规定值，注入率不大于 0.4L/min 时，持续灌注 20min，即可结束灌浆。结束时，须先关闭各管口阀门后停机，保证闭浆时间不少于 8h。

灌浆过程中，对同一高程邻近未灌浆的缝面和灌区，在灌区灌浆升压开始后临缝应同步进行通水平压。为保证上层灌区质量和防止串浆，上层灌区也应通水并观察是否有浆液流出。

（2）多区同时灌浆。

1）同一高程的灌区，相互串通采用同时灌浆方式时，应一区一泵进行灌浆。在灌浆过程中，必须保持各灌区的灌浆压力基本一致。

2）同一坝缝的上、下层灌区相互串通采用同时灌浆方式时，应先灌下层灌区，待发现上层灌区有浆液串出时，再开始用另一泵进行上层灌区的灌浆。灌浆过程中，以控制上层灌区灌浆压力为主，调节下层灌浆压力。下层灌区灌浆宜待上层灌区快结束之前才能结束。在未灌浆的邻缝灌区宜通水平压。

### 7.3.5 特殊情况处理

（1）灌浆过程中发现浆液外漏，应先从外部进行堵漏。若无效再采取灌浆措施，如加浓浆液、降低压力等进行处理，但不能采取间歇灌浆法。

（2）同一高程的灌区，在灌浆过程中发现串浆时，当串浆灌区已具备灌浆条件应同时灌浆。应采用串灌方式进行，一区一泵，待或相邻灌区发现有浆串出时，再开始用另一灌浆泵进行相邻灌区的灌浆。灌浆过程中必须保持各灌区的灌浆压力基本一致，并应协调各灌区浆液的变换。

（3）同一坝缝的上、下层灌区在灌浆过程中发现串浆时，当串浆灌区已具备灌浆条件应同时灌浆。应采用串灌方式进行，一区一泵，先灌下层灌区，待上层灌区发现有浆串出时，再开始用另一灌浆泵进行上层灌区的灌浆。灌浆过程中以控制上层灌浆压力为主，调整下层灌区的灌浆压力。下层灌区宜待上层灌区开始灌注最浓比级浆液时结束，且上、下层灌区结束时间相差控制在1h之内，在未灌浆的邻缝灌区通水平压。

（4）灌浆过程中，当进浆管和备用进浆管均发生堵塞，应打开所有管口放浆，然后在缝面增开度限值范围内尽量提高进浆压力，疏通进浆管路。若无效可再换回浆管灌注或采取其他措施。

（5）当排气管出浆不畅或堵塞时，在缝面增开度限值内，提高进浆压力至达到限值为止；若无效则在灌浆结束后，立即从排气管中进行倒灌。倒灌使用最浓比级的浆液，在施工图纸规定的压力下，缝面停止吸浆，持续 5～10min 灌浆结束。

（6）灌浆因故中断（判断在 10～20min 内无法恢复），应立即用清水冲洗管路和灌区，保持灌浆系统畅通。恢复灌浆前应再做一次压水检查，若发现灌浆管路不畅通或排气管单开出水量明显减少，应采取补救措施。

（7）细缝的处理：二冷结束后如缝面张开度不大于 0.5mm（部分工程为 0.3mm），按设计意见进行超冷，超冷过程中每天增加测温频次至 2h 观测 1 次，并严格控制降温幅度每天不超过 0.5℃，避免较大幅度的超冷，如超冷后缝面张开度仍不小于 0.3mm，则考虑采取以下措施处理。

1）使用细度为通过 71μm 方孔筛筛余量小于 2% 的水泥浆液或磨细（湿磨细、超细）水泥浆液。

2）在水泥浆液中加入减水剂（通过室内试验确定）。

3）在缝面增开度限值范围内提高灌浆压力。

4）采用化学灌浆。化学灌浆材料的抗压强度应与坝体混凝土强度相匹配。一般情况下，采用环氧类化灌材料。

### 7.3.6  质量控制、检查及评定

（1）质量控制。建立、健全质量检查监督体系，配备专职质检人员，施工过程中采用现场技术服务到位，二检、三检、监理全程旁站检查的管理制度。

施工前对所用水泥等原材料进行质量检测，各种材料须有出厂合格证即检验报告单。

严格执行准灌证制度，未经监理批准的灌区不得进行灌浆。

为保证接缝灌浆质量，开工前应编制详细的施工措施计划，措施中包括施工布置、设备和材料、工艺和程序、质量保证措施、作业人员配置、施工进度计划等内容；并组织施工人员进行技术交底，明确质量控制要点和控制办法、标准。

现场接缝灌浆质量控制的重点就是排气管的出浆比重、压力是否满足设计要求、缝面增开度是否在允许范围内。因此，灌浆作业过程中，对排气管的灌浆压力和浆液浓度重点进行控制并及时进行记录。如满足不了设计要求，在增开度允许范围内提升灌浆压力，力求达到设计要求，否则，请示现场监理、设计，采取其他方法处理。

（2）质量检查。

1）质量内容。大坝接缝灌浆的质量检查，其检查内容包括：灌浆时坝块混凝土温度；灌浆管路通畅、缝面通畅以及灌区密封情况；灌浆施工作业情况；灌浆结束时排气管的出浆密度和压力；灌浆过程中有无中断、串浆、漏浆和管路堵塞等情况；灌浆前、后接缝张开度的大小及变化；灌浆材料的性能；灌浆面注入水泥量；钻取混凝土芯、缝面槽检。钻孔均作压水检查、孔内全孔壁数字成像图等测试成果；取各种情况有代表性的钻孔芯样抗拉、抗剪试验成果。对检查孔进行单孔声波测试，比较缝面波速与混凝土的波速。结石方向波速大于 3500m/s。

2）各灌区的接缝灌浆质量，应以分析灌浆记录为主，结合钻孔取芯和槽检等质检成果进行质量检查，并做好记录。

3）进行钻孔取芯的灌区数为总灌区数量的 10%，其中每个灌区应取 2 组（个）钻孔检查孔。对灌浆记录分析不合格的灌区，必须进行检查，以评价缝面质量，并研究相应的处理措施。

4）灌浆结束后、应按要求将灌浆记录和有关资料提交监理人，经监理人确认后提交验收小组，以便检查验收。

5）接缝灌浆钻孔取芯和槽检应在灌区灌浆结束 28d 后进行。要求取芯的灌区都要求进行抗压、缝面劈拉试验各 3 组，分别代表芯样好、一般和较差。

6）钻孔部位选取原则：钻孔取样的布孔原则重点放在经分析认为灌浆质量较差或一般灌区，确定钻孔取样的灌区钻孔数不少于 2 个。终孔孔经一般为 $\phi110\sim150mm$。

7）钻孔精度：非骑缝钻孔孔位偏差不大于 5cm，骑缝钻孔孔位偏差不大于 5mm，角度偏差不大于 $\pm1°$，深度偏差不大于 20cm。骑缝钻孔孔位偏差大于规定值时，应立即停钻，修正或重新布孔。非骑缝钻孔主要对键槽最凸出部位。

8）压水试验：钻孔结束并冲洗干净后，即可进行压水试验。压水试验压力同灌浆压力，应分级进行，每级压力稳压 10～20min，达到灌浆压力后稳压 30min。

9）相邻孔串通检查：要求孔距不大于2m时，相邻检查孔不得串通。

10）芯样描述：钻孔穿过缝面取出的芯样应拍照，详细描述并画素描图。芯样描述的主要内容：芯样上有无键槽，若有，要描述键槽上有无水泥结石，结石颜色、厚度、分部情况，有无气泡，以及水泥结石与两侧混凝土的胶结程度等。

11）进行检查孔声波测试。检查孔、槽取样后必须以M40的水泥砂浆进行回填。

（3）质量评定。

1）灌区灌浆质量合格的主要指标：

灌区两侧坝块混凝土和温度达到施工图纸的规定值。

排气管均排出浆液且有压力。

排浆密度：大于 $1.5g/cm^3$。

独立的排气系统至少有一个排气管处压力已达到设计压力的50%以上。

压水试验透水率不大于1Lu。

其他条件应满足《水电水利基本建设工程单元工程质量等级评定标准第1部分：土建工程》（DL/T 5113—2005）的有关规定。

2）各主要检查、检测项目全部符合标准前提下，其他检查、检测项目应基本符合标准。

# 新老混凝土结合面处理

混凝土大坝一般选择在最佳坝址进行修建。大坝规模通常是依据建设时期防洪和水资源利用的要求，结合当时的建设条件确定。因而有时需分期修建，先行修建低坝。

随着经济和社会的不断发展，对电力需求量越来越大，加高大坝，增大库容，扩大水电站装机容量呈不断增多的趋势。近百年来，国外加高了许多混凝土坝，其中以重力坝为主。加高方式多种多样，主要有后帮整体式、后帮分离式、前帮整体式、前帮加后帮式、预应力锚固加高式和坝顶直接加高式等。

在我国历史上，水利建设成就卓著。几千年来，勤劳智慧先辈们，修建了许多兴利除害的水利工程，积累了丰富宝贵的施工经验。如丹江口水利枢纽工程，它在 20 世纪 70 年代初建成并运行 30 多年，作为我国南水北调中线水源工程，需在其老坝体上进行混凝土培厚加高，在国内尚属首例。

大坝加高工程的关键技术问题是新老混凝土之间的有机结合问题。也就是要解决新老坝体的整体性和坝体各部位的应力应变的协调平衡等问题。具体需要解决以下三个方面的问题。

（1）处理好新老混凝土联合受力问题。

（2）妥善解决加高后的坝体和坝基应力，满足大坝安全要求。

（3）尽可能减少新浇混凝土因温度收缩对坝体应力产生的不利影响，避免或减少混凝土裂缝，尤其是危害性裂缝。

## 8.1 影响结合的因素

### 8.1.1 应力结构

坝体新老混凝土良好结合的关键，是其结合界面能否有效地传递和承担应力。一般而言，新老混凝土的结合面能够较好地传递压应力，而传递拉应力和剪应力会受诸多因素的影响，且一般情况下都会被削弱。其结合面构造直接影响到应力分布形式。新老坝体之间的传力方式和传力特性，是调整新老混凝土坝体联合作用状态的重要手段。

大坝加高时老坝体处于运行状态，坝体不仅受自重作用。同时，还承担上游水库水的推力和坝基扬压力，新浇坝体是在老坝体上培厚加高，大坝加高后水库水位上升，新老坝体共同承担加高后的高水位压力。因此，对于老坝体而言存在着复杂的内部各种应力分期叠加问题。

### 8.1.2 温度变化

大坝加高后，新浇混凝土直接暴露于大气中，气温变化引起的膨胀与收缩直接作用于新浇坝体内；而老坝体表层混凝土则转变为处在相对较为稳定的工作环境中，气温变化对其影响较小；在施工期温度变化、年内不同季节气温所产生的温度场的作用下，坝体内将产生温度应力。

### 8.1.3 材料差异

混凝土材料的工程特性不仅与混凝土标号、配合比、施工条件、工作环境等因素有关，对浇筑完成的混凝土体在不同的龄期工程特性仍处在变化中，其变化速率与龄期有关；新老坝体混凝土龄期相差时间越长，新老混凝土的强度、弹性模量的发展过程，在目前的工程技术水平，尚难以做到协调一致。新浇混凝土的收缩变形同样会在新老坝体内产生应力。在新老混凝土结合界面处，由于弹性模量突变，使得温度场应力变化梯度局部加大。

# 8.2 结合面处理

根据对国外混凝土坝加高实例的考察和研究，及国内的有关试验研究成果，为确保大坝加高后安全运行，改善加高后运行期坝体及坝基应力状况，可采取的措施：①加高混凝土浇筑时应适当控制库内水位；②为避免应力集中，应拆除老坝体的突出尖角部位老混凝土；③控制贴坡混凝土浇筑温度，并将混凝土在一个月龄期以内冷却至年平均气温，减少新老混凝土之间的温差应力。老混凝土表面应凿毛，设置键槽，新老混凝土结合面布设灌浆系统，每一坝块结合面周边设置锁口锚筋，新老混凝土结合面内部应设置砂浆锚杆；④用以上措施保证新浇混凝土能更好地与老坝体混凝土面结合在一起，加强新老坝体的传力作用；⑤对新浇混凝土加强养护，减少混凝土表面裂缝。

### 8.2.1 增设键槽

（1）施工程序及方法。

1）施工程序。新增键槽施工工艺流程见图8-1。

2）施工方法。

A. 盘锯导轨安装固定。新增键槽断面为不等边三角形，其断面结构形式见图8-2，所切割的键槽为V形，V形键槽的上下两个边与垂直面夹角分别为36.9°和23.2°。因此切割机锯片应与垂直面分别呈36.9°和23.2°的角度。为使成形后的键槽满足设计要求，需要专门制作一个倾角转换导轨支架以实现盘锯导轨的垂直安装，避免每次安装时调整角度影响施工进度，同时导轨支架也增加了盘锯切割的稳定性。

按图纸测放新增键槽口线后安装导轨支架，导轨支架通过高强锚栓（喜利得产品）固定在混凝土表面，安装好的支架应牢固可靠，所有支架必须安装在一条直线上，确保导轨表面的直线度。在支架上安装盘锯导轨，导轨安装过程中应使用激光定位仪测控保证轨道连接的直线度和平顺度。

B. 盘锯静力切割。键槽长边采用液压盘踞切割，键槽短边采用高效静态破碎剂静力膨胀将键槽三角形混凝土块体与坝体剥离。键槽长边深度为761mm，采用三种不同直径的锯片由小至大先后使用。三种锯片直径分别为800mm、1200mm、1600mm，在混凝土中

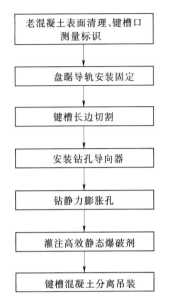

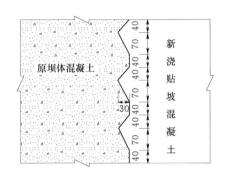

图 8-1　新增键槽施工工艺流程图　　图 8-2　新增键槽断面结构示意图（单位：cm）

的对应切割深度为 330mm、530mm、730mm，切割深度由浅及深，最深达到 730mm。保留 30mm 混凝土不切断，以保证盘锯安装的稳定性。

C. 芯体剥离。键槽短边采用高效静态破碎剂静力膨胀将键槽三角形混凝土与原坝体剥离。沿短边切割线每 20～25cm 钻直径 40mm 孔，钻孔深度为 500mm。为了控制钻孔角度，保证键槽开口的角度和尺寸，按设计钻孔角度用钢管制作一个钻孔导向器。键槽两端亦按照角度钻孔。为了保证膨胀分裂的效果，两端的孔距加密至 15cm。静态爆破剂钻孔见图 8-3。

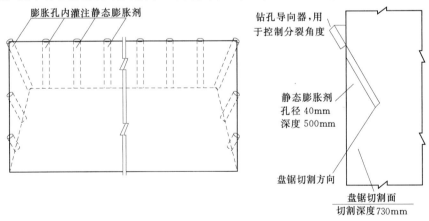

图 8-3　键槽切割及静态爆破剂钻孔示意图

注：1. 键槽长边用 HILTI 液压盘锯进行切割，切割深度为 730mm。键槽短边及两端斜面依据切割面的角度制作钻孔导向器，由导向器控制钻孔角度，孔径 40mm，短边钻孔深度为 500mm，孔距 20～25cm，在键槽两端按设计尺寸进行控制；

　　2. 钻孔完成后清孔，向孔内灌注静态高效破碎剂，通过静力膨胀将键槽混凝土块体从坝体上分离出来，最终形成键槽。

将孔内水和杂物清理干净。将静爆剂按照配方配制好，并立即灌入孔内，灌注必须密实，灌满为止。所有孔灌满后，在键槽芯体分裂的方向设置警戒线，防止芯体伤人。待芯体与坝体产生裂缝后，即可将芯体分离形成键槽。对键槽尺寸差别较大的部位进行人工修正。

D. 混凝土芯体吊装运输。新增键槽切割分离的混凝土芯体采用塔机吊装、自卸汽车运至弃渣场。

（2）施工机械设备配置。新增键槽切割主要施工机械设备见表8-1。

表8-1 新增键槽切割主要机械设备配置表

| 序号 | 名称 | 型号 | 单位 | 数量 | 备注 |
|---|---|---|---|---|---|
| 1 | 液压盘锯系统 | D-LP32/DS-TS32 | 台 | 2 | 喜利得 |
| 2 | 激光定位仪 | PM32 | 台 | 1 | |
| 3 | 电锤 | TE-16 | 台 | 1 | |
| 4 | 手风钻 | Y-28 | 台 | 4 | |

## 8.2.2 混凝土界面

新老混凝土界面黏结力的大小是衡量界面性能好坏的主要标志。水泥颗粒（平均细度为 $30\ \mu m$）在毛细孔（纳米级）中水化是不可能的，所以新老混凝土原始界面的机械啮合作用很弱；但研究认为没有必要把老混凝土界面处理的特别粗糙，当老混凝土界面的粗糙度为 $4\sim 5mm$ 时，能够得到满意的黏结强度。

（1）老混凝土界面处理。提高老混凝土界面的微细观粗糙度，从而显著增加新老混凝土的接触面积；用粉煤灰和标准砂对水泥净浆界面剂进行改性可显著改善界面层的微细观结构。对新老混凝土黏结界面进行了扫描电镜观察和微观结构分析，发现新老混凝土黏结界面存在着一个可分为三个薄层（渗透层、强效应层、弱效应层）的过渡层，并且强效应层的结构特征对界面性能起决定性作用。

新老混凝土黏结前，对老混凝土表面必须进行刷糙处理，界面处理原则：

1）一般以削去厚约 2mm 的表层，并露出石子，其表面平整度约为 3mm 左右均宜，最后用压力谁冲洗干净；

2）黏结层厚度约为 $0.5\sim 1.5mm$；

3）在一般结构的新老混凝土黏结中，可常用同混凝土标号的水泥净浆进行黏结；

4）对于剪切力较大部位，宜使用掺膨胀剂的同混凝土标号的水泥浆作为黏结剂；膨胀剂的掺量一般为水泥用量的 $8\%\sim 12\%$，以此代替部分水泥用量；

5）对于抗渗性能要求较高而剪切力较小的部位，可在经过刷糙处理的表面上直接浇筑新鲜混凝土。

试验研究表明，用稀盐酸（氢氯酸，其水溶液俗称盐酸）蚀老混凝土界面可大幅度提高老混凝土界面的微细观粗糙度，从而显著增加新老混凝土的接触面积。

（2）老混凝土界面粗糙度检测方法。老混凝土界面粗糙度检测方法很多，有切槽法、灌砂法、触针式粗糙度检测仪、分数维法、硅粉堆落法和观测法，常用的是灌砂法、切槽法和观测法。

1）采用灌砂法。定量描述老混凝土界面粗糙度的平均深度按下式计算：

$$平均深度 = \frac{样本砂的总重量}{试件横截面积 \times 样本砂的容重}$$

2）采用观测法。用骨料暴露的百分比来衡量老混凝土界面的粗糙度：

A 级粗糙度：约有 10% 的粗骨料可见。

B 级粗糙度：约有 30%～40% 的粗骨料可见。

C 级粗糙度：约有 60%～70% 的粗骨料可见。

采用观测法只能靠经验观察老混凝土界面粗糙度，有试验结果表明：A 级黏结性差；B 级黏结性好；C 级界面抗剪强度比 B 级略有增大，但付出的成本比 B 级大许多，故 B 级粗糙度较适合。

3）切槽法是用人工或机具在处理的老混凝土表面按一定的深度进行间隔切槽，用这种方法对老混凝土表面进行粗糙度处理，其最大优点是施工容易控制，粗糙度均匀性较好。

切槽法施工后老混凝土界面粗糙度用下式进行计算：

$$\beta = \frac{切槽面积}{黏结面积} = \frac{n\Delta ab}{ab} = \frac{n\Delta a}{a}$$

式中　$\beta$——粗糙度；

　　　$a$——黏结面长度，沿此方向间隔切槽；

　　　$b$——黏结面宽度；

　　　$\Delta a$——每个槽平均深度；

　　　$n$——黏结面 $a$ 向切槽个数。

### 8.2.3　界面复合锚固

老混凝土界面锚固通常有挖槽锚固和植筋锚固两种方法，也有同时采用两种方法进行锚固，以确保新老混凝土界面的结合牢固。

老混凝土界面植筋锚固技术是提高新混凝土结合强度的一种技术，即在已有混凝土上进行钻孔、清孔、注胶、插入钢筋等过程，使新旧混凝土黏结牢固，达到共同工作的要求。传统的界面连接办法是在浇筑新混凝土前，将老混凝土表面凿毛直至露出钢筋，然后在老混凝土中钻孔并灌注水泥砂浆，再植入钢筋。

实践证明植筋方法有明显的缺点，表现为：

（1）欲使植入钢筋起到锚固作用，钻孔深度必须很大，一般要达 $40d$（$d$ 为钢筋直径）；

（2）水泥砂浆在固化中会发生收缩，容易与孔壁脱开，因此严重影响黏结锚固效果；

（3）混凝土凿除工作量大，工期长，而水工建筑物加固与修复，一般要求在枯水季节完成，因此，采用这种方法有些工程在时间上是不允许的，而且，凿除过程对原结构有损伤通过采用锚杆、锚筋桩进行锚固。

但由于植筋容易施工，混凝土的植筋方法在大坝加高中得到越来越广泛的应用。

植筋孔净距对整体的锚固强度有影响，当植筋深度为 $15d$，且植筋孔净距大于或等于 80mm 时，可以不考虑单筋锚固强度的折减，当植筋孔净距小于 80mm 时，需要考虑单筋

锚固强度约 $11\%\sim17\%$ 的折减。当前植筋技术在混凝土加固工程中得到广泛应用，但无机植筋胶的应用仍较少。植筋技术是当前建筑加固中的一项比较重要的技术，是运用化学黏结剂（锚固剂）将带肋钢筋或有丝纹的螺杆固定于混凝土基材钻孔中，通过黏结和锁键作用，实现对被连接件的锚固，并以充分利用钢筋强度或螺杆强度为条件确定其抗拉设计荷载的一种连接锚固技术。

植筋按照黏结材料的不同，可分为有机植筋和无机植筋两类。在实际工程中，因为有机黏结材料的高黏结性能，有机植筋被广泛应用，而有机黏结材料的耐久性能和耐高温性能较差，给结构埋下了安全隐患。带锥头无机植筋虽有较理想的耐久性能和耐高温性，以及抗压强度高的特点，从而提高了无机植筋的锚固强度；但其黏结强度较低，无法有效传递荷载应力，锚固深度太大，这制约了无机黏结材料在植筋工程中的应用。

为了使新老混凝土紧密结合，必须进行植筋处理，或挖槽锚固，并在结合面涂抹界面剂。

# 8.3　结合面施工及运行监测

## 8.3.1　结合面施工

（1）施工工艺。新老混凝土结合施工工序复杂、影响环节多，对各工序进行有效的过程控制，规范施工工艺，强化质量管理，以满足新老混凝土结合面施工质量要求；施工工艺：施工准备→人工切割键槽→老混凝土面碳化层凿除→老混凝土面植筋或锚杆施工。

（2）结合面键槽施工。混凝土大坝加高施工中的新老混凝土结合问题，实际上是解决加高后的坝体整体性和坝体各部位的应力满足设计要求的问题。主要包括以下三个方面：

1）处理好新老混凝土联合受力问题。

2）妥善解决加高后的坝体和坝基应力，满足大坝安全要求。

3）尽可能减少新浇混凝土因温度应力而收缩对坝体应力产生的不利影响，避免或减少混凝土裂缝，尤其是危害性裂缝，新老混凝土结合的关键是结合界面能否有效地传递和承担应力。

老混凝土面处理施工包括凿除碳化层、增设键槽、涂刷界面胶、周边布置锁口锚筋和内部布置砂浆锚杆等。新增键槽断面可是矩形也可以是三角形，后者比较容易分离要剔除的部分；三角形的短边与结合面呈水平或一定角度布置，宜采用锯割静裂法施工。

新增键槽施工要点：

1）导轨安装要求牢固、无晃动。安装过程使用激光定位仪保证轨道连接的直线度；

2）键槽长边采用液压盘锯切割。短边使用手风钻钻孔，装静态爆破剂将被切割的三角形混凝土从结合面剥离。钻孔间距 15cm 为宜。为保证键槽开口的角度和尺寸，应制作钻孔导向器，控制钻孔角度。盘锯切割时，应根据键槽长边设计尺寸选用不同直径的锯片组合使用，小直径锯片在前，大直径锯片在后，由浅至深切割，直至达到设计深度；

3）静态爆破剂的膨胀与环境、温度及加水量有关。使用前，应通过钻孔试验确定最优参数与单耗。钻孔直径宜采用直径 $30\sim50$mm，孔距 $150\sim300$cm，单位灌注量 12～

18kg/m³。对于有筋混凝土，应先凿除表面混凝土露出钢筋后，使用气焊将钢筋割除，再灌注静态爆破剂并适当加大孔径，减小孔距和加大单耗药量；

4）静态爆破剂宜在0～45℃气温条件下使用，超过此范围应采用辅助手段确保正常施工。混凝土和药剂的温度控制在15℃，拌和水温度控制10～15℃为宜；

5）静态爆破剂灌注前，应将孔内清理干净，不得有积水和杂物；

6）静态爆破剂灌注完毕好后，应在键槽芯体分裂的方向设置警戒线，防止芯体脱落伤人。待芯体同结合面产生裂缝后即可将芯体分离，形成键槽。对键槽尺寸偏差较大的部位用人工进行修整。

（3）老混凝土碳化层凿除施工。由于大坝混凝土经过几十年的运行，其混凝土表面会产生不同程度的碳化层，为保证新老结合面的质量，其碳化表层必须全部凿除，凿除后的混凝土表面应显露石子；老混凝土碳化层凿除施工流程见图8-4。

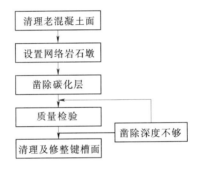

图8-4 老混凝土碳化层凿除施工流程图

1）老混凝土碳化层凿除施工要点。

A. 在原坝体斜坡面施工时，在新设键槽切割完成后，利用键槽切割形成的台阶作为碳化层凿除的操作平台。对于在垂直面应重新搭设施工排架。

B. 为了便于检查凿除的深度，凿除碳化层之前，应在老混凝土表面按2m×2m的网格设置面积为25m²检验墩，并标识；施工过程中不得凿除，在凿除深度验收合格后，再将检验墩全部凿除。

C. 碳化层凿除检验采用酚酞试剂（1%的酚酞＋99%的乙醇溶液，其中乙醇溶液用80%的酒精＋20%的蒸馏水配制，配制好的试剂无色透明）检测，用毛刷蘸试剂涂于被检测混凝土表面，若试剂变为红紫色即为合格，不变色即为不合格，需重新对检测表面补凿至合格。

D. 碳化层的凿除与键槽切割不得上、下同时作业，新增键槽应先于碳化层凿除，错开施工形成流水作业。

2）老混凝土碳化层凿除施工。在进行老混凝土表面碳化层凿除时，应结合坝体拆除、坝体缺陷处理、键槽切割及其工序安排进行，对需要拆除的部分，应先行拆除。老坝体碳化层凿除，应根据坝体新老混凝土结合面施工的作业工序进行安排，以利减少工作量，使工序衔接紧密干扰小，施工安全，节约成本。根据老坝体的结构体型，加高部位和特点，对坡面和立面碳化层凿除施工应搭设脚手架，对平面碳化层凿除施工应做好临空面的安全防护。

3）原坝体斜坡面的碳化层凿除施工，宜在键槽切割完成后，直接利用键槽切割形成的台阶面作为凿毛的操作平台，既可减少人力、物力和时间消耗，又相减少了凿毛的面积。但键槽切割与碳化层凿除不得上、下同时作业，键槽切割应先进行，作业坝段错开形成流水作业。原坝体垂直面的碳化层凿除施工，需先搭设施工脚手架，脚手架经验收合格后，再进行键槽切割及碳化层凿除施工。可根据施工计划安排，使键槽切割和碳化层凿除形成流水作业。碳化层凿除应在相应仓位混凝土浇筑之前进行，一般应领先混凝土浇筑 1～2 层。

A. 碳化层凿除施工工序。搭设脚手架→清理作业面→设置检验墩网格→碳化层凿除→质量检查→高压水清洗凿除面→终检验收。

B. 搭设脚手架。按照施工需要用 $\phi48mm$ 钢管搭设脚手架，脚手架高度 4～6m，上铺操作平台板。脚手架的高度和范围应综合各工序施工要求确定，并安全牢固。

C. 清理工作面。老混凝土表面的杂物需清理干净，并判定其碳化层厚度。

D. 设置检验墩网格。为便于检查碳化层凿除深度，保证施工质量，碳化层凿除之前，在老混凝土表面按 $2m \times 2m$ 的网格设置检测墩，用红色油漆标示，每个检验墩面积约 $25cm^2$。在大面积碳化层凿除过程中检验墩不得被凿除，经监理工程师对碳化层凿除深度验收合格后，再将检验墩凿除。

E. 碳化层凿除。根据坝体老混凝土表面碳化程度，按监理和设计确认的凿除深度进行凿除。凿除碳化层产生的混凝土渣料，由人工装入吊渣斗，采用门机或塔机吊至仓外卸入自卸汽车运至弃渣场。

（4）锚杆施工。锚杆是新老混凝土结合面的锚固结合的有效措施，应根据结构体型在结合面布置普通砂浆锚杆和锁口锚杆。锚杆主要设置在原坝体的加高部位的坡面和垂直面，锚杆沿新老混凝土结合面的法线方向布设。砂浆锚杆一般为梅花形布置，长 3m，间排距 2m，杆体置入老混凝土 1.5m；横缝周边锁口锚杆应适当加密加长，锁口锚杆长 4.5m，间距 1m。锚杆采用直径 25～32mm 的 II 级螺纹钢筋。

1）施工方法。

A. 锚杆施工程序。布孔→钻孔→清孔→锚杆孔注浆→安插锚杆→孔内浆体待凝→质量检查。

锚杆施工工艺流程见图 8-5。

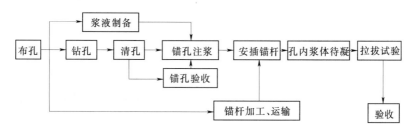

图 8-5　锚杆施工工艺流程图

B. 布孔。砂浆锚杆和锁口锚杆，按照施工图纸要求，由测量人员在锚杆布置部位测放出每一锚杆孔的位置，并用红油漆明显标示，孔位放样误差不大于 3cm。

C. 钻孔。为确保锚杆有足够的砂浆包裹杆体，使砂浆与孔壁的黏结均匀，以达到设计要求的锚固效果，砂浆锚杆孔径应大于杆体 $\phi$15mm 及以上。$\phi$25mm 锚杆，锚孔 $\phi$40mm，选用 YT-28 气腿式风钻钻孔，其孔位、角度、孔深、孔径均应符合设计要求。孔向沿结合面法线方向偏斜量应小于 5°，孔深偏差不大于 5cm，钻孔孔位偏差不大于 5cm。

D. 清孔。锚杆孔深度达到设计要求后，应及时采用压力风、水将锚杆孔内粉渣积水等彻底清洗干净，以确保砂浆与孔壁间的黏结力。

E. 孔内注浆及安插锚杆。锚杆孔内注浆采用 NJ-6 型拌浆机制浆，2SNS 型灌浆泵配合 JJS-2B 型搅拌桶注浆。水泥选用 P.O32.5 普通硅酸盐水泥；砂采用最大粒径小于 2.5mm 的中细砂，其质地坚硬、清洁。水泥砂浆的强度等级应与混凝土强度等级相适应，水泥砂浆配合比应通过试验确定。水泥砂浆应随拌随用，拌制均匀，防止石块或其他杂物混入，丹江口大坝加高工程 M20 锚杆水泥砂浆配合比见表 8-2。

表 8-2                       **M20 锚杆水泥砂浆配合比表**

| 强度等级 | 水泥品种 | 水胶比 | 灰砂比 | 材料用量/（kg/m³） | | |
| --- | --- | --- | --- | --- | --- | --- |
| | | | | 水 | 水泥 | 河砂 |
| M20 | P.O32.5 | 0.45 | 1:1.3 | 320 | 710 | 923 |

注浆时，应先计算空余度，确定注浆量。将 PVC 注浆管插入距孔底 5～10cm，采用灌浆泵将砂浆缓慢注入。砂浆注入过程中应同时缓慢拔出注浆管，注浆完成后立即安插锚杆至孔底并对中。锚杆安插到位后立即在孔口加楔子固定，并将孔口作临时性封堵，确保锚杆体在孔内居中。锚杆施工完毕 3d 内严禁敲击、碰撞拉拔锚杆或悬挂重物。

2) 质量检查。

A. 锚杆材质检验。每批锚杆材料均应附有生产厂家的质量证明书，并按规范规定抽取一定数量检验材料力学性能。

B. 浆材抗压强度试验。按规范规定或监理工程师指示在现场对浆材取样制作试件，进行抗压强度试验。

C. 注浆密实度试验。选取与现场锚杆直径、长度、孔径和孔倾斜度相同的锚杆和塑料管，采用与现场注浆相同的材料和配比拌制砂浆，并按现场施工相同的注浆工艺进行注浆，养护 7d 后，剖管检查其密实度。

D. 抗拉拔力试验。砂浆锚杆灌注 28d 后，即可进行拉拔试验。按作业分区，每 300～400 根锚杆抽查 3 根作为一组进行拉拔力试验，同组的抗拔力最小值应达到设计要求的抗拔力。

3) 锚杆施工中易出现的质量问题。①锚杆施工过程中易出现的质量问题，主要是孔位不合格及注浆密实度达不到设计要求。垂直面锚杆，轴线与水平面夹角应在 15° 以内。若锚杆向上倾斜过大，会引起新混凝土裂缝；锚杆体向下倾斜过大，会导致老混凝土裂缝，加剧局部受力不均。因此，当锚杆与水平夹角大于 30° 时，必须重新打孔。②如锚孔深受到混凝土厚度限制时，应推测出混凝土厚度再确定孔深，以免将混凝土打穿。在钻孔时，注意调整好锚孔角度，随时测量孔深，出现偏差应及时矫正。③注浆时可能会出现进气或锚杆未插至孔底的现象。因此，应将注浆管伸至距孔底5~10cm处，再孔内注入砂浆，产生向外的推力时，将注浆管缓慢拔出，迅速插入锚杆，至孔底，用锤击方法振实。

（5）接缝灌浆。在新老混凝土结合面设置接缝灌浆系统，是保证新老混凝土良好结合的重要措施之一。新老混凝土结合面的灌浆设备埋设在后浇混凝土内，在处理好的老混凝土面上钻孔布设出浆盒，采用止浆片进行分区，止浆片在老混凝土内切槽埋设安装。

由于对新老混凝土结合面采用了多种技术措施，结合面约束作用较强。即使采取强力冷却措施后，其缝面的张开度很难达到一般水泥灌浆所要求的张开度，很难使用普通水泥进行结合面灌浆；经过冷却后部分闭合的结合面可能被拉开，这将直接影响结合面再次结合的质量，使本来结合比较好的结合面遭到破坏。

对于新老混凝土结合面灌浆问题，一般认为垂直结合面，可采用一般的水泥灌浆，对缝面张开度较小的，可采用超细水泥灌浆。对于陡坡结合面，则必须采用超细水泥灌浆或其他可行的灌浆方法。对于缓坡结合面，一般不考虑灌浆。

新老混凝土结合面是否灌浆，如何设置灌区，灌浆原则，灌浆方法等问题目前尚未得到彻底解决，还需要进一步的工程实践和研究。

（6）涂刷界面胶。对于老坝段部分下游垂直面或牛腿反坡面等结合面处理薄弱部位，为进一步增强新老混凝土结合效果，其混凝土表面可涂刷环保型界面胶，界面胶主要技术指标见表8-3。

表8-3　　　　　　　　　界面胶主要技术指标表

| 容重<br>（25℃） | 初黏度<br>（25℃） | 凝胶时间<br>（60℃） | 适用期 | | 最短固化时间 | | 无约束线<br>收缩系数 |
| --- | --- | --- | --- | --- | --- | --- | --- |
| | | | 30℃ | 5℃ | 25℃ | 5℃ | |
| 1.3~0.5g/cm³ | ≤2800MPs | 23~40min | 47min | ≤3.3h | 10~11h | ≤31h | |
| 抗压强度<br>（7d，20℃） | 抗拉强度<br>（7d，20℃） | 抗弯强度<br>（7d，20℃） | 与混凝土结合力（斜剪法） | 抗压弹性模量 | 抗拉剪结合力 | 线热膨胀系数 | |
| ≥99N/mm² | ≥38N/mm² | ≥52N/mm² | ≥39N/mm² | 23100N/mm² | ≥18.4N/mm² | ≤29×10⁻⁶m/mK | ≤0.103% |

（7）界面密合剂。在工程中使用与新老混凝土同水灰比的水泥净浆及掺膨胀剂的水泥浆等无机材料作界面剂取得比较好的黏结效果，与无机材料材料相比，聚合物材料有更好的黏结性能；但其存在弹性模量低、易燃、热膨胀系数大、成本高等不足，为使聚合物材料的优点得到发挥，很好地利用这一增强新老混凝土黏结强度的有效手段，各国对聚合物材料的改性研究正方兴未艾。

聚合物界面剂就是利用聚合物黏结性能好的特点，将一种或多种聚合物按合适的比例掺入水泥中对水泥净浆进行改性也可取得比较好的黏结效果。国内外使用于水泥净浆改性的聚合物品种较多，基本上分为三种类型，剂聚合物乳液、水溶性聚合物和液体树脂。用于改性水泥材料的聚合物必须满足：

（1）聚合物必须能在自然环境下成膜覆盖在水泥颗粒和骨料上，并与水泥基体形成强有力的黏结。

（2）聚合物网络必须具有阻止微裂缝生长的能力，通过横跨裂缝两壁的纤维的形成消耗能量来阻止裂缝的扩展。

在选择聚合物对水泥净浆进行改性时，其中聚灰比（聚合物分散体中固形物与水泥的重量比）的选择很重要，聚灰比对新老混凝土的黏结后的抗压强度、抗剪强度和抗拉伸强度等力学性能和弹性模量都产生重要的影响，一般聚灰比在 $5\%\sim10\%$ 范围内时，抗压强度和弹性模量会随加入聚合物而降低，并随聚灰比的加大而逐渐增加降低的程度；而抗拉伸强度和抗剪强度会随聚灰比的加大而逐渐增加。

界面胶涂抹前，要求涂抹表面无油脂、尘埃和松散物，表层干爽不湿或略带潮；可采用滚轮或涂刷方式进行涂刷，涂刷面积应与混凝土浇筑速度相适应，涂抹后必须在 1h 内覆盖混凝土。

### 8.3.2　结合面运行监测

尽量利用大坝加高前仍然完好的监测设施，但要在此基础上补充和完善；大坝加高前已有的监测项目，大坝加高后原则上均予以保留；外部观测与内部观测和渗流监测等仪器尽量结合布置，以便使几个方面的观测成果能相互验证和补充；各类监测仪器布置应突出重点，兼顾整体，力求少而精；运用当今网络、通信技术，实现安全监测的自动化和可视化。

为了大坝加高后运行中监测新老混凝土结合面的结合情况及变化趋势，应在结合面布置测缝计、温度计、钢筋计、渗压计等，用来监测缝面张开度、结合面及结合面附近温度变化、钢（锚）筋应力、缝面渗压大小等。

大坝加高后运行中的变形监测点，应并入原大坝的监测网络中，以便于监测。包括体形变形监测在内的监测点，蓄水前应读取监测的初始值；蓄水后的前期，应加密观测。

# 8.4　工程实例

### 8.4.1　丹江口大坝加高工程

（1）工程概况。南水北调中线丹江口工程采用了后帮贴整体重力式进行大坝加高。丹江口大坝始建于 1958 年，1973 年竣工，工程主要挡水建筑物由河床及岸边的混凝土重力坝和两岸土石坝组成，坝高 162m，坝总长 3442m，库容 173.5 亿 $m^3$。自右至左依次为：右岸土石坝段、联结坝段、泄洪深孔坝段、溢流表孔坝段、厂房坝段和右岸联结坝段及土石坝段。水电站厂房位于 25～32 号坝段下游，为坝后式厂房。装 6 台水轮发水电站机组，单机容量 150MW，总容量 900MW。通航建筑物布置在 3 坝段。

大坝加高工程于 2005 年 9 月 26 日开工，坝体高度从 162.0m 加高到 176.6m，加高高度为 14.6m，总库容增大至 339.1 亿 $m^3$，同时对坝身培厚；新建右岸土石坝；改建升船机，其规模由 150t 级提高到 300t 级；改造厂房发电机组。至 2010 年 3 月，混凝土坝段已全部加高至设计高程，整个加高工程包括闸门金属结构的更新改造等项目于 2013 年完成。加高工程中的混凝土工程主要为溢流坝段的溢流面和闸墩加固加高，其他混凝土坝段在原混凝土坝的基础上进行贴坡培厚和坝顶加高。

（2）新老混凝土结合施工。针对该工程新老混凝土结合面的联合受力问题，采取了凿除碳化的老混凝土、新增人工键槽、增设复合锚固体系、老坝体表面涂刷界面密合剂、增设界面混凝土、新浇混凝土温度控制等一系列综合措施，通过合理的工序安排，规范的施工工艺和操作方法，以及有效的过程控制，保证了新老混凝土结合面的处理质量，从而有效的改善新老坝体之间的传力方式和传力特性，确保了新老混凝土坝体联合作用状态，保障了坝体的安全运行。在丹江口大坝左岸工程新老混凝土结合面施工中，共完成混凝土结合面凿毛 $69053m^3$，新增人工键槽成型 6143m、新浇混凝土 $671398.2m^3$、砂浆锚杆 7924 根、锁口锚杆 753 根、接缝灌浆 $44296m^2$、涂刷界面密合剂 $12000m^2$。

1）人工键槽施工。在充分考虑各种因素及论证研究、必选的基础上，丹江口大坝加高工程最终采用的键槽形式为三角形键槽。其典型的结构设计为：按水平呈长条布置，排距 150cm，断面为不等边三角形，键槽长边投影 70cm，短边投影 40cm，深 30cm。

左岸大坝加高工程新增人工键槽分别布置于大坝的溢流、厂房和左联坝段部位，具体坝段号及工程量如下：

16～24 号溢流坝段包括 9 个坝段，共计键槽长度 835m；25～31 号厂房坝段共 6 个坝段，共计键槽长度 2455m；32～44 号左联坝段共 13 个坝段，共计键槽长度 2853m。上述键槽总计长度 6143m。全部采用金刚石无损切割和静态预裂结合的施工工法即"锯割静裂法"进行施工。

新增人工键槽的施工工艺流程如下：施工准备→键槽测量放线→安装导向支架和轨道→采用液压盘锯切割键槽下部面→用定位器辅助键槽上部面钻静裂孔→灌注静态破碎剂膨胀分离键槽混凝土形成键槽→键槽成型面凿毛→键槽成型面质量检测。

2）界面密合剂施工。丹江口大现工程修建于 20 世纪 60 年代，大项加高新浇混凝土施工后，新老混凝土在性能上存在较大的差异，其结合面处理十分重要，尤其是在闸墩、闸室等过流面部位。因此，选用一种好的混凝土界面剂就成为保证新老混凝土浇筑后保持整体性和质量的关键。

工程中常用的界面剂主要有水泥装、膨胀水泥装、环氧胶等，但是使用这类界面剂维修或加固的新老混凝土的黏结强度低、抗侵蚀能力差、耐久性差，有些界面剂对人和环境有毒害性，在此情况下，需要寻求一种性能更优异的界面剂以提高新老混凝土界面黏结强度。

A. 界面密合剂的选定。在长期的水电工程建设中，通过开展大量的新老混凝土结合面黏结性能对比试验研究，涉及黏结材料包括各种水泥浆、砂浆、改性富浆混凝土以及有机型环氧基胶结材料等，积累了丰硕的试验研究成果，对各种界面材料有了较深刻的认识，在此基础上根据丹江口大坝加高工程新老混凝土结合施工技术要求，经过反复试验，研制出了一种新型的无机界面材料 HTC 型界面密合剂。HTC 型界面密合剂进场抽检结果见表 8-4。

表 8 - 4　　　　　　　　　　　HTC 型界面密合剂进场抽检结果表

| 界面胶型号 | 检测项目 | | 计量单位 | 检测指标 | 检测值 |
|---|---|---|---|---|---|
| HTC-1 型<br>（共检测 3 组） | 凝结时间 | 初凝 | h | ≥5 | 7.73～9.08 |
| | | 终凝 | h | ≤14 | 11.03～12.84 |
| | 抗压强度 | 3d | MPa | ≥30 | 33.5～39.1 |
| | | 28d | MPa | ≥60 | 64.7～69.4 |
| | 黏结强度 | 28d | MPa | ≥5.0 | 5.3～7.4 |

B. HTC 型界面密合剂。HTC 型界面密合剂为无机粉剂，其施工要点：

a. 使用前打开包装，目测货用手捻检查界面密合剂是否有结块，如有结块，则弃用。

b. 使用时，按照水：界面密合剂料＝0.16：1 的比例加水拌制，可采用小型机械搅拌或人工拌和方式拌制。

c. 拌制好的界面密合剂浆体尽量在 45min 内涂刷完，若超过 45min 浆体流动性略有降低，可以加入少量水后搅拌使用，不会对界面密合剂效果产生影响。

d. 界面密合剂采用机械喷涂或人工涂刷。涂刷前对老混凝土面打毛、清理，保持基面为湿水面干状态，再涂刷 1 层密合剂浆液，图层厚度 1～3min 即可；新混凝土在涂层完全干透前浇筑，如果涂刷后较长时间不能浇筑混凝土，可在临浇筑前再刷 1 层界面密合剂即可。

e. 界面密合剂浆体涂刷后，在无风、无阳光照射的条件下，1h 内应覆盖新浇混凝土，应使浆体涂刷范围及速度与混凝土浇筑范围及速度相适应，如工程施工有特殊要求时，可调整密合剂配方延长图层开放时间。

3）复合锚固施工。

A. 锚杆施工。

a. 锚杆布置：丹江口大坝加高新老混凝土结合面处理采用的锚杆类型主要为砂浆锚杆，砂浆锚杆施工主要有一般锚杆和锁口锚杆两种。分布在 14～24 号溢流坝段、25～33 号厂房坝段等，锁口锚杆具体布置在坝体横缝、堰尾横缝等相关部位。

砂装锚杆采用梅花形布置，间排距为 2m×2m。一般锚杆为直径 25mm，$L＝300cm$，深入老混凝土内 150cm。锁口锚杆为直径 25mm，$L＝450cm$，深入老混凝土内 225cm，孔距 1m，距离横缝 50cm 布置。

b. 锚杆施工工艺。

布孔：锚杆施工前，由测量人员按照设计要求，放出每一锚杆孔的位置，孔位偏差控制在允许范围之内。

钻孔：采用 YT-28 型风钻钻孔，孔径为 40mm，锚杆钻孔孔位、角度、深度按照设计要求执行。

冲洗及检查：锚杆钻孔施工完成后，及时采用压力风或压力水进行冲洗，清除孔内积水和岩粉等杂物，清孔完成后进行钻孔质量检查。

注浆及锚杆安装：锚杆孔内采用 2SNS 型灌浆泵配合 JJS-2B 型搅拌桶注浆，NJ-6 型拌浆机制浆。水泥砂浆随拌随用，拌制均匀，防止石块或其他杂物混入。

注浆采用灌浆泵通过 PVC 注浆管，插入距孔底 5～10cm，随后边注浆边向外拔管，直到注满为止。注浆完成后立即安插锚杆，将锚杆插入孔底并对中。

保护：锚杆施工完成后，及时在孔口加楔固定，并使锚杆处于孔内居中部位，随后按相关要求对锚杆加以保护。

c. 检验和试验。

锚杆材质检验。每批锚杆均有质量合格证书，并按照规范规定的抽检数量检验材料性能。

浆材抗压强度试验。按规范规定在现场对浆材取样制作试块进行抗压强度试验。

注浆密实度试验。选取与现场锚杆的直径、长度、锚孔孔径和倾斜度相同的锚杆和塑料管，采用与现场注浆相同的材料和配比拌制的砂浆，并按现场施工相同的注浆工艺进行注浆，养护 7d 后，剖管检查其密实度，不同类型和不同长度的锚杆试验均分别进行。

抗拉拔力试验。砂浆锚杆灌注砂浆 28d 后，对其进行拉拔试验。按施工部位分区，每 300～400 根锚杆抽查 3 根作为 1 组进行试验，同一组的抗拔力最小值要求达到 120kN。当锚杆抗拔力达不到质量要求时，则重新检验或采取其他处理措施。

B. 水下锚杆施工。

a. 水下检查、清理。水下锚杆的施工部位包括门槽、溢流堰等部位。检查、清理工作主要有门槽的体形、堰面前端面体形检查及其表面积聚物的清理、门槽内钢筋头的处理等，水下检查与清理均由潜水员进行。特别是门槽底部高程 134.00m 的检查，要清除水下沉积物或积聚物及钢筋头，将表面清理干净并整平。

b. 锚杆施工。按照设计要求，在高程 134.00～138.00m 之间闸缴侧面布置有 8 根直径 25mm 水下锚杆，单根锚杆长度 1.5m，锚入闸墩混凝土内的深度 75cm。水下锚杆由潜水员采用液压钻水下钻孔，然后灌注锚固剂后安插锚杆。

C. 植筋施工。丹江口大坝加高施工植筋主要有闸墩部位植筋和门槽等部位植筋。

a. 闸墩部位植筋施工。植筋施工工艺流程为：钻植筋孔→切入段套管→导向段套管→掘进段套管→钻孔冲洗、检测→钢筋束制作安装→孔内注浆。

注浆施工质量控制措施有：注浆过程中及注浆后 48h 内，结构混凝土温度不得低于 5℃；当气温高于 35℃ 时，注浆作业在夜间进行；注浆作业开始之前和结束以后，及时对注浆设备和注浆管路用水润滑或清洗；注浆管路采用与灌浆压力相适应的耐压胶管，管口连接采用快速接头以保证注浆速度；注浆时，每一工作台班留取不少于 3 组 40mm×40mm×160mm 的棱柱体试件，标准养护 28d，检测其抗折、抗压强度，作为注浆材料的评定依据；注浆结束后，做好植筋保护，严禁碰撞植筋外露段以避免扰动。

b. 门槽等部位植筋施工。植筋布置。门槽等部位植筋施工主要包括 25 号、31 号、33 号坝段技术供水口门槽钢筋的上引植筋，26～31 号坝段检修门槽植筋，新坝顶油泵房植筋，厂房坝段高程 162.00m 工作门槽植筋，厂房坝段拦污栅排架钢筋的上引植筋，电梯井植筋等。植筋采用配筋型号为 Ⅱ 级螺纹钢，钢筋的直径分别为 12mm、16mm、18mm、20mm、22mm、25mm，对应的植筋孔的孔径分别为 20mm、22mm、25mm、28mm、30mm、32mm，植筋孔的孔深为 $(15～25)d$（$d$ 为钢筋直径）。

c. 施工步骤及方法。①现场植筋孔位测量放样、布孔。②钻植筋孔，采用冲击电钻或取芯钻机。③清洗孔壁，采用压力风和刷子。④孔内注浆，采用胶液注射器。⑤植筋安装，将植筋锚杆缓慢旋转插入孔底。⑥收孔及保护，清除孔口多余的植筋胶，进行植筋保护。

（3）结合面监测情况。丹江口混凝土坝由右岸连接坝段（右7～7号坝段）、河床坝段（8～33号坝段）、左岸连接坝段（34～44号坝段）三部分组成。为监测和掌握新老混凝土结合面的结合情况及变化趋势，在结合面上布置有测缝计、温度计、钢筋计、渗压计等，用来监测缝面张开度、结合面及结合面附近温度变化、钢（锚）筋应力、缝面渗压大小等。

1）右岸连接坝段结合面监测情况。选择右1号坝段和7号坝段作为监测的典型坝段，布设有温度计、测缝计、变位计、钢筋计、应变计等。右岸连接坝段结合面监测情况如下：

A. 结合缝开度。结合面分为斜面、垂直面和水平面三类。监测成果表明，除右1坝段水平缝外、测缝计开度测值为负值，表明缝面处于闭合稳定或结合紧密状态；右1坝段水平面测缝计测值表明缝面存在张开现象，最大开度值为0.89mm。

B. 锚杆（钢筋）应力。新老混凝土结合面钢筋计测值变化与温度呈负相关，测值基本稳定，一般小于12.97MPa，但R04YL7测值呈增大趋势，实测最大值约为17MPa。

C. 埋设于坝体内的4支渗压计，均基本处于无压状态。

D. 新混凝土内温度呈年周期变化，靠近老混凝土边界的温度变幅小，反之则大。同时，不同部位温度受气温影响不一，斜面贴坡和垂直贴坡区域温度变幅较小，坝顶加高区域混凝土内温度变幅较为大，最大年变幅为26.4℃。

2）河床坝段结合面监测情况。河床混凝土坝段共在4个坝段布设了监测断面，分别为深孔10号坝段、溢流坝段17号和21号坝段、厂房31号坝段。在深孔10号坝段布设有温度计、测缝计、裂缝计、变位计、钢筋计、应力计、渗压计等；在溢流17号和21号坝段布设有温度计、测缝计、变位计、钢筋计、应变计等；在厂房31号坝段布设有渗压计、钢筋（锚杆）计、无应力计、测缝计、基岩变形计、温度计等。河床坝段结合面监测情况如下：

A. 新老混凝土结合状况。新老混凝土结合面状况采用测缝计监测。10号坝段新老混凝土结合面测缝计监测成果表明缝面结合紧密，未发现脱开现象。31号坝段新老混凝土结合面测缝计监测成果表明部分缝面有脱开现象，实测最大张开值：斜面贴坡段0.44mm；垂直贴坡段0.21mm；坝顶加高水平段为0.27mm。少数部位存在渐渐增大趋势。

B. 锚筋（钢筋）应力变化。与新老混凝土结合面上测缝计成组埋设的钢筋计，实测钢筋应力变化与温度呈负相关，即温度升高，拉应力减小，反之增大。钢筋应力变化规律基本一致，应力测值在−13.53～13.23MPa之间。10号坝段高程137.50m并缝钢筋上的钢筋应力计，从2009年1月开始测值增大，最大值达56.4MPa，年变幅约50.72MPa且具有逐年增大趋势，其他部位并缝钢筋上的仪器实测最大钢筋应力18.9MPa。

C. 老混凝土温度。埋设在结合缝面以内深入老混凝土的3组温度计测值表明，均呈年周期变化。斜面贴坡段内温度计组所处部位 3m 厚度内温度年变幅小于 5℃，但坝顶加高段内温度计组所处部位 3m 厚度内温度年变幅 10 号坝段为 11℃；31 号坝段为 20℃。由此可以看出，不同部位受新浇混凝土的温度影响不一，斜面贴坡段结合面以内老混凝土内温度变化较小，坝顶加高段结合缝面以下老混凝土温度变化明显，这主要与边界条件有关。

D. 新混凝土温度。高程 162.00m 以下 10 号坝段温度计测值表明，靠近结合缝处的温度计测值年变幅小于接近坝坡外表的温度计测值年变幅，且靠近结合缝面的各高程温度计测值年变幅最大 6.65℃。接近坝坡外表的温度计测值受气温影响明显，温度测值最大变幅为 18℃。高程 162.00m 以下 31 号坝段温度计实测年变幅最大为 14.9℃，大部分仪器测值年变化幅度小于 10℃，接近坝坡外表部位受气温影响明显。但本坝段温度计测值规律性差，存在明显的观测误差。高程 162.00m 以上 10 号坝段温度计测值表明，靠近上游面的仪器测值大，靠近坝顶的仪器测值大，远离的仪器测值相对小。测值最大年变幅的仪器为 T37DB10，年变幅为 24.95℃，位于高程 174.00m，距上游面 3.0m；测值最小年变幅的仪器为 T29DB10，年变幅为 9.85℃，位于高程 162.00m，距上游面 25.5m。高程 162.00m 以上 31 号坝段温度计实测年变幅最大为 20.1℃，其仪器位于高程 174.00m，距上游面 11m。

由此可见，边界条件的不同，受气温的影响也不一致。斜面贴坡段混凝土温度年变幅小于坝顶加高段，且年变幅最大的仪器均位于高程 174.00m。

3）左岸连接坝段结合面监测情况。选择 34 号坝段作为监测的典型坝段，布设有温度计、测缝计、裂缝计、变位计、钢筋计、应变计、无应力计、应力计等。左岸连接坝段结合面监测情况如下。

A. 基岩变形测值表明，坝踵坝址处基岩均呈张拉变形，坝踵、坝趾处最大张开值达 1.0mm 以上。

B. 新老混凝土结合缝开度：斜坡段新老混凝土结合面略呈张开趋势，垂直结合面和水平面也处于脱开状态，开度约为 0.2mm 左右。

C. 新老混凝土结合缝钢筋应力与温度呈负相关，测值在 −15.97～41.86 MPa 之间。

D. 混凝土内裂缝计处于受压状态，仪器埋设部位未出现裂缝。

E. 坝趾处混凝土压应力受温度影响明显，与温度呈负相关。压应力最大测值约为 −1.04MPa。

# **9** 质 量 控 制

水利水电工程混凝土质量包括结构外观质量和内在质量。前者指结构的尺寸、位置、高程等；后者则指从混凝土原材料、设计配合比、配料、拌和、运输、浇筑等方面。所施工的混凝土工程质量应符合《水工混凝土施工规范》（DL/T 5144—2001）、《水利水电工程施工质量检验与评定规程》（SL 176—2007）、《水利水电工程单元工程施工质量验收评定标准 混凝土工程》（SL 632—2012）、《工程建设施工企业质量管理规范》（GB/T 50430—2007）等规定要求。

## 9.1 原材料的质量控制检查

### 9.1.1 水泥

水泥是混凝土的主要胶凝材料，水泥质量直接影响混凝土的强度及其性质的稳定性。运至工地的水泥应有生产厂家品质试验报告，工地试验室必须进行复验，必要时还要进行化学分析。水泥检验按同厂家、同品种、同强度等级编号和取样。中热硅酸盐水泥、低热硅酸盐水泥、低热矿渣硅酸盐水泥及通用硅酸盐水泥，以不超过 600t 为一取样单位；低热微膨胀水泥为 400t，抗硫酸盐水泥为 300t；不足一个取样单位的应按一个取样单位计。可采用机械连续取样，混合均匀后作为样品，其总量不少于 10kg。日常验收检验项目：比表面积（细度）、安定性、凝结时间、强度等。每季度都应对水泥品质按国家标准要求或合同要求进行一次全面检验。水泥的质量应符合国家现行标准和表 9-1、水泥的检验要求见表 9-2 的规定。

表 9-1　　　　　　　　　水 泥 的 技 术 要 求 表

| 序号 | 项　　目 | 技　术　要　求 |
|---|---|---|
| 1 | 比表面积/（m²/kg） | ≤350（对硅酸盐水泥、抗硫酸盐水泥） |
| 2 | 80μm 方孔筛筛余/% | ≤10.0（对普通硅酸盐水泥） |
| 3 | 游离 CaO 含量/% | ≤1.0 |
| 4 | 碱含量/% | ≤0.80 |
| 5 | 熟料中的 $C_3A$ 含量/% | 非氯环境下不应超过 8 |
| | | 氯盐环境下不应超过 10 |
| 6 | 氯离子含量/% | 不宜大于 0.10（钢筋混凝土） |
| | | ≤0.06（预应力混凝土） |

注　1. 当骨料具有碱—硅酸反应活性时，水泥的碱含量不应超过 0.60%。
　　2. C40 及以上混凝土用水泥的碱含量不宜超过 0.60%。

表 9-2 　　　　　　　　　　　水 泥 的 检 验 要 求 表

| 序号 | 检验项目 | 检 验 要 求 | |
|---|---|---|---|
| | | 质量证明文件检查 | 抽样试验检验 |
| 1 | 比表面积 | 每厂家、每品种、每批号检查供应商提供的质量证明文件。施工单位、监理单位均全部检查 | 下列情况之一时，检验一次：①任何新送货源；②使用同厂家、同批号、同品种的水泥达3个月且出厂日期达3个月的水泥。施工单位试验检验；监理单位平行检验或见证取样检测 | 同厂家、同批号、同品种、同强度等级、同出厂日期且连续进场的散装水泥每500t（袋装水泥每200t）为一批，不足上述数量时也按一批计。施工单位每批抽样试验1次；监理单位平行检验或见证取样检测的次数为施工单位抽样试验次数的10%或20%，但至少1次 |
| 2 | 烧失量 | | |
| 3 | 游离 CaO 含量 | | |
| 4 | MgO 含量 | | |
| 5 | SO₃ 含量 | | |
| 6 | Cl⁻ 含量 | | |
| 7 | 细度 | | |
| 8 | 凝结时间 | | |
| 9 | 安定性 | | |
| 10 | 强度 | | |
| 11 | 碱含量 | | |
| 12 | 助磨剂名称及掺量 | | |
| 13 | 石膏名称及掺量 | | |
| 14 | 混合材名称及掺量 | | |
| 15 | 熟料 C₃A 含量 | | |

## 9.1.2　掺合料

粉煤灰、硅灰、矿渣粉、磷渣粉、石灰石粉、火山灰等材料检验，按连续供应的同厂家、同种类、同等级编号和取样，以不超过 $200\sim400t$ 为一取样单位，硅粉为 $20t$。不足一个取样单位的应按一个取样单位计。每批产品出厂时应有产品合格证，主要内容包括：厂名、等级、出厂日期、批号、数量及品质检验结果等，使用单位对进场使用的掺合料应进行验收检验，粉煤灰使用前应进行放射性检验，掺合料验收检验项目见表 9-3。

表 9-3 　　　　　　　　　　　掺合料验收检验项目表

| 序号 | 种类 | | 验收检验项目 | 其他检验项目 |
|---|---|---|---|---|
| 1 | 粉煤灰 | F 类 | 细度、需水量比、烧失量和含水量 | 三氧化硫和游离氧化钙可按5~7批次检验1次 |
| | | C 类 | 细度、需水量比、烧失量、含水量、游离氧化钙和安定性 | 三氧化硫可按5~7批次检验1次 |
| 2 | 硅粉 | | 需水量、烧失量、含水量和活性指标 | 氯离子含量同一工程、同一配合比至少检验1次 |
| 3 | 矿渣粉 | | 密度、比表面积、活性指数、流动度比、含水量和三氧化硫 | 其他项目1年检验1次 |
| 4 | 磷渣粉 | | 密度、比表面积、活性指数及流动度比、含水量、五氧化二磷、三氧化硫和碱含量 | 如掺有石膏，增加对烧失量进行检验 |
| 5 | 石灰石粉 | | 细度、需水量比、烧失量和含水量 | 必要时对活性指数、氧化铝含量、碳酸钙含量和均匀性等进行检验 |
| 6 | 火山灰 | | 细度、需水量比、烧失量和含水量 | 必要时对密度、安定性、三氧化硫含量、活性指标、火山灰活性和碱含量进行检验 |

掺合料的品质检验项目和频率按现行国家和有关行业标准进行。掺合料应储存在专用仓库或储罐内，在运输和储存过程中应注意防潮，不得混入杂物，并应有防尘措施。

### 9.1.3 骨料

在筛分场每班检查 1 次各级骨料超逊径、含泥量、砂子的细度模数；在拌和厂检查砂子、小石的含水量、砂子的细度模数以及骨料的含泥量、超逊径。

(1) 细骨料（人工砂、天然砂）品质要求。细骨料应质地坚硬、清洁、级配良好；人工砂的细度模数宜在 2.4～2.8 范围内，天然砂的细度模数宜在 2.2～3.0 范围内。使用山砂、粗砂、特细砂应经过试验论证。

细骨料在开采过程中应定期或按一定开采数量进行碱活性检验，有潜在危害时，应采取相应措施，并经专门试验论证。

细骨料的含水率应保持稳定，宜控制在 ±10％ 以内，人工砂饱和面干的含水率不宜超过 6％，必要时应采取加速脱水措施。

细骨料的其他品质要求应符合表 9-4 的规定。

表 9-4　　　　　　　　　　　　　细骨料的其他品质要求表

| 项目 | | 指标 | | 备 注 |
|---|---|---|---|---|
| | | 天然砂 | 人工砂 | |
| 石粉含量/％ | | — | 6～18 | |
| 含泥量/％ | ≥$C_{90}30$ 和抗冻要求的 | ≤3 | — | |
| | <$C_{90}30$ | ≤5 | | |
| 泥块含量 | | 不允许 | 不允许 | |
| 坚固性/％ | 有抗冻要求的混凝土 | ≤8 | ≤8 | |
| | 无抗冻要求的混凝土 | ≤10 | ≤10 | |
| 表观密度/(kg/m³) | | ≥2500 | ≥2500 | |
| 硫化物及硫酸盐含量/％ | | ≤1 | ≤1 | 折算成 $SO_3$，按质量计 |
| 有机质含量 | | 浅于标准色 | 不允许 | |
| 云母含量/％ | | ≤2 | ≤2 | |
| 轻物质含量/％ | | ≤1 | — | |

(2) 粗骨料（碎石、卵石）品质要求。粗骨料的最大粒径：不应超过钢筋净间距的 2/3、构件断面最小边长的 1/4、素混凝土板厚的 1/2。对少筋或无筋混凝土结构，应选用较大的粗骨料粒径。

应控制各级骨料的超、逊径含量。以圆孔筛检验，其控制标准：超径小于 5％，逊径小于 10％。当以超、逊径筛检验时，其控制标准：超径为 0，逊径小于 2％。

采用连续级配或间断级配，应由试验确定。

各级骨料应避免分离。D20、D40、D80、D150（D120）分别用中径筛（10mm、30mm、60mm 或 115mm），方孔筛检测的筛余量应在 40％～70％ 范围内。

如使用含有活性骨料、黄锈和钙质结核等粗骨料，必须进行专门试验论证。

粗骨料表面应洁净，如有裹粉、裹泥或被污染等应清除。

粗骨料的压碎指标值宜采用表 9-5 的规定。

表 9 - 5 粗骨料的压碎指标值

| 骨料种类 | | 不同混凝土强度等级的压碎指标值/% | |
|---|---|---|---|
| | | $C_{90}55\sim C_{90}40$ | $\leqslant C_{90}35$ |
| 碎石 | 水成岩 | ≤10 | ≤16 |
| | 变质岩或深成的火成岩 | ≤12 | ≤20 |
| | 火成岩 | ≤13 | ≤30 |
| 卵石 | | ≤12 | ≤16 |

粗骨料的其他品质要求应符合表 9 - 6 的规定。

表 9 - 6　　　　　　　　　　　粗骨料的其他品质要求表

| 项　目 | | 指　标 | 备　注 |
|---|---|---|---|
| 含泥量/% | D20、D40 粒径级 | ≤1 | |
| | D80、D150 (D120) | ≤0.5 | |
| 泥块含量 | | 不允许 | |
| 坚固性/% | 有抗冻要求的混凝土 | ≤5 | |
| | 无抗冻要求的混凝土 | ≤12 | |
| 表观密度/(kg/m³) | | ≥2500 | |
| 硫化物及硫酸盐含量/% | | ≤0.5 | 折算成 $SO_3$，按质量计 |
| 有机质含量 | | 浅于标准色 | 如深于标准色，应进行混凝土强度对比试验，抗压强度比不应低于 0.95 |
| 吸水率/% | | ≤2.5 | |
| 针片状颗粒含量/% | | ≤15 | 经试验论证，可放宽至 25% |

（3）成品骨料的堆存和运输应符合下列规定。堆存场地应有良好的排水设施，必要时应设遮阳防雨棚。

各级骨料仓应设置隔墙等有效措施，严禁混料，并应避免泥土和其他杂物混入骨料中。

应尽量减少转运次数。卸料时，粒径大于 40mm 骨料的自由落差大于 3m 时，应设置缓降设施。

储料仓除有足够的容积外，还应维持不小于 6m 的堆料厚度。细骨料仓的数量和容积应满足细骨料脱水的要求。

在粗骨料成品堆场取料时，同一级料在料堆不同部位同时取料。

### 9.1.4　外加剂

外加剂应有出厂合格证，并经试验认可。外加剂应采用减水率高、坍落度损失小、适量引气、能明显改善或提高混凝土耐久性能的质量稳定产品。外加剂与水泥应有良好的相容性。外加剂验收检验的取样单位按掺量划分。外加剂掺量不小于 1% 时，以不超过 100t 为一取样单位；掺量小于 1% 时，不超过 50t；掺量小于 0.05% 时，不超过 2t。不足一个取样单位的应按一个取样单位计。外加剂验收检验项目和频次，按《混凝土外加剂应用技术规范》（GB 50119—2013）的规定执行。外加剂性能应满足表 9 - 7 的要求，外加剂的检验要求见表 9 - 8。

表 9 - 7　　　　　　　　　　外 加 剂 性 能 指 标 表

| 序号 | 项　目 | | 指标 | 备注 |
|---|---|---|---|---|
| 1 | 水泥净浆流动度/mm | | ≥240 | 按《混凝土外加剂匀质性试验方法》(GB/T 8077—2012)的规定检验 |
| 2 | $Na_2SO_4$ 含量/% | | ≤10.0 | |
| 3 | $Cl^-$ 含量/% | | ≤0.2 | |
| 4 | 总碱量（$Na_2O+0.658\ K_2O$）/% | | ≤10.0 | |
| 5 | 减水率/% | | ≥20 | 按《混凝土外加剂》(GB 8076—2008)的规定检验 |
| 6 | 含气量/% | 用于配置非抗冻混凝土时 | ≥3.0 | |
| | | 用于配置抗冻混凝土时 | ≥4.5 | |
| 7 | 坍落度保留值 /mm | 30min | ≥180 | 按《混凝土泵送剂》(JC 473—2001)的规定检验 |
| | | 60min | ≥150 | |
| 8 | 常压泌水率比/% | | ≤20 | 按《混凝土外加剂》(GB 8076—2008)的规定检验 |
| 9 | 压力泌水率比/% | | ≤90 | 按《混凝土泵送剂》(JC 473—2001)的规定检验 |
| 10 | 抗压强度比 /% | 3d | ≥130 | 按《混凝土外加剂》(GB 8076—2008)的规定检验 |
| | | 7d | ≥125 | |
| | | 28d | ≥120 | |
| 11 | 对钢筋锈蚀作用 | | 无锈蚀 | |
| 12 | 收缩率比 | | ≤135 | |
| 13 | 相对耐久性指标/% | | ≥80 | |

注　坍落度保留值、压力泌水率比仅对于泵送混凝土用外加剂而言。

表 9 - 8　　　　　　　　　　外 加 剂 的 检 验 要 求 表

| 序号 | 检验项目 | 检 验 要 求 | | |
|---|---|---|---|---|
| | | 质量证明文件检查 | 抽样试验检验 | |
| 1 | 匀质性 | 每品种、每厂家检查供应商提供的质量证明文件。施工单位、监理单位全部检查 | 下列情况之一时，检验一次：①任何新送货源；②使用同厂家、同批号、同品种的产品达6个月及出厂日期达6个月的产品。施工单位试验检验，监理单位平行检验或见证取样检测 | 同厂家、同批号、同品种、同出厂日期的产品每50t为一批，不足50t也按一批计。施工单位每批抽样检验1次；监理单位平行检验或见证取样检测的次数为施工单位抽样试验次数的10%或20%，但至少1次 |
| 2 | 水泥净浆流动度 | | | |
| 3 | $Na_2SO_4$ 含量 | | | |
| 4 | $Cl^-$ 含量 | | | |
| 5 | 碱含量 | | | |
| 6 | 减水率 | | | |
| 7 | 坍落度保留值 | | | |
| 8 | 常压泌水率比 | | | |
| 9 | 压力泌水率比 | | | |
| 10 | 含气量 | | | |
| 11 | 凝结时间差 | | | |
| 12 | 抗压强度比 | | | |
| 13 | 对钢筋的锈蚀作用 | | | |
| 14 | 耐久性指数 | | | |
| 15 | 收缩率比 | | | |

### 9.1.5 水

符合《生活饮用水卫生标准》（GB 5749—2006）要求的饮用水，可不经检验作为水工混凝土用水。地表水、地下水、再生水等，使用前应进行检验；使用期间，检验频率宜符合下列规定：

(1) 地表水每 6 个月检验 1 次。

(2) 地下水每年检验 1 次。

(3) 再生水每 3 个月检验 1 次；质量稳定 1 年后，可每 6 个月检验 1 次。

(4) 当发现水受到污染和对混凝土性能有影响时，应立即检验。

## 9.2 混凝土拌和质量控制检查

混凝土拌和时，必须严格遵守试验室签发的配料单进行称量配料，严禁擅自更改。控制检查的项目有：称量仪器准确性、拌和时间、拌和物均匀性、坍落度、取样检查。

### 9.2.1 称量仪器准确性

各种称量设备应经常检查，确保称量准确。称量的允许误差，不应超过表 9-9 的规定。

表 9-9 混凝土材料称量的允许偏差表

| 材料名称 | 称量允许偏差/% |
|---|---|
| 水泥、掺和料、水、冰、外加剂溶液 | ±1 |
| 骨料 | ±2 |

### 9.2.2 拌和时间

每班至少抽查 2 次拌和时间，保证混凝土充分拌和，拌和时间符合规范要求。拌和时间应通过实验确定，混凝土最小拌和时间见表 9-10。

表 9-10 混凝土最小拌和时间表

| 拌和机容量 $Q/m^3$ | 最大骨料粒径 /mm | 最小拌和时间/s | |
|---|---|---|---|
| | | 自落式拌和机 | 强制式拌和机 |
| $0.8 \leqslant Q \leqslant 1$ | 80 | 90 | 60 |
| $1 \leqslant Q \leqslant 3$ | 150 | 120 | 75 |
| $Q > 3$ | 150 | 150 | 90 |

注 1. 入机拌和量应在拌和机额定容量的 110% 以内。

2. 加冰混凝土的拌和时间应延长 30s（强制式 15s），出机的混凝土拌和物中不应有冰块。

### 9.2.3 拌和物均匀性

混凝土拌和物应均匀，经常检查其均匀性。检验混凝土拌和物均匀性时，在搅拌机卸料过程中，从卸料斗的 1/4～3/4 的部位取混凝土式样进行试验，检测结果符合下列规定：

(1) 混凝土拌和物应拌和均匀，颜色一致，不得有离析和泌水现象。

(2) 混凝土中砂浆密度两次测值的相对误差不应大于 0.8%。

(3) 单位体积混凝土中粗骨料含量两次测值的相对误差不应大于 5%。

### 9.2.4 坍落度

混凝土坍落度在出机口每 4h 应检测 1～2 次，其允许偏差见表 9-11。

表 9-11                           坍落度允许偏差表

| 坍落度/cm | 允许偏差/cm |
|---|---|
| ≤5 | ±1 |
| 5～10 | ±2 |
| >10 | ±3 |

### 9.2.5 取样检查

按规定在现场取混凝土试样作抗压试验，检查混凝土的强度。用于检查结构构件混凝土强度的试件，应在混凝土的浇筑地点随机抽取。取样与试件留置应符合《水工混凝土施工规范》（DL/T 5144—2001）的规定。混凝土试件的成型、养护及试验应按《水工混凝土试验规程》（DL/T 5150—2001）的规定执行。

（1）抗压强度：大体积混凝土 28d 龄期每 500m³ 成型 1 组，设计龄期每 1000m³ 成型 1 组；非大体积混凝土 28d 龄期每 100m³ 成型 1 组，设计龄期每 200m³ 成型 1 组。

（2）抗拉强度：28d 龄期每 2000m³ 成型 1 组，设计龄期每 3000m³ 成型 1 组。

（3）抗冻、抗渗或其他主要特殊要求应在施工中适当取样检验，其数量可按每季度施工的主要部位取样成型 1～2 组。

## 9.3 混凝土浇筑质量控制检查

### 9.3.1 混凝土运输

混凝土运输过程中应检查混凝土拌和物是否发生分离、漏浆、严重泌水及过多降低坍落度等现象。具体控制有下列要求：

（1）选择的混凝土运输设备及运输能力，应与拌和、浇筑能力、仓面具体情况相适应；所用的运输设备，应使混凝土在运输过程中不致发生分离、漏浆、严重泌水、过多温度回升和坍落度损失。当运至现场的混凝土发生离析现象时，应在浇筑前对混凝土进行二次搅拌，但不得再次加水。同时，运输两种以上强度等级、级配或其他特性不同的混凝土时，应设置明显的区分标志。

（2）混凝土在运输过程中，应尽量缩短运输时间及减少转运次数。掺普通减水剂的混凝土运输时间不宜超过表 9-12 的规定。因故停歇过久，混凝土已初凝或已失去塑性时，应作不合格处理。严禁在运输途中和卸料时加水。

表 9-12                           混凝土运输时间表

| 运输时段的平均气温/℃ | 混凝土运输时间/min |
|---|---|
| 20～30 | 45 |
| 10～20 | 60 |
| 5～10 | 90 |

（3）在高温或低温条件下，混凝土运输工具应设置遮盖或保温设施，以避免天气、气温等因素影响混凝土质量。

（4）混凝土的自由下落高度不宜大于 1.5m，超过时，应采取缓降或其他措施，以防止骨料分离。

（5）用汽车、侧翻车、侧卸车、搅拌运输车及其他专用车辆运送混凝土时，应遵守下列规定：

1）运输混凝土的汽车应为专用，运输道路应保持平整。

2）装载混凝土的厚度不应小于 40cm，车厢应平滑密封不漏浆。

3）每次卸料，应将所载混凝土卸净，并应适时清洗车厢（料罐）。

4）汽车运输混凝土直接入仓时，必须有确保混凝土施工质量的措施。

（6）用门式、塔式、缆式起重机以及其他吊车配吊罐运输混凝土时，应遵守下列规定：

1）起重设备的吊钩、钢丝绳、机电系统配套设施、吊罐的吊耳及吊罐放料口等，应定期进行检查维修，保证设备完好。

2）吊罐不得漏浆，并应经常清洗。

3）起重设备运转时，应注意与周围施工设备保持一定距离和高度。

（7）用各类带式机（包括塔带机、胎带机、顶带机等）运输混凝土时，应遵守下列规定：

1）混凝土运输中应避免砂浆损失，必要时适当增加配合比的砂率。

2）当输送混凝土的最大骨料粒径大于 80mm 时，应进行适应性试验，满足混凝土质量要求。

3）带式机卸料处应设置挡板、卸料导管和刮板。

4）带式机布料应均匀，堆料高度应小于 1m。

5）应有冲洗设施及时清洗皮带上黏附的水泥砂浆，并应防止冲洗水流入仓内。

6）露天带式机上宜搭设盖棚，以免混凝土受日照、风、雨等影响；低温季节施工时，应有适当的保温措施。

（8）用溜筒、溜管、溜槽、负压（真空）溜槽运输混凝土时，应遵守下列规定：

1）溜筒（管、槽）内壁应光滑，开始浇筑前应用砂浆润滑筒（管、槽）内壁；当用水润滑时应将水引出仓外，仓面必须有排水措施。

2）使用溜筒（管、槽），应经过试验论证，确定溜筒（管、槽）高度与合适的混凝土坍落度。

3）溜筒（管、槽）宜平顺，每节之间应连接牢固，应有防脱落保护措施。

4）运输和卸料过程中，应避免混凝土分离，严禁向溜筒（管、槽）内加水。

5）当运输结束或溜筒（管、槽）堵塞经处理后，应及时清洗，且应防止清洗水进入新浇混凝土仓内。

### 9.3.2 基础面、施工缝处理

开仓前应对基础面、施工缝的处理及钢筋、模板、预埋件等质量作最后一次检查。应符合《水工混凝土施工规范》（DL/T 5144—2001）的要求。

预埋件的结构型式、位置、尺寸以及所用材料的品种规格、性能指标必须符合设计要求和有关标准。

预埋件所用材料应有生产厂家的性能检测报告和出厂合格证。在使用前，应对其进行抽样（或全部）检测。不合格严禁使用。

预埋件材料及构件均不宜露天堆存，要防晒防潮。各种内部观测仪器应有库房存放和专人管理。

对已安装的埋件设施，在施工中应做好保护，保证不受损、不位移、不变形。

### 9.3.3 混凝土浇筑

严格按规范要求控制检查接缝砂浆的铺设、混凝土入仓铺料、平仓、振捣等内容。具体质量控制要求如下：

（1）建筑物地基必须验收合格后，方可进行混凝土浇筑的准备工作。

（2）岩基上的松动岩石及杂物、泥土均应清除。岩基面应冲洗干净并排净积水；如有承压水，必须采取可靠的处理措施。清洗后的岩基在浇筑混凝土前应保持洁净和湿润。

（3）浇筑混凝土前，应详细检查有关准备工作：包括地基处理（或缝面处理）情况，混凝土浇筑的准备工作，模板、钢筋、预埋件及止水设施等是否符合设计要求，并应做好记录。

（4）基岩面和新老混凝土施工缝面在浇筑第一层混凝土前，可铺水泥砂浆、小级配混凝土或强度等级的富砂浆混凝土，保证新混凝土与基岩或新老混凝土施工缝面结合良好。

（5）混凝土的浇筑，可采用平铺法或台阶法施工。应按一定厚度、次序、方向，分层进行，且浇筑层面平整。台阶法施工的台阶宽度不应小于2m。在压力钢管、竖井、孔道、廊道等周边及顶板浇筑混凝土时，混凝土应对称均匀上升。

（6）混凝土的浇筑坯层厚度，应根据拌和能力、运输能力、浇筑速度、气温及振捣器的性能等因素确定，一般为30～50cm。根据振捣设备类型确定浇筑坯层的允许最大厚度，参照表9-13的规定；如采用低塑性混凝土及大型强力振捣设备时，其浇筑坯层厚度应根据试验确定。

表9-13　　　　　　　　　　混凝土浇筑坯层的允许最大厚度表

| 振捣设备类别 | | 浇筑坯层允许最大厚度 |
| --- | --- | --- |
| 插入式 | 振捣机 | 振捣棒（头）长度的1.0倍 |
| | 电动或风动振捣器 | 振捣棒（头）长度的0.8倍 |
| | 软轴式振捣器 | 振捣棒（头）长度的1.25倍 |
| 平板式 | 无筋或单层根据结构中 | 250mm |
| | 双层钢筋结构中 | 200mm |

（7）混凝土应及时振捣，不应堆积。仓内若有粗骨料堆叠时，应均匀地分布于砂浆较多处，但不得用水泥砂浆覆盖，以免造成内部蜂窝。在倾斜面上浇筑混凝土时，应从低处开始浇筑，浇筑面应保持水平，在倾斜面处收仓面应与倾斜面垂直。混凝土振捣是保证混凝土密实的关键工序，混凝土振捣，应依据振捣棒的长度和振动作用有效半径，有次序地

分层振捣，振捣作业时应符合下列要求：

1）混凝土浇筑过程中，应随时对混凝土进行振捣并使其均匀密实。振捣宜采用插入式振捣器垂直点振，也可采用插入式振捣器和附着式振捣器联合振捣。混凝土较黏稠时，应加密振点分布。

2）混凝土振捣过程中，应避免重复振捣，防止过振。应加强检查模板支撑的稳定性和接缝的密合情况，防止在振捣混凝土过程中产生漏浆。

3）采用机械振捣混凝土时，应符合下列规定：采用插入式振捣器振捣混凝土时，插入式振捣器移动间距不宜大于振捣器作用半径的 1.5 倍，且插入下层混凝土内的深度宜为 50～100mm，与侧模应保持 50～100mm 的距离；当振动完毕需变换振捣棒在混凝土拌和物中的水平位置时，应边振动边竖向缓慢提出振动棒，不得将振动棒放在拌和物内平拖。不得用振动棒驱赶混凝土；表面振动器的移动距离应能覆盖已振动部分的边缘；附着式振动器的设置间距和振动能量应通过实验确定，并应与模板紧密连接；应避免碰撞模板、钢筋及其他预埋部件；每一振点的振捣延续时间宜为 20～30s，以混凝土不再沉落、不出现气泡、表面呈现浮浆为度，防止过振、漏振。

4）混凝土振捣完成后，应及时修整、抹平混凝土裸露面，待定浆后再抹第二遍并压光和拉毛。抹面时严禁洒水，并应防止过度操作影响表层混凝土质量。

（8）混凝土浇筑过程中，严禁在仓内加水；混凝土和易性较差时，必须采取加强振捣等措施；仓内的泌水必须及时排除；应避免外来水进入仓内，严禁在模板上开孔赶水，带走灰浆；应随时清除黏附在模板、钢筋和预埋件表面的砂浆。

（9）混凝土浇筑应保持连续性。

1）混凝土浇筑允许间歇时间应通过试验确定。掺普通减水剂混凝土的允许间歇时间见表 9-14。如因故超过允许间歇时间，但混凝土能重塑者，可继续浇筑。

表 9-14　　　　　　　　　混凝土允许间歇时间表

| 混凝土浇筑的气温 /℃ | 允许间歇时间/min | |
| --- | --- | --- |
| | 中热硅酸盐水泥、硅酸盐水泥、普通硅酸盐水泥 | 低热矿渣硅酸盐水泥、矿渣硅酸盐水泥、火山灰质硅酸盐水泥 |
| 20～30 | 90 | 120 |
| 10～20 | 135 | 180 |
| 5～10 | 195 | — |

2）如局部初凝，但未超过允许面积，则在初凝部位铺水泥砂浆或小级配混凝土后可继续浇筑。

（10）混凝土施工缝处理，应遵守下列规定：

1）混凝土收仓面应浇筑平整，在其抗压强度尚未到达 2.5MPa 前，不应进行下道工序的仓面准备工作。

2）混凝土施工缝面应无乳皮，微露粗砂。

3）毛面处理宜采用 25～50MPa 高压水冲毛机，也可采用低压水、风砂枪、刷毛机及人工凿毛等方法。毛面处理的开始时间由试验确定。采取喷洒专用处理剂时，应通过试验后实施。

（11）结构物混凝土达到设计顶面时，应使其平整，其高程必须符合设计要求。

### 9.3.4　混凝土养护

混凝土浇筑后，如气候炎热、空气干燥，不及时进行养护，混凝土中水分会蒸发过快，形成脱水现象，会使已形成凝胶体的水泥颗粒不能充分水化，不能转化为稳定的结晶，缺乏足够的黏结力，从而会在混凝土表面出现片状或粉状脱落。此外，在混凝土尚未具备足够的强度时，水分过早的蒸发还会产生较大的收缩变形，出现干缩裂纹。所以混凝土浇筑后初期阶段的养护非常重要，混凝土终凝后应立即进行养护，干硬性混凝土应于浇筑完毕后立即进行养护。养护应符合下列要求：

（1）混凝土浇筑完毕后，应及时洒水养护，保持混凝土表面湿润。

（2）混凝土表面养护的要求：混凝土浇筑完毕后，养护前宜避免太阳曝晒；塑性混凝土应在浇筑完毕 6～18h 内开始洒水养护，低塑性混凝土宜在浇筑完毕后立即喷雾养护，并及早开始洒水养护；混凝土应连续养护，养护期内始终使混凝土表面保持湿润。

（3）混凝土养护时间，不宜少于 28d，有特殊要求的部位宜适当延长养护时间。

（4）混凝土养护应有专人负责，并应作好养护记录。

## 9.4　混凝土外观质量和内部缺陷

混凝土外观质量主要检查体型尺寸、表面平整度（有表面平整要求的部位）、麻面、挂帘、错台、蜂窝、空洞、露筋、碰损掉角、表面裂缝等。重要工程还要检查内部质量缺陷，如用回弹仪检查混凝土表面强度、用超声仪检查裂缝、钻孔取芯检查各项力学指标等。对于混凝土质量缺陷应先进行认真检查，查明表面缺陷的部位、类型、程度和规模，将检查资料进行统计、整理，进行分析后统筹进行处理。

### 9.4.1　外观缺陷

混凝土外观缺陷是指混凝土构件在拆模后，表面显露的如体型偏差、麻面、蜂窝、露筋空洞、混凝土裂缝等外观缺陷。应对外观缺陷产生的原因进行分析，制定修补措施，经处理后满足混凝土设计质量要求。

（1）体型偏差。体型偏差是指浇筑的混凝土结构体型与设计图纸的要求不相符。

1）产生的原因：①对图纸不熟悉，安装的模板尺寸不符合设计要求，验收人员把关不严；②模板加固不牢靠，浇筑过程中产生跑模现象，并且处理不及时；③使用的模板质量较差，表面不平整。

2）预防措施：①加强质检人员教育，熟悉设计图纸，对浇筑部位心中有数，多人多部门分级验收；②各级质检人员验收仓号时，认真检查仓号准备工作，确保浇筑安全；③仓号浇筑过程中加强值班巡视，发现问题及时处理；④修复的旧模板经过质量验收合格后才能用于施工。

3）修补措施：①凿除超出体型尺寸的部分，并将外露表面处理平整、光滑；②将小于体型尺寸的部位凿毛，安装好模板，用同标号或高标号砂浆、混凝土进行浇筑修补。

（2）麻面。麻面是指混凝土表面呈现出无数绿豆大小的无规则的小凹点。

1）混凝土麻面产生的原因有：①模板表面粗糙、不平滑；②浇筑前没有在模板上洒水湿润，湿润不足，浇筑时混凝土的水分被模板吸去；③涂在钢模板上的油质脱模剂过厚，液体残留在模板上；④使用旧模板，板面残浆未清理或清理不彻底；⑤新拌混凝土浇灌入模后，停留时间过长，振捣时已有部分凝结；⑥混凝土振捣不足，气泡未完全排出，有部分留在模板表面；⑦模板拼缝漏浆，构件表面浆少，或成为凹点，或成为若断若续的凹线。

2）混凝土麻面的预防措施有：①模板表面应平滑；②浇筑前，不论是哪种模型，均需浇水湿润，但不得积水；③脱模剂涂擦要均匀，模板有凹陷时，注意将积水拭干；④旧模板残浆必须清理干净；⑤新拌混凝土必须按水泥或外加剂的性质，在初凝前振捣；⑥尽量将气泡排出；⑦浇筑前先检查模板拼缝，对可能漏浆的缝，设法封嵌。

3）混凝土麻面的修补措施：混凝土表面的麻点，如对结构无影响，可不做处理，如需处理，方法如下：①用稀草酸溶液将该处脱模剂油点，或污点用毛刷洗净，于修补前用水湿透；②修补用的水泥品种必须与原混凝土一致，砂子为细砂，粒径最大不宜超过1mm；③水泥砂浆配合比为1：（2～2.5），由于数量不多，可用人工在小灰桶中拌匀，随拌随用；④按照漆工刮腻子的方法，将砂浆用刮刀大力压入麻点内，随即刮平；⑤修补完成后，即用草帘或草席进行保湿养护。

（3）蜂窝。蜂窝是指混凝土表面无水泥浆，形成蜂窝状的孔洞，形状不规则，分布不均匀，露出石子深度大于5mm，不露主筋，但有时可能露箍筋。

1）混凝土蜂窝产生的原因：①配合比不准确，砂浆少，石子多；②搅拌用水过少；③混凝土搅拌时间不足，新拌混凝土未拌匀；④运输工具漏浆；⑤使用干硬性混凝土，但振捣不足；⑥模板漏浆，加上振捣过度。

2）混凝土蜂窝的预防方法：①砂率不宜过小；②计量器具应定期检查；③用水量如少于标准，应掺用减水剂；④计量器具应定期检查；⑤搅拌时间应足够；⑥注意运输工具的完好性，及时修理；⑦捣振工具的性能必须与混凝土的坍落度相适应；⑧浇筑前必须检查和嵌填模板拼缝，并浇水湿润；⑨浇筑过程中，有专人巡视模板。

3）混凝土蜂窝修补措施：如系小蜂窝，可按麻面方法修补。如系较大蜂窝，按下法修补：①将修补部分的软弱部分凿去，用高压水及钢丝刷将基层冲洗干净；②修补用的水泥应与原混凝土的一致，砂子用中粗砂；③水泥砂浆的配合比为1：2～1：3，应搅拌均匀；④按照抹灰工的操作方法，用抹子大力将砂浆压入蜂窝内刮平，在棱角部位用靠尺将棱角取直；⑤修补完成后即用草帘或草席进行保湿养护。

（4）露筋、空洞。主筋没有被混凝土包裹而外露，或在混凝土孔洞中外露的缺陷称之为露筋。混凝土表面有超过保护层厚度，但不超过截面尺寸1/3的缺陷，称之为空洞。

1）混凝土出现露筋、空洞的原因：①漏放保护层垫块或垫块位移；②浇灌混凝土时投料距离过高过远，又没有采取防止离析的有效措施；③搅拌机卸料入吊斗或小车时，或运输过程中有离析，运至现场又未重新搅拌；④钢筋较密集，粗骨料被卡在钢筋上，加上振捣不足或漏振；⑤采用干硬性混凝土而又振捣不足。

2）露筋、空洞的预防措施：①浇筑混凝土前应检查垫块情况；②应采用合适的混凝土保护层垫块；③浇筑高度不宜超过 2m；④浇灌前检查吊斗或小车内混凝土有无离析；⑤搅拌站要按配合比规定的规格使用粗骨料；⑥如为较大构件，振捣时专人在模板外用木槌敲打，协助振捣；⑦构件的节点、柱的牛腿、桩尖或桩顶、有抗剪筋的吊环等处钢筋的吊环等处钢筋较密，应特别注意捣实，加强振捣；⑧加强振捣，模板四周，用人工协助捣实，如为预制构件，在钢模周边用抹子插捣。

3）露筋、空洞的处理措施：①将修补部位的软弱部分及突出部分凿去，上部向外倾斜，下部水平；②用高压水及钢丝刷将基层冲洗干净，修补前用湿麻袋或湿棉纱头填满，使旧混凝土内表面充分湿润；③修补用的水泥品种应与原混凝土的一致，小石混凝土强度等级应比原设计高一级；④如条件许可，可用喷射混凝土修补；⑤安装模板浇筑；⑥混凝土可加微量膨胀剂；⑦浇筑时，外部应比修补部位稍高；⑧修补部分达到结构设计强度时，凿除外倾面。

（5）混凝土裂缝。

1）混凝土施工裂缝产生的原因：①曝晒或风大，水分蒸发过快，出现的塑性收缩裂缝；②混凝土塑性过大，成型后发生沉陷不均，出现的塑性沉陷裂缝；③配合比设计不当引起的干缩裂缝；④骨料级配不良，又未及时养护引起的干缩裂缝；⑤模板支撑刚度不足，或拆模工作不慎，外力撞击的裂缝。

2）预防方法：①成型后立即进行覆盖养护，表面要求光滑，可采用架空措施进行覆盖养护；②配合比设计时，水灰比不宜过大，搅拌时，严格控制用水量；③水灰比不宜过大，水泥用量不宜过多，灰骨比不宜过大；④骨料级配中，细颗粒不宜偏多；⑤浇筑过程应有专人检查模板及支撑；⑥注意及时养护；⑦拆模时，尤其是使用吊车拆大模板时，必须按顺序进行，不能强拆。

3）混凝土微细裂缝修补：①用注射器将环氧树脂溶液黏结剂或甲凝溶液黏结剂注入裂缝内；②注射时宜在干燥、有阳光的时候进行，裂缝部位应干燥，可用喷灯或电风筒吹干，在缝内湿气逸出后进行；③注射时，从裂缝的下端开始，针头应插入缝内，缓慢注入，使缝内空气向上逸出，黏结剂在缝内向上填充。

4）混凝土浅裂缝的修补：①顺裂缝走向用小凿刀将裂缝外部扩凿成 V 形，宽约 5～6mm，深度等于原裂缝；②用毛刷将 V 形槽内颗粒及粉尘清除，用喷灯为或电风筒吹干；③用漆工刮刀或抹灰工小抹刀将环氧树脂胶泥压填在 V 形槽上，反复搓动，务使紧密黏结；④缝面按需要做成与结构面齐平，或稍微突出成弧形。

5）混凝土深裂缝的修补：将微细缝和浅缝两种措施合并使用。①先将裂缝面凿成 V 形或凹形槽；②按上述办法进行清理、吹干；③先用微细裂缝的修补方法向深缝内注入环氧或甲凝黏结剂，填补深裂缝；④上部开凿的槽坑按浅裂缝修补方法压填环氧胶泥黏结剂。

## 9.4.2 混凝土内部缺陷

在混凝土结构施工过程中，由于质量管理或施工技术等原因，造成的混凝土内部缺陷，如内部孔洞、疏松或分层等，往往因混凝土表面尚好的假象而难以发现，更不能得到及时补强处理，形成了建筑结构的隐患，影响着整个建筑物的安全度。混凝土构件内部缺陷内部可采用超声法、冲击回波法和电磁波等非破损检测方法进行检测，必要时宜通过钻取混凝土芯样或剔凿进行验证。

（1）混凝土空鼓。混凝土空鼓常发生在预埋钢板下面。产生的原因是浇灌预埋钢板混凝土时，钢板底部未饱满或振捣不足。

1）预防措施。①如预埋钢板不大，浇灌时用钢棒将混凝土尽量压入钢板底部，浇筑后用敲击法检查；②如预埋钢板较大，可在钢板上开几个小孔排除空气，亦可作观察孔。

2）混凝土空鼓的修补。①在板外挖小槽坑，将混凝土压入，直至饱满，无空鼓声为止；②如钢板较大或估计空鼓较严重，可在钢板上钻孔，用灌浆法将混凝土压入。

（2）混凝土强度不足。

1）混凝土强度不足产生的原因：①配合比计算错误；②水泥出厂期过长，或受潮变质，或袋装重量不足；③粗骨料针片状较多，粗、细骨料级配不良或含泥量较多；④外加剂质量不稳定；⑤搅拌机内残浆过多，或传动皮带打滑，影响转速；⑥搅拌时间不足；⑦用水量过大，或砂、石含水率未调整，或水箱计量装置失灵；⑧秤具或秤量斗损坏，不准确；⑨运输工具灌浆，或经过运输后严重离析；⑩振捣不够密实。

2）混凝土强度不足时处理方案应由设计单位确定。常用处理措施如下：①强度相差不大时，先降级使用，待龄期增加，混凝土强度发展后，再按原标准使用；②强度相差较大时，经论证后采用水泥灌浆或化学灌浆补强；③强度相差较大而影响较大时，拆除返工。

# 10 主要安全技术措施

施工安全技术措施包括安全防护措施和安全预防措施，是安全保证计划的主要内容，是施工组织设计的组成部分。由于工程分为结构共性较多的"一般工程"和结构比较复杂的"特殊工程"故应当根据过程施工特点、不同的危险因素和季节要求，按照有关安全技术措施的规定，并结合以往的施工经验与教训，编制施工安全技术措施。工程开工前应进行安全技术措施交底。在施工中应通过下达施工任务书将施工技术交底落实到班组或个人。实施中应加强检查，进行监督，纠正违反安全措施的行为。

## 10.1 施工缝处理

混凝土工程施工缝处理主要是清除表面乳皮，形成糙面，铺设砂浆或富浆混凝土，以使新老混凝紧密结合。清除表层乳皮的主要方法有人工凿毛、机械凿毛、机械刷毛、压力水冲毛、风、砂枪冲毛、高压水冲毛机冲毛和喷洒缓凝剂等，其中以压力水冲毛、高压水冲毛机冲毛、人工凿毛、机械凿毛最常采用。施工缝处理作业时安全技术措施如下：

（1）冲毛、凿毛前应检查所有工具是否可靠。

（2）多人同在一个工作面内操作时，应避免面对面近距离操作，以防飞石、工具伤人。不得在同一工作面上下层同时操作。

（3）在较高垂直面上凿毛时，应搭设脚手架，严禁站在预埋件上作业，并拴好安全带。垂直面打毛时，作业面不得重叠。

（4）使用风钻、风镐凿毛时，应遵守风钻、风镐安全技术操作规程。在高处操作时应用绳子将风钻、风镐拴住，并挂在牢固的地方。

（5）检查风砂枪枪嘴时，应先将风阀关闭，并不得面对枪嘴，也不得将枪嘴指向他人。使用砂罐时须遵守压力容器安全技术规程。当砂罐与风砂枪距离较远时，中间应有专人联系。

（6）用高压水冲毛，应在混凝土终凝后进行。风、水管须装设控制阀，接头应用铅丝扎牢。

（7）使用冲毛机前，应对操作人员进行技术培训，合格后方可进行操作。操作时，应穿戴防护面罩、绝缘手套和长筒胶靴。

（8）使用刷毛机刷毛前，操作人员应严格遵守刷毛机的安全操作规程。操作人员每班作业前应检查刷盘与钢丝束连接是否牢固。一旦发现松动，应及时紧固，防止钢丝断丝、飞出伤人。

（9）手推电动刷毛机等电气设备电线接头、电源插座、开关钮应有防水措施。

（10）自行式刷毛机仓内行驶速度应控制在 8.2km/h 以内。

（11）采用混凝土表面处理剂处理毛面时，作业人员应穿戴好工作服、口罩、乳胶手套和防护眼镜，并用低压水冲洗。

（12）用电线路应使用木杆支撑，高度应不低于 2.5m，严禁采用裸线或麻皮线，电缆绝缘良好，并装有事故紧急切断开关或触电保安器。灯头应悬挂在不妨碍冲毛的安全高度。冲毛时，应防止泥水溅到电气设备或电力线路上。

（13）仓面冲洗时应选择安全部位排渣，以免冲洗时石渣落下伤人。

# 10.2 混凝土生产

混凝土生产是按照配合比设计的要求，将混凝土的各种原材料（水泥、骨料、水、外）加剂、掺合料等均匀拌和成为可供浇筑的混凝土料。混凝土生产作业时主要安全技术措施如下：

（1）螺旋输送机安全技术要求主要包括：启动前机械、电器应完好；机械转动的危险部位，应设防护装置。喂料口周围应有围栏，以防失误踏入螺旋机内；运转中应做到均匀喂料，并应注意机械各部分的声响和温度是否正常，无特殊情况，不得重载停机；螺旋机中间轴承的磨损情况应每天检查，并清理卡塞杂物；人工进料时，应防止破包、杂物等掉进螺旋机；处理故障或维修之前，必须切断电源。

（2）水泥提升机安全技术要求主要包括：开机前，应先搬动联轴节，检查有无卡住现象；试运转正常后，发出信号，方可进料；进料应均匀，以免进料过多发生拉坏翻斗、皮带跑偏、提升机开不动等故障。人工进料时，应防止拆包小刀、破包、杂物等掉入机内；运转中应检查皮带跑偏、跳动而引起斗壁碰撞的现象，必要时，应停机检查；每周应检查一次提升皮带料斗紧固及变形等情况，并按规定做好机械的维护保养工作；提升机机坑，不得积水。

（3）制冷机安全技术要求主要包括：氨压缩机及有氨的车间内，应有排风设备、消防设备及氨中毒急救药品和解毒饮料。氨压机车间或充氨地点应严禁吸烟，车间内空气中含氨量不得大于 $30mg/m^3$ 应具备可靠的水源。操作人员应有防氨面具、橡皮手套、胶靴以及急救药品。充氨人员开放氨瓶上阀门时，应站在连接管侧面缓慢开启。若氨瓶冻结，应把氨瓶移到较暖地方，也可用热水解冻，但严禁用火烘烤。

（4）氨瓶使用应符合下列要求：夏季不应放在日光暴晒的地方；不应放于易跌落或易撞击的地方；瓶内气体不能用净，必须留有剩余压力；氨瓶与明火安全距离不得小于10m，并应有可靠的防护措施。

制冷系统在投入运行前，必须进行系统密封性试验，其压力应达到规定值。如出现漏气，必须放尽气压后，方能处理，严禁在带气压情况下焊补。

（5）片冰机的安全技术要求主要包括：启动前，应检查设备是否正常，电源开关是否灵敏，机内是否有人，各孔盖、门是否关闭，确认完好无误，方可启动；片冰机上应装有自动报警信号。启动操作人员应先给启动信号，再启动片冰机运转；片冰机运转过程中，各孔盖、调刀门不得随意打开。因观察片冰机工作情况需打开孔盖、调刀门时，严禁观察人员将手、头伸进孔及门内；片冰机需调节供水量而转动机内水阀时，应先停机；遇有临时停电，应切断水泵、氨泵及片冰机电源，并关闭来水阀门；参加片冰机调整、检修工作的人员，不得少于3人，一人负责调整、检修；一人负责组织指挥（若调整、检修人员在片冰机内，指挥人员应在片冰机顶部）；另一人负责控制片冰机电源开关，应到指挥准确，操作无误；工作人员从片冰机进人孔进、出之前和在调整、检修工作的过程中，应切断片冰机的开关电源，并悬挂"严禁合闸"的警示标志，期间片冰机开关控制人员不得擅离工作岗位；片冰机工作车间，非工作人员禁止入内。

（6）混凝土拌和机的安全技术要求主要包括：①拌和机应安置在坚实的地方，用支架或支脚筒架稳，不得以轮胎代替支撑；②外露的齿轮、链轮等转动部位应设防护装置，电动机应接地良好；③开动拌和机前，应检查离合器、制动器、钢丝绳、倾倒机构是否良好，搅拌筒应用清水冲洗干净，不得有异物；④拌和机操作手在作业时间，不得私自离开工作岗位，不得随意让别人代替自己操作；⑤拌和机的机房、平台、梯道、栏杆应牢固可靠，机房内应配备除尘装置；⑥拌和机的加料斗升起时，严禁任何人在料斗下通过或停留，工作完毕后应将料斗锁好，并检查保护装置；⑦运转时，严禁将工具伸入搅拌筒内，不得向旋转部位加油，不得进行清扫、检修等工作；⑧现场检修时，应固定好料斗，切断电源，进入搅拌筒工作时，外面应有人监护。

（7）混凝土拌和楼（站）的安全技术要求主要包括：①混凝土拌和楼（站）机械转动部位的防护设施，应在每班前进行检查；②电气设备和线路应绝缘良好，电动机应接地，临时停电或停工时，必须拉闸、上锁；③压力容器应定期进行压力试验，不得有漏风、漏水、漏气等现象；④楼梯和挑出的平台，应设安全护栏，马道板不得腐烂、缺损，冬季应防止结冰溜滑；消防器材应齐全、良好，楼内不得存放易燃易爆物品，不得明火取暖；⑤楼内各层照明设备应充足，各层之间的操作联系信号应准确、可靠；⑥粉尘浓度和噪声不得超过国家规定的标准；机械、电气设备不得带"病"和超负荷运行，维修必须在停止运转后进行；⑦检修时，应切断相应的电源、气路，并挂上"有人工作，不准合闸"的标示牌；⑧进入料仓（斗）、拌和筒内工作，外面必须设专人监护。检修时应挂"正在修理，禁止开动"的标牌示警，非检修人员不得乱动气、电控制元件；⑨在料仓或外部高处检修时，应搭脚手架，并应遵守高处作业安全操作规程的有关规定；⑩设备运转时，不得擦洗和清理。严禁头、手伸入机械行程范围以内。

## 10.3　混凝土运输

混凝土运输是混凝土搅拌与混凝土浇筑的中间环节，直接影响混凝土的浇筑质量，应根据现场条件、浇筑部位、运输数量及距离等，选用合适的运输机具和运输线路，以最少的转运次数、最短的时间，将混凝土运送到浇筑地点。混凝土运输过程主要指包括水平运输和垂直运输，常用的运输机具主要有汽车、机车、塔（顶）带机、胎带机、带式机、无轨移动式起重机、轨道式（固定式）起重机、缆机、溜筒（管、槽）、吊罐和混凝土泵等。混凝土运输作业主要安全技术措施如下。

（1）汽车。①运输道路应满足施工组织设计要求；驾驶员应熟悉运行区域内的工作环境，遵守《中华人民共和国道路交通安全法》和有关规定，不得超载、超速、酒后及疲劳驾车；②驾驶室内不得乘坐无关的人员；③装卸混凝土的地点，应有统一的联系和指挥信号，装卸混凝土应听从信号员的指挥；④车辆不得在陡坡上停放，需要临时停车时，应打好车塞，驾驶员不得远离车辆；⑤自卸车直接入仓卸料时，卸料点应有挡坎，防止在卸料过程中溜车；⑥自卸车应保证车辆平稳、观察有无障碍后方可卸料；卸料后大箱落回原位后方可起动行驶；斜坡面满足不了车辆平衡时，不得卸料；自卸车混凝土卸不净时，作业人员不得爬上未落回原位的车厢上进行处理；夜间行车，应适当减速，并应打开灯光信号。

(2) 机车。①装卸混凝土应听从信号员的指挥，运行中应按沿途标志操作运行，信号不清、路况不明时，不得开车；②通过桥梁、道岔、弯道、交叉路口、复线段会车和进站时应加强瞭望，不得超速行驶；③栈桥上应限速行驶，栈桥的轨道端部应设信号标志和车挡等拦车装置；④两辆机车在同一轨道上同向行驶时，相距不得小于 60m，位于后面的机车应随时准备采取制动措施，两车同用一个道岔时，必须等对方车辆驶出并解除警示后或驶离道岔 15m 以外双方不致碰撞时，方可驶进道岔；⑤交通频繁的道口，应设移动式落地栏杆等防护装置，并设专人看守道口两侧；⑥危险地段应悬挂"危险"或"禁止通行"牌，夜间应设红灯示警；⑦机车和调度之间应有可靠的通讯联络，轨道应定期进行检查；机车通过隧洞前应鸣笛警示。

(3) 塔（顶）带机。①塔带机和皮带机输送系统的基础应专门设计；②塔带机安装或修复后，应按规定进行试运转，经国家有资格的检验部门检验合格后方可投入运行；③塔带机和皮带机输送系统各主要部位作业人员，不得缺岗。报话指挥人员，应熟悉起重安全知识和混凝土浇筑、布料的基本知识。做到指挥果断，吐词清晰，语言规范；④机上应配备相应的灭火器材，工作人员应会正确地使用，当发现火情时，应立即切断电源，用适当的灭火器材灭火；机上禁止使用明火。检修须焊、割时，周围应无可燃物，并有专人监护；⑤塔带机运行时，与相邻机械设备、建筑物及其他设施之间应有足够的安全距离，无法保证时应采取安全措施，司机应谨慎操作，接近障碍物前减速运行，指挥人员应严密监视；⑥当作业区的风速有可能连续 10min 达 14m/s 左右，或大雾、大雪、雷雨时，应暂停布料作业，将皮带机上混凝土卸空，并转至顺风方向。当风速大于 20m/s 时，暂停进行布料作业，并应将大臂和皮带机转至顺风方向，把外布料机置于支架上；⑦应依照维护保养周期表，作好定期润滑、清理、检查及调试工作；⑧严禁在运转过程中，对各转动部位进行检修或清理工作；⑨开机前，应检查设备的状况以及人员的到岗等情况。如果正常，应按铃 5s 以上警示后，才能开机，停机前应把受料斗、皮带上混凝土卸完，并清洗干净。

(4) 胎带机。①胎带机必须经国家有资格的检验部门检验合格后方可投入运行；②胎带机停放位置应稳定、安全，支撑应牢固、可靠；胎带机从一个地点转移到另一个地点，折叠部分和滑动部分应放回原位，并定位锁紧，不得超速行驶；③胎带机在支腿撑开之前，必须处于"行走状态"（伸缩臂和配重臂都缩回）；④胎带机在伸展配重臂和伸缩臂之前，必须撑开承力支腿；⑤胎带机输送机的各部分应与电源保持一定的距离；⑥伸缩式皮带机和给料皮带机不得同时启动，辅助动力电动机和盘发动机不得同时启动，以免发电机过载；⑦胎带机各部位回转或运行时，各部位应有人监护、指挥；⑧应避免皮带重载启动。皮带启动前应按铃 5s 以上示警；⑨一旦有危险征兆出现（包括雷、电、暴雨等），应即刻中断胎带机的运行。正常停机前，应把受料斗内、皮带上混凝土卸完，并清洗干净。

（5）带式机。①带式机布置位置应平整，基础应牢固，安装、运行时应遵守该设备的安全操作技术规程；带式机覆盖范围内应无障碍物、高压线等危险源；②带式机的操作控制柜（台）应布置在布料机附近的安全位置，电缆摆放应规范、整齐；③带式机下料时，振捣人员应离下料处一定距离。待带式机旋转离开后，方可振捣混凝土；④带式机在伸缩或在旋转过程中，应有专人负责指挥。皮带机正下方不得有人活动，以免皮带机上的骨料掉下伤人。

（6）无轨移动式起重机。①起重机必须经国家有资格的检验部门检验合格后方可投入运行；②操作人员应身体健康，持证上岗；③轮胎式起重机应配备上盘、下盘司机各 1 名；④应定期检查起吊钢丝绳及吊钩的状况，如果损坏或磨损严重，应及时更换，起重机内部各零件、总成等应完整，如有丢失应补全或恢复；⑤起重机上配备的变幅指示器、重量限制器和各种行程限位开关等安全保护装置不得随意拆封，不得以安全装置代替操作机构进行停车；⑥起重机浇筑混凝土时，司机不得从事与操作无关的事情或闲谈；⑦夜间浇筑时，机上及工作地点应有充足的照明；⑧遇上六级以上大风或雷雨、大雾天气，应停止作业；⑨轮胎式起重机在公路上行驶时，应执行汽车的行驶规定；⑩轮胎式起重机进入作业现场，应检查作业区域和周围的环境。应停放在作业点附近平坦、坚实的地面上，支腿应用垫木垫实。作业过程中不得调整支腿。

（7）轨道式（固定式）起重机。①轨道式（固定式）起重机（门座式、门架式、塔式、桥式）轨道基础应专门设计，并应满足相应型号设备的安全技术要求，轨道两端应设置限位装置，距轨道两端 3m 处应设置碰撞装置，轨道坡度不得超过 1/1500，轨距偏差和同一断面的轨面高差均不得大于轨距的 1/1500，每个季度应采用仪器检查 1 次，轨道应有良好的接地，接地电阻不得大于 $10\Omega$，起重机应按规定配备行走、回转、变幅、升降、荷载等安全保护装置，并确保灵敏、准确、可靠，严禁利用限制器和限位装置代替操纵机构；②起重机各个结构部分的螺栓扭紧力矩应达到设备规定的要求，焊缝外观及无损检测应满足规范要求，连接销轴应安装到位并装上开口销；③起重机的各电气安全保护装置应处于完好状态，高压开关柜前应铺设橡胶绝缘板，电气部分发生故障，应由专职电工进行检修，维修使用的工作灯电压应在 36V 以下，各保险丝（片）的额定容量不得超过规定值，不得任意加大，不得用其他金属丝（片）代替；起重机应配置备用电源或其他的应急供电方式，以防起重机在浇筑过程中突然断电而导致吊罐停留在空中；④起重机上必须配置合格的灭火装置，电气失火时，应立即切断有关电源，应用绝缘灭火器进行灭火；⑤起重机安装或修复后，应按规定进行试运转，经国家有资格的检验部门检验合格后方可投入运行，起重机司机应无心脏病、高血压、精神病等疾病，并具备高空作业的身体条件，熟悉本机构造性能、驾驶规定、操作方法、保养规程和作业信号规则，具有熟练的操作技能；⑥起重机运行时应遵守所在施工现场的安全管理规定及其他相关安全要求；起重机司机应按指挥人员发出的信号操作，操作前应鸣号，发现停车信号（包括非指挥人员发出的停车信号）应立即停车；⑦起重机夜间工作时，机上及作业区域应有足够的照明，臂杆及竖塔顶部应有警戒信号灯；⑧起重机司机饮酒后和非本机司机均不得登机操作；⑨起吊重量不得超过本机的额定起重量，禁止斜吊、拉吊；⑩当气温低于零下15℃或遇雷雨大雾和六级以上大风时，不得作业。大风前，吊钩应升至最高位置，臂杆落至最大幅度并转至顺风方向，锁住回转制动踏板，台车行走轮应采用防爬器卡紧；⑪起重机上严禁用明火取暖，用油料清洗零件时不得吸烟，废油及擦拭材料不得随意泼洒；⑫起重机安装后应每隔2～3年重新刷漆保护一次，以防金属结构锈蚀破坏。

（8）缆机。①缆机（平移式、辐射式、摆塔式）轨道基础应专门设计，并应满足相应型号设备的安全技术要求，轨道两端必须设置限位器；②缆机上的各种安全保护装置，应配置齐全，并确保灵敏、准确、可靠，如有缺损，应及时补齐、修复，否则，不得投入运行；③缆机安装或修复后，应按规定进行试运转，经国家有资格的检验部门检验合格后方可投入运行；④司机应无心脏病、高血压、精神病等疾病，并具备高空作业的身体条件，应熟悉本机性能、构造和机械、电气、液压的基本原理及维修要求，熟练掌握操作技能；⑤司机工作时应精力集中，听从指挥，不得擅离岗位，不得从事与工作无关的事情，不得用机上通信设备进行与施工无关的通话；⑥起吊重量不得超过本机的额定起重量，起吊时，应垂直提升，禁止斜吊、拉吊，不得采用安全保护装置来达到停车的目的；⑦不得在吊罐的下部或侧面另外吊挂物件；⑧夜间照明不足或看不清吊罐或指挥信号不清的情况下，不得起吊；⑨应定期作好缆机的润滑、检查及调试、保养工作。

（9）溜筒（管、槽）。①溜筒（管、槽）搭设应稳固可靠，且应搭设巡查、清理人员的行走马道与护栏，使用前应经技术与安全部门验收；②溜筒（管、槽）坡度最大不应超过60°，超过60°时，应在溜筒（管、槽）上加设防护罩（盖），以防止石头滚出；③溜筒（管、槽）宜采用钢丝绳、铅丝或麻绳连接牢固，使用前应逐一检查，磨损严重时应及时更换；④用溜筒（管、槽）浇筑混凝土，每罐料下料开始前，在得到同意下料信号后方可下料，溜筒（管、槽）下部人员应与下料点有一定的安全距离，以避免骨料滚落伤人，溜筒（管、槽）使用过程中，底部不得站人；⑤下料溜筒（管、槽）被混凝土堵塞时，应停止下料，及时处理。处理时不得在溜筒（管、槽）上攀爬；搅拌车下料应均匀，自卸车下料应有受料斗，卸料口应有控制设施。垂直运输设备下料时不得使用蓄能罐，应采用人工控制罐供料，卸料处宜有卸料平台；北方地区冬季，不宜使用溜筒（管、槽）方式入仓。

（10）吊罐。①吊罐使用前，应对钢丝绳、平衡梁（横担）、吊锤（立罐）、吊耳（卧罐）、吊环等起重部件进行检查，如有破损，严禁使用；②吊罐的起吊、提升、转向、下降和就位，应听从指挥，指挥人员应持证上岗，指挥信号应明确、准确、清晰；起吊前，指挥人员应得到挂罐人员的明确信号，才能指挥起吊；③起吊时应慢速，并应吊离地面30～50cm时进行检查，在确认稳妥可靠后，方可继续提升或转向；④吊罐吊至仓面，下落到一定高度时，吊罐下降和吊机转向、行车速度均应减慢，并避免紧急刹车，以免吊罐晃荡撞击人体、模板、支撑、拉条和预埋件等。吊罐停稳后人员方可上罐卸料，卸料人员卸料前应先挂好安全带；吊罐卸完混凝土，应即关好斗门，并将吊罐外部附着的骨料、砂浆等清除后，方可吊离，吊罐放回平板车时，应缓慢下降，对准并旋转平衡后方可摘钩，不摘钩吊罐放回时，挡壁上应设置防撞弹性装置，并应及时清除搁罐平台上的积渣，以确保吊罐的平稳；吊罐正下方严禁站人。吊罐在空间摇晃时，不得扶拉。吊罐在仓内就位时，不得斜拉硬推；吊罐应定期检查、维修，立罐门的托辊轴承、卧罐的齿轮，应定期加油润滑；罐门把手、震动器固定蝶栓应定期检查紧固，防止松脱坠落伤人；当混凝土在吊罐内初凝，不能用于浇筑时，可采用翻罐方式处理废料，但应采取可靠的安全措施，并有带班人在场监护，以防发生意外；吊罐装运混凝土，严禁混凝土超出罐顶，以防坍落伤人；气动罐、蓄能罐卸料弧门拉绳不宜过长，并应在每次装完料、起吊前整理整齐，以免吊运途中挂上其他物件而导致弧门打开、引起事故。

(11) 混凝土泵。①混凝土泵车应经国家有资格的检验部门检验合格后方可投入运行；②混凝土泵应设置在场地平整、坚实、具有重车行走条件的地方，应有足够的场地保证混凝土供料车的卸料与回车；③混凝土泵的作业范围内，不得有障碍物、高压输电线，应有高处作业的防范措施；④安置混凝土泵车时，支腿应完全伸出，插好安全销，并保持机身的水平和稳定。在软弱场地应在支腿下垫枕木，以防止混凝土泵的移动或倾翻；⑤混凝土输送泵管架设应稳固，泵管出料口不应直接正对模板，泵头宜接软管或弯头；⑥作业前应按照混凝土泵使用安全规定进行全面检查，符合要求后方能运转；⑦溜槽、溜管给泵卸料时应有信号联系，垂直运输设备给泵卸料时宜设卸料平台，不得采用混凝土蓄能罐直接给料，卸料应均匀，卸料速度应与泵输出速度相匹配；⑧供料过程中泵不得回转，进料网不得随意取掉，不得将棉纱、塑料等杂物混入进料口，不得用手清理混凝土或堵塞物，混凝土输送管道应定期检查（特别是弯管和锥形管等部位的磨损情况），以防爆管；⑨当混凝土泵出现压力升高且不稳定，油温升高、输送管有明显振动等现象发生，致使泵送困难时，应立即停止运行，并采取措施排除；⑩混凝土泵运行结束后，应将混凝土泵和输送管清洗干净，清洗时，操作人员应离开管道出口和弯管接头处，在排除堵塞物、重新泵送或清洗混凝土泵前，混凝土泵的出口应朝安全方向，以防堵塞物或废浆高速飞出。

# 10.4　混凝土平仓振捣

混凝土平仓是将卸入仓内的混凝土料，按规定要求均匀铺平。平仓可用插入式振捣器或平仓振捣机平仓振捣。振捣是保证混凝土密实的关键工序，应使振点均匀排列，有序振捣，避免漏振。混凝土平仓振捣作业主要安全技术措施如下：

(1) 浇筑混凝土前应全面检查仓内排架、支撑、模板及平台、漏斗、溜筒等是否安全可靠。

(2) 仓内脚手脚、支撑、钢筋、拉条、预埋件等不得随意拆除、撬动。如需拆除、撬动时，应征得施工负责人的同意。

(3) 平台上所预留的下料孔，不用时应封盖。平台除出入口外，四周均应设置栏杆和挡板。

(4) 仓内人员上下应设置爬梯，不得从模板或钢筋网上攀登。

(5) 吊罐卸料时，仓内人员应注意避开，不得在吊罐正下方停留或工作。接近下料位置时，应减慢下降速度。

(6) 平仓振捣过程中，应观察模板、支撑、拉筋等是否变形。如发现变形有倒塌危险时，应立即停止工作，并及时报告。使用大型振捣器和平仓机时，不得碰撞模板、拉条、钢筋和预埋件，以防变形、倒塌。不得将运转中的振捣器，放在模板或脚手架上。浇筑高仓位时，要防止工具和混凝土骨料掉落仓外。

（7）使用电动式振捣器时，应有触电保安器或接地装置，搬移振捣器或中断工作时，应切断电源。湿手不得接触振捣器的电源开关，振捣器的电缆不得破皮漏电。

（8）下料溜筒被混凝土堵塞时，应停止下料，立即处理。处理时不得直接在溜筒上攀登。

（9）电气设备的安装拆除或在运转过程中的故障处理，均应由电工进行。

（10）吊运平仓机、振捣臂、仓面吊等大型机械设备时，应检查吊索、吊具、吊耳是否完好，吊索角度是否适当。

# 10.5  混凝土养护

水工混凝土养护是混凝土生产中周期最长的工艺过程，养护时间视当地气候条件及水泥品种而定，一般养护从混凝土浇筑完毕 12～18h 开始，并持续 21～28d。多采用洒水进行自然养护，还有喷涂薄膜养护和塑膜包裹养护方法，使混凝土表面保持湿润，实现养护目的。混凝土养护作业时主要安全技术措施如下：

（1）用软管洒水养护时，应将水管接头连接牢固，移动皮管不得猛拽。

（2）电器设备应做好防护，养护用水不得喷射到电线和各种带电设备上，养护人员不得用湿手移动电线。

（3）养护仓面上遇有沟、坑、洞时，应设明显的安全标志，必要时铺设安全网或设置安全栏杆，严禁施工作业人员在不易站稳的位置进行洒水养护作业。

（4）养护水管应随用随关，不得使交通梯道、仓面出入口、脚手架平台等处有长流水。

（5）采用化学喷剂进行养护时，应事先对工人进行安全防护、施工工艺等方面的培训，了解化学喷剂的特性，防止发生中毒、过敏、火灾等事故。

（6）电热法养护作业时，应设警示标志、围栏，无关人员不得进入养护区域。

（7）蒸汽养护时，作业人员应注意防止烫伤。

（8）覆盖物养护材料使用完毕后，应及时清理并存放到指定地点，码放整齐。

# 10.6  混凝土表面保护

表面保护是防止表面裂缝的最有效措施，特别是混凝土浇筑初期内部温度较高时尤应注意表面保护。应用于水电工程的保护（温）材料有珍珠岩、纤维板、聚乙烯、聚苯乙烯等。混凝土表面保护材料的施工方法，可分为平铺法、外挂法、外贴法、内模法和喷涂法等，喷涂就是直接将保温材料用喷板喷在混凝土面上，利用材料发泡形成一定厚度的保温层而形成混凝土的表面保护。一般来说，内模较外贴简便，并避免了高空作业，有利于提高混凝土表面保护质量，但对于混凝土表面平整度要求很高，溢流坝面或其他特殊要求的混凝土面，则应以外贴为宜。此外，在高温季节浇筑的混凝土而要到低气温季节或寒潮来临前才需要表面保护时，应采用外贴。混凝土表面保护作业主要安全技术措施如下：

（1）在混凝土表面保护工作的部位，作业人员应精力集中，佩戴安全防护用品。

（2）混凝土立面保护材料应与混凝土表面贴紧，并用压条压接牢靠，以防风吹掉落伤人。采用脚手架安装、拆除时，应符合脚手架安全技术规程的规定；采用吊篮安装、拆除时，应符合吊篮安全技术规程的规定。

（3）混凝土水平面的保护材料应采用重物压牢，防止风吹散落。

（4）竖向井（洞）孔口应先安装盖板，然后方可覆盖柔性保护材料，并应设置醒目的警示标识。

（5）水平洞室等孔洞进出口悬挂的柔性保护材料应牢靠，并应方便人员和车辆的出入。

（6）混凝土保护材料不宜采用易燃品，气候干燥的地区和季节，应做好防火工作。

## 10.7　高空作业

混凝土工程高空作业范围包括：大型施工设备安装拆除、养护保温材料挂拆、消缺处理、排架搭设、模板安装拆除等交叉作业，混凝土工程高空作业主要安全技术措施如下：

（1）高空作业实施前，必须给高空作业人员进行安全技术交底，严格按高处作业规定执行和遵守安全纪律。

（2）对于高空作业的施工用材，支撑件及连接件材质不低于国家要求的标准，安全网保持完好，使用宽度不小于3m，长度不小于6m，网眼不大于100mm的维纶、锦纶、尼龙等材料编织的标准安全网，其性能要符合国家规定和冲韧试验规定。

（3）高空作业时使用统一规定的信号、旗语、手势、哨等与地面联系。

（4）施工人员必须戴好安全帽，系好安全带。现场必须设警戒区域，张挂醒目的警戒标志，警戒区域内严禁操作人员通行或在作业下方继续组织施工，地面指派专职监护人员。

（5）脚手架要承受施工过程中的各种垂直和水平荷载，要保证在各种荷载作用下不发生失稳倒塌以及超过容许要求的变形、倾斜、摇晃或扭曲现象，因此，脚手架必须具有足够的承载能力，刚度和稳定性，以确保安全。

（6）在高度5m以上高危作业时，必须采用"双保险"，不得使用不合格安全带（绳），严禁不规范使用"双保险"的情况如：挂点不牢、低挂高用、多人共用一绳、与物混用等。

（7）高空作业所使用的工具、材料必须有防坠落措施，材料应随用随吊，及时调整，用后及时清理，严禁使用抛掷方法传递工具、材料，小型材料或工具应放入箱通、筒或袋内。

## 10.8　雨季作业

混凝土工程雨季作业时主要安全技术措施如下：

（1）雨季到来之前，检查排水沟是否畅通，凡不通者应修理完善。

（2）雨天进行高处作业时，采取可靠的防滑措施。高耸建筑物、构筑物或钢井架设置避雷设施。接地电阻不大于4Ω。

（3）强风、浓雾恶劣气候不得从事高处作业。强风、暴雨后，对高处作业设施逐一进行检查，发现有松动、变形、损坏等现象，立即修理完善。

（4）施工机具要备有防雨罩或放置于屋棚内，电器设备的电源线要悬挂起来，不能拖在地上，下班勿忘关电闸，安全电压的应用、防漏电设施要有措施。

# 10.9　冬季作业

混凝土工程冬季作业时主要安全技术措施如下：

（1）当室外日平均气温连续5d稳定低于5℃、且最低气温低于−3℃时，应编制冬季施工作业计划，并应制定防寒、防毒、防滑、防冻、防火、防爆等安全措施。

（2）施工道路应采取防滑措施。遇有霜雪，施工现场的脚手板、斜坡道和交通要道应及时清扫或采取防滑措施。

（3）施工机械设备要加强冬季养护，注意防冻。

（4）采用电热法施工，应指定电工协同操作，非相关人员严禁在电热区操作，现场周围均应设立有警示标志和防护栏杆，并有良好照明及信号，加热的线路要保证绝缘良好，工作人员应使用绝缘防护用品。

（5）采用暖棚法时，暖棚宜采用不易燃烧的材料搭设，并应制定防火措施，配备相应的消防器材，并加强防火安全检查。

# 11 工 程 实 例

## 11.1 三峡水利枢纽二期工程混凝土重力坝工程

### 11.1.1 工程概况

三峡水利枢纽工程位于湖北省宜昌市境内的长江干流，坝址地处长江西陵峡中段三斗坪镇江心小岛中堡岛，距下游已建成的葛洲坝水利枢纽 38km，是世界上规模最大的水利枢纽工程，由大坝、水电站厂房、通航建筑物和防护坝等主要建筑物组成。正常蓄水位 175.00m，水库全长 600 余 km，水面平均宽度 1.1km，总面积 1084km$^2$，总库容 393 亿 m$^3$，其中防洪库容 221.5 亿 m$^3$，最大下泄流量可达 10 万 m$^3$/s，调节能力为季调节型。左、右岸坝后电站共安装单机容量 700MW 的水轮发电机组 26 台，连同扩建的右岸地下电站（6×700MW）和电源电站（2×50MW），三峡水利枢纽工程水电站总装机容量达 22500MW，为世界第一。

三峡水利枢纽工程大坝坝体为混凝土重力坝，坝轴线全长 2335m，底部宽 115m，顶部宽 40m，坝顶高程 185.00m，最大坝高 181m，可抵御万年一遇的特大洪水。

大坝河床中部布置泄洪坝段，其左侧为左岸导墙、左岸厂房和左岸非溢流坝段，右侧为右岸纵向围堰、右岸厂房和右岸非溢流坝段。在泄洪坝段布置了 23 个深孔和 22 个表孔，深孔在每个泄洪坝段中部，表孔则上部跨缝布置，另外还布置了 3 个排漂孔、7 个排砂孔（不包括右岸地下电站排砂洞）和 2 个冲砂孔，以及升船机坝段（接升船机下航道）等。

三峡水利枢纽工程全景见图 11-1。

### 11.1.2 混凝土生产系统

混凝土生产布置有 4 个独立的拌和系统，均以所在部位地面高程命名，共计 7 座混凝土搅拌楼，常态混凝土总生产能力为 1960m$^3$/h，年生产能力 768 万 m$^3$。各拌和楼均能生产 7℃制冷混凝土。

（1）布置在二期基坑下游、高程 79.00m，有 2 座 4×4.5m$^3$ 自落式拌和楼，单楼生产能力 320m$^3$/h。一座由中国郑州水工机械厂制造，另一座由意大利 CIFA 公司制造；主要供应泄洪坝 5～23 号坝段混凝土。

（2）布置在左岸厂房坝段上游面、高程 90.00m，设置 2 座拌和楼。一座由中国郑州水工机械厂制造的 4×3m$^3$ 自落式拌和楼，生产能力 240m$^3$/h；另一座由美国 C.S.JOHNSON 公司制造的 4×3m$^3$ 自落式拌和楼，生产能力 320m$^3$/h。主要供应泄洪坝

图 11-1 三峡水利枢纽工程全景图

1～5 号坝段、导墙坝段及左厂 11～14 号坝段混凝土。

（3）布置在左非泄洪坝段下游、高程 120.00m，设置 2 座中国郑州水工机械厂制造的 $4\times3m^3$ 自落式拌和楼，生产能力 $2\times240m^3/h$。主要供应左非泄洪坝段及左厂 1～10 号坝段混凝土。

（4）布置在左岸进厂房公路左侧、高程 82.00m，设置 1 座中国郑州水工机械厂制造的 $4\times3m^3$ 自落式拌和楼，生产能力 $240m^3/h$。主要供应左岸厂房混凝土。

### 11.1.3 混凝土施工

（1）施工特点 三峡水利枢纽工程分三期施工，施工高峰为二期。二期大坝混凝土施工主要特点如下：

1）工程量巨大、工期紧，要求高强度连续施工。

2）大坝结构复杂，施工难度大。大坝布置的泄洪、排砂、冲砂、排漂、引水压力管道等孔道错落布置，钢筋密集、混凝土等级多，金属结构和设备安装等穿插进行。

3）混凝土温控难度大。大坝混凝土多为大体积混凝土，且全年施工，给预冷混凝土生产、现场温控提出了很高的要求。

4）质量要求高。三峡大坝为三峡水利枢纽工程的核心建筑物，"千年大计、国运所系"，一流工程必须达到一流的质量。

5）施工干扰因素多，管理协调难度大。大坝和厂房均分标切块划片施工，标段多，施工队伍多，施工设备多，增加了组织协调难度。

（2）施工方案。二期大坝混凝土采用以塔带机为主、大型门塔机和缆机为辅助的施工方案，高程 160.00m 以下主要用塔带机浇筑，以上采用位于高程 120.00m 栈桥上的大型门（塔）机施工。

1）设备配置。三峡大坝施工共布置了 6 台塔（顶）带机、9 台大型门（塔）机、2 台摆塔式缆机，并配置了 4 台胎带机进行机动支援。另外施工单位还自带了若干中、小型机械设备，主要施工机械设备配置及安装部位见表 11-1，施工现场设备配置实物见表 11-1 附图。

表 11-1　　　　　　　　三峡水利枢纽大坝工程二期主要施工设备配置表

| 设备名称 | 型号 | 数量 /台 | 安装部位 | 附　图 |
|---|---|---|---|---|
| 塔带机 | TC2400 | 4 | 泄洪坝段 |  |
| 顶带机 | MD2200-TB30 | 2 | 左厂坝段 | |
| 大型塔机 | KROLL-1800 | 1 | 泄洪坝段 | |
| 高架门机 | MQ2000 | 6 | 泄洪坝段 左厂及左非坝段 | |
| | SDTQ1800 | 1 | 泄洪坝段 左厂坝段 | |
| 门机 | MQ6000 | 1 | 厂坝 82m 栈桥 金结专用门机 | |
| 摆塔式缆机 | 30t×1416m | 2 | 覆盖泄洪 左厂坝段 | |
| 胎带机 | CC2200 | 4 | 灵活机动 | |

2）临时施工栈桥。为便于施工，大坝共布置 3 道临时施工栈桥。泄洪坝段施工时，在大坝下游高程 45.00m 和坝后坡高程 120.00m 各设 1 道施工栈桥（分别简称 45m 栈桥和 120m 栈桥，以下类同）；左右厂房坝段施工时，在厂坝间高程 82.00m 平台布置 1 道施工栈桥，与泄洪坝段布置的 120m 栈桥相连通。

（3）塔带机浇筑技术与配套工艺。塔带机将大型塔机与皮带机有机结合，既有塔机的功能，又融合了皮带机的特点，它将混凝土水平、垂直运输及舱面布料功能融为一体，与混凝土工料先配合使用，实现了混凝土从拌和楼到仓面的工厂化、一条龙施工。显著特点是：供料连续性好、强度高，具有仓面布料功能，利于安全文明施工。它简化了生产环节，大大提高了生产效率，实现了平面和平行浇法施工。

塔带机的使用采用"一楼一带一机"配套作业模式，即一条供料线对应一座拌和楼及一台塔带机。为发挥其供料均匀、连续、高强的特性，在实践过程中，采取了优化混凝土原材料及配合比、合理配置仓面施工资源、改进浇筑工艺等，形成了一套适合塔带机混凝土浇筑的方法和工艺。

1）混凝土原材料及配合比。为防止混凝土拌和物在运输过程中产生骨料分离和破碎，采取了降低特大石比例、调整粒径、控制超径等措施，将特大石常规比例由 30％降到 20％～25％，粒径由 80～150mm 调整到 80～120mm，且严格控制超径石不大于 5％，混凝土总胶凝材料用量按不低于 160kg/m³ 控制。

为控制好混凝土的和易性，保持混凝土坍落度稳定，并减少泌水，砂的细度模数控制在 2.6±0.2，含水率控制在 6％以内。

采用Ⅰ级粉煤灰。粉煤灰中的"微珠"在混凝土中起"轴承"作用，可大大改善混凝土的和易性，从而改善皮带机转接及下料时容易出现的堵料现象。

2）仓面配套设施。为发挥或适应塔带机连续、高强供料优势，仓面资源应充足而恰当。塔带机虽然具有布料功能，但当浇筑仓号存在一定范围的盲区，或操作不熟练导致布料不均匀时，应配置平仓机。

塔带机供料能力强，仓面上必须配备足够的振捣设备，其振捣能力应按浇筑强度的1.5～2倍配置。应针对仓号的具体情况，采用大功率振捣臂（6～8头振捣器，直径150mm，高度850mm，振频7000～8000次/min，振幅2.8mm）与手持式振捣棒相结合的配套方式；对止水片、止浆片及模板、钢筋、埋件、廊道周围混凝土，必须安排专人负责，并用手持式振捣棒细心振捣，以保证混凝土密实。

大坝内埋设钢管坝段仓号（长40m×宽25m）一般配置平仓机2台φ130mm振捣棒4台φ100mm振捣棒2台；实体坝段仓号（长40m×宽13.5m）一般配置平仓机1台φ130mm振捣棒4台φ100mm振捣棒2台。遇到特殊部位仓号时，根据需要另行配置长柄振捣器或软轴振捣棒。

3）浇筑方法。塔带机具有连续高强度的混凝土供料能力，原则上，应尽量采用平浇法。其坯层覆盖时间控制低温季节不大于4～6h，高温季节不大于2～4h，平均浇筑强度不低于80～120m³/h。仓号结构复杂、钢筋网密集等条件限制，不适宜高强度施工时，选用台阶法，但必须保证较大的台阶宽度（8～10m以上），台阶数量不宜大于4层，浇筑强度应与仓面大小相适应，确保料头不初凝。

4）仓面施工工艺。塔带机采用9～15m长的皮筒下料，为防止混凝土在这一环节产生分离，应重点控制：①对没有钢筋的仓面，皮筒卸料口应距仓面不大于1.5～2m，并均匀移动布料，不得堆积过高；②布料条带清晰，有足够宽度，条带之间呈鱼鳞形式连接；③在模板周围布料时，卸料点与模板的距离保持在1.0～1.5m以内；④将坝体前后块、相邻块高差控制在6m之内，创造较好的布料条件；⑤大坝迎水面8m范围内采用20cm厚同等级二级配混凝土、其他部位采用40cm厚同等级三级配富浆混凝土。

（4）混凝土主要施工工序及工艺。

1）施工缝。

A.基础岩石面。清除松动岩石，凿除岩石尖角及倒坡岩石，按设计要求交面后，用风水枪将岩面冲洗干净，人工清除石渣和积水，仓号浇筑时，在岩面上先均匀铺设同标号2～3cm的水泥砂浆或富浆混凝土。

B.混凝土施工缝面。面积较大的仓号使用冲毛机冲毛，面积较小的仓号或钢筋较密集部位及边角部位采用人工手钎或风镐凿毛，人工清理。在混凝土浇筑之前，用干净水将缝面冲洗干净，并让其呈饱和面干状态，并对于仓面上的积水排除干净。浇筑时先均匀铺设同标号2～3cm的水泥砂浆或富浆混凝土，但面积不宜过大，以浇筑强度能满足20min内被混凝土覆盖为宜，以保证所浇混凝土面能良好结合。顶带机浇筑仓号用富浆混凝土替代砂浆。

C.浇筑收面控制。严格按收仓线收平仓面，采用木抹子，严禁以铁锹等工具收面。收仓面要求平整，无坑洼、脚印；严格控制缝面冲毛时间，混凝土未达到规定时间的仓面不允许冲毛；对于平整度要求较高的部位，采用样架刮轨进行收面。

2）模板工程。根据设计要求及现场施工实际情况，不同部位使用的模板结构形式有所不同。坝段高程90.00～140.00m混凝土施工主要以多卡模板为主，局部辅以散装组合钢模板及木模板、混凝土预制模板施工，以满足混凝土完建后外形轮廓的设计要求。

每层混凝土施工前，施工人员根据仓位分层及配板图作好仓位上升前的准备工作，结合各类形式模板的结构特点及施工操作要点，分别制定了相应的模板施工作业指导书，以规范现场施工作业程序，进而提高模板的安装质量。

所有模板安装作业完毕后均需要进行测量校核，以保证模板的安装精度。

多卡模板。大型多卡模板拼装在拼装场完成，由高架门机吊入仓内，再由8t汽车吊在仓内进行安装。多卡模板的提升主要由人工配合吊车来完成。对于一些结构狭窄、钢筋密集的仓位，则采用架立仓面简易吊具（如自制独脚扒杆），人工用手动链条葫芦完成模板的提升和安装调整作业。

散装钢模板和木模板。普通散装钢模板的架立采用内拉内撑形式固定，其安、拆均由人工来完成。普通散装钢模板使用的主要有P3015和P1015两种规格，施工时一般采用水平向安装方式。

门槽二期混凝土施工全部采用木模板外钉厚0.5mm铁皮或宝丽板施工。所有木模板的加工制作均在综合加工厂内完成。此类模板结构形式根据二期混凝土外形轮廓变化，种类繁多，加工制作技术要求高。其固定形式普遍采用内拉方式，即通过模板拉条与门槽一期插筋的焊接完成。在门槽二期混凝土模板固定方式中，节安螺栓施工工艺的引进和推广应用在避免拉条头外露、提高门槽二期混凝土外观质量、减少该部位混凝土后期修补工作量方面起了较好的效果。

进水口模板。水电站进水口喇叭口侧墙模板分为角模、边模两种。角模直接安装在钢筋架上，角模支撑采用内拉内撑及外支撑方式，角模内支撑底脚采用多卡模板M30锚锥固定。边模第一仓采用无腿模板，底脚固定同无腿多卡模板，模板上口增设拉条。

渐变段模板采用钢模台车方案，台车采用有轨牵引式。模板采用厚5mm钢面板与钢桁架组成。模板分为底模、角模、边模和顶模。钢模台车支架组与组之间由角钢通过节点板采用螺栓连接。模板支撑调节主要采用千斤顶、顶杆外支撑。模板下口采用搭接形式。模板底脚临时支撑采用预埋锚锥，锚栓上架设方木支撑。

拦污栅模板。拦污栅墩均为异型结构，拦污栅墩及板、梁部位模板采用定型钢模板，其他部位使用多卡大模板。栅墩及连系梁模板采用预埋定位锥对拉方式进行支撑加固，连系梁承重排架采用钢管排架，拦污栅墩定型钢模板上下提升采用手拉葫芦。

混凝土预制廊道模板制作与安装。混凝土预制廊道模板的加工制作在综合加工厂内完成。在其达到设计要求的吊装强度或不低于混凝土设计强度的70％时，运至现场进行安装。各类混凝土预制竖向模板在安装前均按施工缝要求将下层混凝土面进行了处理，并在安装时通过铺垫砂浆找平垫实，以保证模板稳定及与下层混凝土牢固结合。

永久性混凝土预制模板与现浇混凝土的结合面，在综合加工厂内拆模后刷毛成粗糙面，混凝土浇筑前进行清洗、湿润。浇筑时保证不沾染松散砂浆等污物。混凝土浇筑时注意适当加强平仓振捣，以确保模板与混凝土的牢固结合。

模板拆除。普通不承重侧面模板的拆除，除满足正常的层间间歇时间外，同时满足招标文件中的有关技术条款要求，即不承重的侧面模板，在混凝土强度达到 2.5MPa 以上，能保证其表面及棱角不因拆模而损坏，即安排进行其拆除工作。

顶拱、板梁等部位承重模板拆除，混凝土强度达到 70% 或不低于 30MPa 以后方可实施。拆除过程中，严格按照设计技术规范条款的要求进行，并且针对各项拆除工作，制定了相应的拆除作业指导书。同时，安排相关安全、质检、技术人员加以督促检查，以保证各项拆除工作安全有序。

3）钢筋工程。钢筋制作安装所有钢筋的加工制作均在钢筋加工厂内完成，加工成型后由平板汽车运至施工现场，再由起重设备吊入仓内安装。

钢筋加工使用前将表面油渍、锈皮等清除，使钢筋表面洁净。钢筋用调直机调直，调直后的钢筋应平直，无局部弯折，钢筋中心线同直线的偏差不应超过其全长的 1%，其表面伤痕不得使钢筋截面面积减少 5% 以上。钢筋的切割和打弯应根据经批准的标准方法并用经批准的机具来完成，不允许加热打弯。在混凝土浇筑过程中，安排值班人员经常检查钢筋架立位置，如发现变动及时矫正，严禁为方便混凝土浇筑擅自移动割除钢筋。

钢筋连接。直径在 25mm 以下的钢筋接头一般是采用绑扎，直径在 25mm 以上的钢筋连接广泛采用机械连接法（挤压连接、直螺纹连接、热墩粗等）或电弧压力焊（搭接焊、绑条焊等）。

4）预埋件工程。预埋件及细部结构主要包括伸缩缝及其埋件、坝面排水管、排水孔、排水沟、检查井、通气孔、止水、冷却水管及灌浆预埋系统等项目。各种细部结构轮廓尺寸及埋件严格按照设计施工详图或监理单位的要求进行施工，并做好原始记录，开仓前须验收合格。在施工过程中安排专人全过程进行值班检查，保护预埋件不受到损坏，确保施工质量。在施工结束后，对细部结构进行检查、观测。

5）混凝土浇筑振捣。混凝土分层，混凝土浇筑分层分块按三峡工程技术规范要求进行，4—10 月基础约束区采用 1.5m 层厚，11 月至次年 3 月采用层厚 2m 浇筑，脱离基础约束区后按层厚 3m 浇筑。

混凝土入仓。胎带机、顶带机可直接运送混凝土入仓，缆机、高架门机需吊 9m³ 立罐入仓，部分使用 6m³ 卧罐入仓。常规混凝土一般采用四级配混凝土，其坍落度为 3～5cm 和 5～7cm，常规方式入仓；对于钢筋密集的部位采用二级配或三级配混凝土；混凝土浇筑时保持混凝土料入仓的连续性，严格控制混凝土下料高度不大于 2m，如因钢筋或其他原因影响致使下料高度超高时，在料罐下口上加挂橡胶溜筒，以防在下料过程中骨料分离。下料时不得直接冲击模板、模板拉筋、钢筋及预埋件，浇筑过程中溅到模板上混凝土要及时清理。不合格的混凝土料严禁入仓，已入仓的不合格混凝土必须清除，施工现场混凝土入仓设备布置见图 11-2。

混凝土平仓振捣。大体积混凝土原则上尽量采用通仓平铺法。素混凝土及少筋仓号浇筑时配 1 台混凝土振捣臂进行振捣；对于顶带机浇筑的大仓号，顶带机下料速度快，为防止堆料高度太高，配备 1 台平仓机进行平仓，1 台混凝土振捣臂进行振捣，另外辅以 2～4 台 φ100mm 或 φ130mm 手持插入式振捣棒辅助平仓振捣。各坝段基础第一层或钢筋密集的仓号无法使用振捣臂时，全部采用人工平仓振捣，每个仓号配备 6～8 台 φ100mm 或

$\phi 130mm$ 手持插入式振捣棒。浇筑排砂底孔、门槽等特殊部位及仓内止水片等埋件周边，辅以 $\phi 50mm$ 软轴棒及 $\phi 80mm$ 振捣棒振捣，对钢筋密集处加强振捣，防止骨料架空。严禁漏振、过振，施工现场混凝土振捣臂见图 11-3。

图 11-2 施工现场混凝土入仓设备布置图          图 11-3 施工现场混凝土振捣臂

三峡水利枢纽工程自 2000 年 7 月开始执行混凝土仓号浇筑工艺设计流程图表，对仓号内需要的资源配置（包括施工人员、管理人员、设备、工器具、材料等）、布料方式、混凝土的来料流程及意外突发情况的处理措施等均提前做好详细规划，施工过程中严格按仓面工艺流程图表进行操作，并对仓面执行情况进行记录。

6）仓面养护。常用混凝土养护措施有：洒水养护、喷雾养护、流水养护、浸水草袋养护和覆盖保温被养护、立面挂花管流水养护等。

具体养护要求为混凝土浇筑完毕 12～18h 后进行，连续养护时间一般不得少于 21～28d，养护过程保持混凝土表面处于经常湿润状态。

7）混凝土保温。保温方案根据施工部位、外露时间等不同分别有保温被保温、苯板保温、喷涂聚氨酯现场发泡材料及孔口封闭等。

横缝面及当年覆盖纵缝面等短期保温采用木压条固定厚 2cm 保温被进行，遇键槽等保温被则随其起伏紧贴混凝土面。长期保温部位如上游面采用厚 5cm 苯板，跟贴时间低温季节不大于 5d、高温不大于 7d 控制；下游面采用厚 3cm 苯板，滞后 1 个浇筑层跟贴；暴露 2 个冬季以上的纵缝面粘贴厚 3cm 苯板；孔口流道（进水口、排砂孔、排漂孔、泄槽等）均采用厚 1.5～2cm 的现场喷涂聚氨酯材料发泡后保温，必要时可采用整体防雨布进行封闭。

所有长期保温和孔口封闭必须入秋（9 月底）之前完成，外露面严禁未保护过冬，重点部位进行保温设计并对实施情况进行验收。保温期间，除必须保湿的部位需要洒水外，禁止施工用水在保温部位漫流。

（5）混凝土温控防裂。三峡大坝混凝土多为大体积混凝土，全年浇筑决定了高温季节也要照常施工。因此，必须采取有效的温控防裂措施，确保混凝土施工质量。

1）优化配合比，减少水泥用量，降低水化热。

2）采用骨料二次风冷工艺生产预冷混凝土，基础约束区及非低温季节浇筑的上部大体积混凝土均使用预冷混凝土浇筑。

3）大体积混凝土中系统埋设了冷却水管，实施初、中、后期人工冷却。初期控制或削减混凝土内部最高温度峰值，中期降低内部温度，减小内外温度差，后期进一步降低内部温度，使其达到稳定温度。

4）实施层间间歇期控制，实现了薄层、均匀、连续上升。

5）采用新型的保温材料，防止大坝受气温骤降袭击出现裂缝的危险。

6）采取温控预警、个性化通水等技术与管理措施，专人专责，使大坝混凝土温控得到全面而有实效的实施。

三峡水利枢纽工程混凝土浇筑总量约 2800 万 $m^3$，二期工程从 1998 年开始，1999—2001 年连续 3 年大坝浇筑量均在 400 万 $m^3$ 以上，堪称是世界建筑史上的奇迹，其中在 2000 年，创造了混凝土年浇筑总量 548 万 $m^3$、月浇筑强度 55.35 万 $m^3$、日浇筑强度 2.2 万 $m^3$ 的世界最高纪录。

# 11.2 小湾水电站混凝土拱坝工程

## 11.2.1 工程概况

小湾水电站位于云南省西部南涧县与凤庆县交界的澜沧江中游河段与支流黑惠江交汇处下游 1.5km，系澜沧江中下游河段规划八个梯级中的第二级，为该河段的关键梯级。电站距昆明公路里程为 455km。

小湾水电站工程属Ⅰ等大（1）型工程，永久性主要水工建筑物为 1 级建筑物。工程以发电为主，兼有防洪、灌溉、养殖和旅游等综合利用效益，水库具有不完全多年调节能力，系澜沧江中下游河段的"龙头水库"。水库正常蓄水位高程 1240.00m，总库容为 151 亿 $m^3$，水电站装设 6 台单机容量 700MW 的混流式水轮机组，总装机容量为 4200MW，保证出力为 1854MW，多年平均发电量为 188 亿 $kW \cdot h$。工程主体建筑物由大坝、坝后水垫塘及二道坝、左岸两条泄洪洞及右岸地下引水发电站组成。

水电站大坝坝型为抛物线形变厚混凝土双曲拱坝，坝顶高程 1245.00m，最低建基面高程 950.50m，最大坝高 294.5m，坝顶中心弧长 892.786m。拱坝共分 44 个坝段，泄洪坝段宽 22～26m，其余坝段宽 20m。坝顶宽度从中心到拱端由 12m 渐变到 16m。拱坝最大中心角 92.791°，拱冠梁底宽 73.124m，顶宽 12m，弧高比 3.035，厚高比 0.248，拱坝左岸设有推力墩，底部高程 1210.00m，推力墩高 35m，底长 48m。

坝身 20～25 号坝段布置有 5 个表孔和 6 个中孔，19 号、26 号坝段各设有 1 个水库放空底孔，20 号、25 号坝段各设 1 个导流底孔，分别位于 1 号、6 号泄洪中孔下部，21～23 号坝段布置 3 个导流中孔，分别位于 2 号、3 号、4 号泄洪中孔下部。

泄水建筑物由坝顶 5 个开敞式溢流表孔、6 个有压深式泄水中孔和左岸两条泄洪洞及坝后水垫塘、二道坝等部分组成。水库削峰后最大下泄流量 20710$m^3/s$，最大水头 225m，相应下泄功率达 46000MW。

引水发电系统布置在右岸，为地下厂房方案，占地约 1.5km²。由引水系统、主副厂房、主变开关室、尾水系统及送出工程等组成。引水系统包括竖井式进水口、6 条埋藏式压力管道，尾水系统包括 2 个尾水调压室、2 条尾水隧洞及出口建筑物，送出工程包括 2 条出线洞和 500kV 地面开关楼。

小湾水电站工程全景见图 11-4。

图 11-4　小湾水电站工程全景图

### 11.2.2　混凝土生产系统

大坝混凝土主要为常温混凝土和预冷混凝土。混凝土、砂浆（施工缝面处理）由左岸和右岸混凝土拌和系统统一供应。

（1）右岸混凝土拌和及制冷系统。右岸混凝土拌和及制冷系统是大坝混凝土浇筑的辅助系统，统一供应锚喷支护混凝土、常温混凝土和预冷混凝土、砂浆（施工缝）。附属制冷系统可保证拌和楼拌制出机口最低温度为 7℃ 的预冷混凝土。

右岸混凝土拌和及制冷系统供应范围为高程 1020.00m 以下部分大坝混凝土和其他部位混凝土，月供应强度约 2.5 万 m³。

（2）左岸混凝土拌和及制冷系统左岸混凝土拌和及制冷系统为大坝混凝土浇筑的主供系统，除由右岸混凝土拌和及制冷系统供应外，其余混凝土、砂浆均由左岸混凝土拌和统一供应。

拌和系统位于左岸高程 1245.00～1380.00m 之间，共布置 4 座 4×3m³ 自落式搅拌楼及配套设施和相应制冷系统，拌和楼采用微机全自动控制，并能实现全自动控制与手动控制的切换。单座搅拌楼铭牌生产能力为常态混凝土 240m³/h（四级配），预冷混凝土 180m³/h（四级配）。整个系统分为 A、B 两个可独立运行的子系统，上、下游各 1 座，每个系统各由 2 座搅拌楼及相应的骨料二次筛洗系统，一次、二次风冷，制冰、制冷系统等组成，系统占地总面积 4.05 万 m²。除此之外，拌和楼系统还包括砂调节料仓、粗骨料调节料仓、石渣回收、散装水泥罐及粉煤灰储存系统等部分组成，场地从高程 1245.00～1380.00m 按流程秩序分台阶布置。可达到高峰月混凝土浇筑强度 23 万 m³ 的生产能力。

### 11.2.3 混凝土施工

（1）坝体混凝土施工分层分块。大坝混凝土分层分块按设计图纸要求，每个坝段混凝土不设纵缝通仓浇筑。根据《小湾水电站拱坝混凝土温控施工技术要求》，基础强约束区河床坝段浇筑层厚1.5m，岸坡坝段及推力墩层厚3m。脱离基础约束区河床坝段除孔口底板以下20m至孔口顶板20m范围内层厚1.5m外，其余层厚3m，岸坡坝段层厚3m。

电梯井随主坝混凝土同步上升，分层与同部位坝体混凝土分层相同。为保证廊道成型外观质量，水平廊道下部混凝土施工分层与廊道底板高程相同，廊道底板到顶拱一层一次浇筑形成，并在廊道顶部形成足够厚度（＞80cm）的覆盖混凝土。对泄水孔口部位的分层除满足设计温控标准要求外，结合施工要求和工序进行分层浇筑控制。

（2）主坝混凝土跳仓跳块原则。各坝段浇筑为先河床坝段，后岸坡坝段的顺序施工，主坝混凝土跳仓跳块及进度计划安排时左右岸统筹考虑，可采用间隔跳仓方式安排本标段施工。

主坝混凝土跳仓跳块浇筑的原则：满足混凝土对于温度控制的要求；满足相邻坝段高差小于12m，相邻标段分界线两侧坝块的高差小于6m，相邻浇筑块浇筑时间的间隔小于20d，整个大坝最高坝块与最低坝块的高差小于30m的要求；满足混凝土水平施工层面间歇时间的要求；满足控制性工期的要求；考虑孔口施工占压，在孔口底部优先安排孔口坝段领先，过孔口后优先安排孔口坝段赶超；优先安排岸坡坝段，以减少岸坡坝段对大坝整体上升的制约。

（3）混凝土运输。

A. 水平运输机械设备。大坝混凝土水平运输设备主要有缆机运输混凝土系统的水平运输设备9m³侧卸运输车和门式起重机运输混凝土系统的水平运输设备20t自卸汽车。

B. 垂直运输机械设备。大坝混凝土浇筑主要垂直吊运设备为5台30t平移式缆索起重机。高层缆机2台，左岸承载索支点高程1380.00m，右岸承载索支点高程1385.00m；左岸轨道长272.3m，右岸轨道长262.3m；跨距1158.168m；吊钩总扬程350m。低层缆机3台，左岸承载索支点高程1330.00m，右岸承载索支点高程1317.00m；左、右岸轨道长度均为228.8m；跨距为1048.168m；吊钩总扬程300m。缆机供料平台位于左岸坝头高程1245.00m平台。小湾水电站缆机群见图11-5。

在缆机盲区和死角部位采用辅助垂直运输设备。在坝后高程1245.00m、1号栈桥上布置1台MQ1260高架门机，坝后高程1219.00m、2号栈桥上布置1台MQ2000高架门机，在4号坝段布置1台大型塔机（吊重60t，臂长70～80m）。门机和塔机与TB105胎带机联合作业，可以覆盖大坝上缆机浇筑不到的所有部位。

取料平台布置。为保证混凝土及时、快速入仓，整个大坝范围内共设置4个取料平台。分别为左岸高程1245.00m取料平台，缆机吊运混凝土及施工材料的主要平台；右岸高程1025.00m取料平台，右岸坝段高程1000.00m以下坝身混凝土浇筑时的缆机辅助平台；为满足1～6号坝段浇筑的右岸坝后高程1150.00m取料平台；右岸高程1139.00m进水口平台，主要为缆机吊运物资的辅助吊物平台。

（4）混凝土浇筑。仓号准备工作完成，保证施工缝面、模板、钢筋、所有灌浆管路、冷却管路及其他预埋件均符合设计施工图纸要求，进行详细的仓面浇筑工艺设计，并编写

图 11-5　小湾水电站缆机群

切实可行的混凝土仓面浇筑工艺设计图表，验收合格即可开仓浇筑。

混凝土铺料方法。混凝土浇筑仓面设计采用平铺法，在倾斜面上浇筑混凝土时，从低处开始浇筑，浇筑面保持水平。混凝土坯层厚度依据来料强度、仓面大小、气温及振捣器具的性能，按 30～50cm 控制。基岩面上浇筑第一层混凝土前，铺设同标号厚 20cm 二级配混凝土；水平施工缝面上的第一坯混凝土浇筑，采用铺设厚 20cm 同标号二级配混凝土或增大砂率厚 40cm 同标号富浆三级配混凝土。特殊情况下需铺砂浆时，砂浆标号比同部位混凝土标号高一等级，厚 2～3cm。铺设工艺必须保证新浇混凝土能与基岩或老混凝土结合良好。

平仓振捣。混凝土平仓采用平仓机，振捣采用振捣臂和手持式振捣棒结合振捣。对于平仓机和振捣臂配置视缆机配备而定，原则上每台缆机配 1 台平仓机和 1 台振捣臂。缆机吊罐卸料后，先平仓后振捣。对于止水系统和埋件部位采用人工辅助平仓，无论采用何种方式均必须先平仓后振捣，严禁以平仓代替振捣，对于面积较小的仓位、模板周边、钢筋密集的部位采用手持式 $\phi130mm$ 振捣棒和 $\phi100mm$ 振捣棒或软轴振捣棒振捣。振捣时振捣棒离模板的距离不小于 0.5 倍有效半径，两振捣点的距离不应大于振捣器有效半径的 1.5 倍；下料点接茬处、两台缆机的下料接头处适当延长振捣时间加强振捣，以保证振捣密实，接茬处结合良好。浇入仓内的混凝土随卸料随平仓随振捣，不得堆积，仓内若有粗骨料堆积时，应将堆积的骨料均匀散铺至富浆处，严禁用水泥砂浆覆盖，以免造成内部蜂窝。施工现场仓号平仓振捣设备见图 11-6。

在止水（浆）片周围施工时，人工将大粒径骨料剔除，人工辅助平仓后用手持式振捣棒振捣密实；模板、止水（浆）片周围要适当延长振捣时间，加强振捣。

廊道、电梯井周边 1m 范围钢筋较多部位及边角部位和有仪器的地方采用三级配或二级配混凝土浇筑，且要求廊道两侧、电梯井和止水（浆）片的周边混凝土要均衡铺料浇筑上升，以保持其位置和形状不变。

混凝土浇筑收面。混凝土浇筑前，仓内四周每隔 3m 标识仓面收仓线，上下游面模板

图 11-6　施工现场仓号平仓振捣设备

加收仓高程压条，严格控制收面高程。同一仓号有不同标号的混凝土时，标出混凝土分区线，并挂牌示意。收面时仓内脚印、棒坑及时用木制抹具抹平并根据下一层仓号需要埋设锚钩、插筋等，为下一层混凝土浇筑创造条件。

（5）拆模养护。仓号混凝土浇筑完成 12～18h 后进行洒水养护，高温季节可提前洒水养护，养护期间保持仓面湿润（当浇筑仓号内气温高于 20℃ 时，河床坝段基础约束区和孔口部位混凝土收面后先采用保温材料隔热保温 12h，然后再进行洒水养护）。混凝土达到强度要求时开始拆模，并开始下一仓号的准备，拆模时注意保护好混凝土边角，以免影响混凝土外观质量，拆模后进行流水养护。

小湾水电站大坝最大仓面面积近 2000m² （26m×74m），单仓最大浇筑方量约 6000m³ （3m 分层）。混凝土浇筑总方量 870 万 m³，其中 2007 年浇筑混凝土 235 万 m³，月最高强度 23 万 m³，日强度达 1 万 m³。

## 11.3　长洲水利枢纽中江闸坝工程

### 11.3.1　工程概况

长洲水利枢纽工程位于珠江流域西江水系干流浔江下游河段，其坝址坐落于广西梧州市上游 12km 处的长洲岛与泗化岛之间，距南宁 382km，至广州 303km，南宁至梧州二级公路由坝址右岸通过，距坝址 1.6km。枢纽坝轴线跨三江中的中江，河段地势开阔，附近地区人烟稠密，为广西经济较发达地区之一。

挡水建筑物总长 3469.76m，坝顶高程 34.60m，最大坝高 56m；通航建筑物为一线 1000t 级、一线 2000t 级船闸，年货运能力 4012 万 t。枢纽坐落在长洲岛端部，坝轴线横跨两岛三江，从右至左布置有：右岸接头重力坝及土石坝、2 号 1000t 级船闸、2 孔冲砂闸、1 号 2000t 级船闸；外江 16 孔泄水闸、外江厂房（9 台机组）；长 987m 的鱼道、泗化洲岛土坝；中江 15 孔泄水闸；长洲岛土坝；内江 12 孔泄水闸、内江厂房（6 台机组）；左岸接头重力坝及土石坝；泗化洲岛及内江左岸台地布置两个开关站。

长洲水利枢纽工程全景见图 11-7。

图 11-7　长洲水利枢纽工程全景图

### 11.3.2　混凝土生产系统

左岸混凝土生产系统紧靠左岸砂石加工系统下游侧布置，平均地面高程为 25.00m，占地面积约 1500㎡。位于坝轴线上游回填土场地上，距离坝轴线约 100～250m。左岸混凝土拌和系统主要由砂石加工系统、混凝土搅拌楼、水泥罐、粉煤灰罐、制冷车间、外加剂房、空压机站、实验室、值班室以及其他辅助设施组成。各种构筑物均设在高程 25.00～27.00m 的回填土平台上。水泥和粉煤灰采用气力输送至搅拌楼，外加剂采用耐腐蚀离心泵从外加剂房输送至搅拌楼。

左岸混凝土生产系统主要设备为：1 座 HL240-4F3000L 型拌和楼、1 个 1000t 的储灰罐、3 个 1500t 的储灰罐、4 台仓储泵、3 台 40m³ 空压机、1 台 20m³ 空压机、4 台冷干机、2 条栈桥皮带机、3 台外加剂化工流程泵、2 台 LG25ⅢA450 型螺杆制冷压缩机、1 台 LSLGF500Ⅲ型螺杆冷水机组及若干面高低压柜。

长洲水利枢纽左岸混凝土拌和系统设备安装工程主要包括拌和楼、煤灰罐、水泥罐、空压机、冷干机、储气罐、高低压柜、加氨站、离心式水泵、冷却塔及外加剂车间设备等共 158 台（套）设备的安装和调试。设备安装工程量见表 11-2，拌和楼实物见表 11-2 附图。

左岸混凝土拌和系统共设 2 座 HL240-4F3000LB 型拌和楼。拌和楼由主楼和副楼组成，主楼自上至下分别为进料层、储料层（料仓）、配料检修层、称量层、搅拌层、出料层。副楼上设置水泥、粉煤灰仓，内设主控制室和上下楼梯通道。楼体外围采用轻质聚苯乙烯夹心彩钢板装饰。

表 11 - 2　　　　　　　　　　　　设 备 安 装 工 程 量 表

| 序号 | 项目名称 | 单位 | 工程量 | 附　图 |
|---|---|---|---|---|
| 1 | 搅拌楼 | 座 | 2 | |
| 2 | 水泥罐 1000t | 座 | 4 | |
| 3 | 煤灰罐 1500t（按水泥容量计） | 座 | 4 | |
| 4 | 袋式收尘器 CMCⅡ - 36 | 台 | 8 | |
| 5 | 喷射泵 CD8.0 | 台 | 8 | |
| 6 | 空气压缩机 ML250 | 台 | 3 | |
| 7 | 空气压缩机 ML110 | 台 | 2 | |
| 8 | 液气分离器 WS - 40 | 台 | 3 | |
| 9 | 液气分离器 WS - 20 | 台 | 2 | |
| 10 | 冷干机 GL - 450A | 台 | 3 | |
| 11 | 冷干机 GL - 250A | 台 | 2 | |
| 12 | 储气罐 3m³ | 个 | 3 | |
| 13 | 离心泵 40F - 50 | 台 | 4 | |
| 14 | 共计 | 台（套） | 48 | |

　　拌和楼主楼高 35m，副楼高 32m，最重吊装单件是搅拌机，重约 12.5t。楼体结构为大杆件钢桁架结构，搅拌机支撑为独立的钢排架结构。拌和系统的设计生产能力为 240 m³/h，本系统生产的混凝土为一级配、二级配、三级配的常态混凝土，混凝土骨料最大粒径 80mm。HL240 - 4F3000LB 型拌和楼的主要技术性能参数见表 11 - 3。

表 11 - 3　　　　　　　HL240 - 4F3000LB 型拌和楼的主要技术性能参数表

| 项目名称 | 数据 | 项目名称 | 数据 |
|---|---|---|---|
| 拌和楼高度/m | 35 | 冷凝混凝土生产能力/（m³/h） | 160 |
| 拌和楼的总功率/kW | 640 | 系统控制方式 | 微机自动控制 |
| 拌和楼的总重/t | 580 | 拌和机台数及型式 | 4 台自落式 |
| 压缩空气消耗量/（m³/min） | 8 | 单机进料容量/L | 4700 |
| 压缩空气工作压力/MPa | ≥0.6 | 出料容量（捣实后）/m³ | 3 |
| 常态混凝土生产能力/（m³/h） | 240 | 允许最大的骨料直径/mm | 150 |
| 碾压混凝土生产能力/（m³/h） | 200 | 电子秤总台数/台 | 12 |

　　混凝土运输采用 9m³ 搅拌罐车供应，上游布置 MQ600 门机 2 台、MQ1260 门机 2 台进行泄水闸、左右岸重力坝等部位的混凝土施工，局部辅以反铲和泵送入仓丰富了入仓手段，满足了各仓号不同浇筑条件的需求。

　　根据混凝土浇筑温度控制要求，夏季混凝土出机口温度 16℃ 左右，本系统采用一次风冷骨料再加 5℃ 冷水拌和使混凝土出机口温度达到设计要求。

### 11.3.3　混凝土施工

　　（1）施工机械布置。

195

1）混凝土水平运输机械设备。①混凝土水平运输主要采用 15t 或 20t 自卸汽车。②预制混凝土、启闭机排架、二期混凝土及坝顶梁板预制混凝土水平运输等采用 6m³ 搅拌运输车。

2）混凝土垂直运输机械设备。左、右岸重力坝上游各布置 MQ‐600 型门式起重机 1 台，采用 3m³ 或 4.5m³ 卧罐吊运混凝土入仓，左岸护坡混凝土利用搅拌车及溜槽入仓。

（2）分层分块。重力坝最大高度 44.4m，重力坝混凝土结构形式比较简单。基础强约束区层厚 1.0m 和 1.5m，共 2 层；基础约束区层厚 2m，共分 7 层；上部层厚 3.0m，分 8 层；最后 1 层高 3.9m，一次浇筑到顶。总共分层为 18 层。

混凝土护坡厚度为 0.2m，在挡墙浇筑施工完成，且土石回填夯实后再施工，均按照设计及规范要求进行分层分块。

（3）混凝土浇筑。

1）混凝土仓号按照工序施工，施工缝、钢筋、模板、埋件等施工完毕后，即可报验开仓浇筑。

2）建基面施工清除浮动岩石，凿除岩石尖角及倒坡，清除石渣和积水。浇筑第一层混凝土之前在基岩面均匀铺设一层厚 2～3cm 同标号水泥砂浆，每次铺设砂浆的面积与浇筑强度相适应，以铺设砂浆后 30min 内被混凝土覆盖为限。最大仓号面积 601m² （25.95m×23.16m），分层厚度为 1.0m，门机吊送入仓，按平铺法通仓浇筑，铺料厚度 50cm。

3）混凝土的振捣主要采用手持式振捣器振捣。止水片、埋件及预埋观测仪器周围施工时，人工将大粒径骨料剔除，人工平整，小型振捣器振捣密实。

（4）混凝土温度控制。

1）温控要求。长洲中江工程重力坝、护坡，多数都属长薄型大体积混凝土构件，且浇筑期间气温变幅大，应按一定的程序连续浇筑、控制混凝土浇筑温度。故采用了薄层连续浇筑、设预留槽、人工冷却混凝土降低混凝土浇筑温度。

高温季节采用浇筑预冷混凝土以降低温差，控制混凝土的浇筑温度，减小混凝土内部温升。夏季混凝土出机口温度按 16℃控制。

2）温控措施。

A. 在满足设计要求的混凝土强度、耐久性和和易性的前提下，改善混凝土骨料级配，掺加优质的掺和料和外加剂以适当减少单位水泥用量。

B. 控制浇筑层最大高度和间歇时间。为利于混凝土浇筑块的散热，基础部位和老混凝土约束部位浇筑层高控制在 1.5m，基础约束区以外最大浇筑高度控制在 3.0m，上、下层浇筑间歇时间为 3～5d。

C. 合理安排施工进度。基础约束区及重要部位的混凝土，尽可能安排在低温季节浇筑。

D. 严格控制相邻块、相邻坝段的高差，相邻块按 6～8m 控制；相邻坝段按 10～12m 控制。

E. 一般当气温超过 28℃，进入高温季节。混凝土运输过程中合理安排机械设备，提高机械保证率，加快混凝土入仓速度，提高浇筑强度，减小混凝土温度回升。加强对运输车辆及供料线运送混凝土的保温。

F. 喷雾降温。为减小因太阳直射及高温影响混凝土浇筑温度迅速回升，浇筑过程中使用喷雾水枪在混凝土仓周围喷雾，以散射太阳光直射及降低仓内温度。喷雾降温时应注意避免水分过多进入仓内而影响混凝土质量。

G. 选择合适的浇筑时间。夏季混凝土施工利用低温时段，避免白天高温时段开盘，尽量将开盘时间安排在18：00至夜间；对于工程量较小的仓号，保证第二天11：00时之前收盘。混凝土入仓后及时振捣，仓面及时覆盖保温片材。控制混凝土浇筑层厚，保证薄层短间隙连续上升。

H. 严格按设计要求控制层间间歇时间，如因施工进度计划安排，需长间歇停浇面，仓面布设防裂钢筋。间歇期超过5d的浇筑块应作表面保护，间歇28d的浇筑块应按新老混凝土允许温差不大于15℃的标准控制浇筑温度或按基础强约束区的措施控制新浇块温度。

（5）早期养护。早期刚浇筑不久的混凝土，尚处于凝固硬结阶段，强度低，抗裂能力低，如遇到不利的温湿度条件就容易裂缝。调查资料表明，建筑物表面裂缝大部分产生于早期，而且后期发现的较严重的裂缝也往往是早期裂缝发展而成，因此加强早期养护至关重要。

及时采取洒水等养护措施，使混凝土表面经常保持湿润状态。在高温季节，混凝土表面一般在浇筑完毕后12h内即可开始养护，在炎热或干燥气候情况下时间提前，早期混凝土表面应采用喷雾、洒水或塑料管喷水养护和经常保持水饱和的覆盖物（如草袋、麻布片）进行遮盖，避免太阳光曝晒。

养护时间不应少于14d，重要部位和利用后期强度的混凝土，以及炎热或干燥气候情况下，可以适当延长养护时间。掺加硅粉等材料的特殊混凝土浇筑后表面还需覆盖塑料薄膜保湿，防止失水、受风而干裂。

# 11.4 溪洛渡水电站地下厂房工程

## 11.4.1 工程概况

溪洛渡水电站位于四川省雷波县与云南省永善县接壤的金沙江溪洛渡峡谷中，下游距宜宾市184km（河道里程），左岸距四川省雷波县城约15km，右距云南省永善县城约8km。

溪洛渡水电站枢纽由拦河大坝、泄洪建筑物、引水发电建筑物等组成。拦河大坝为混凝土双曲拱坝，最大坝高285.50m，坝顶高程610.00m，顶拱中心线弧长681.51m；泄洪采取"分散泄洪、分区消能"的布置原则，在坝身布设7个表孔、8个深孔与两岸4条泄洪洞共同泄洪，坝后设有水垫塘消能；发电厂房为地下式，分设在左、右两岸山体内，各装机9台、单机容量为770MW的水轮发电机组，总装机容量13860MW。施工期左、右岸各布置有3条导流隧洞，其中左、右岸各2条与厂房尾水洞结合。

金沙江溪洛渡水电站地下厂房系统布置在左、右岸山体内，地下厂房系统洞室群包括：主副厂房及安装间、空调机房、尾水管及尾水管连接洞、主变室、母线道、出线平洞和竖井、厂区防渗灌浆廊道、排水廊道及其交通洞工程、进厂交通洞、主变交通洞、联系洞等。厂房开挖尺寸443.34m×31.9m×75.60m（长×宽×高），主变室平行布置于厂房下游，主变室顶拱中心与厂房机组中心距为76m，主变室开挖尺寸352.889m×19.8m×33.32m（长×宽×高）。

地下厂房混凝土主要分为主机间、安装间、副安装间、副厂房、组合空调房、集水井及肋拱吊顶等部位，建基面最低高程324.50m（集水井），最高高程403.40m（肋拱吊顶）。地下厂房主机间结构从下至上依次为肘管层、锥管层、蜗壳层、电气夹层和发电机层结构混凝土，以及发电机层以上构造柱、联系梁、吊顶牛腿和肋拱吊顶混凝土等。具有结构复杂，预留孔洞、管路和埋件繁多，技术要求高，施工难度大的特点。

溪洛渡水电站地下厂房见图11-8。

图11-8　溪洛渡水电站地下厂房

### 11.4.2　混凝土生产系统

本工程在右岸坝头下游高程705.00m平台、高程610.00m平台和高程595.00m平台内设置高线混凝土生产系统，承担主体工程混凝土生产任务。系统主要由2座4×4.5m³型自落式混凝土拌和楼、1座制冷楼、2座二次筛分楼、2座一次风冷骨料料仓、1座一次风冷制冷车间、4个粗骨料竖井和2个细骨料竖井以及骨料运输系统、胶凝材料储运系统、供风供排水供电及控制系统、污水处理系统等其他辅助设施组成。系统常态混凝土设计生产能力600m³/h；预冷混凝土按满足夏季出机口温度7℃的要求设计，骨料预冷采用风冷，生产能力500m³/h。系统三班制生产。

（1）拌和楼、制冷楼、筛分楼、一次风冷设施均布置在高程610.00m平台上，混凝土出料平台高程610.00m，出料线为环线布置，熟料由9m³侧卸汽车运至缆机供料平台。

（2）骨料储存设施、胶凝材料储存设施、外加剂车间、供风设施均布置在高程705.00m平台上。混凝土细骨料由大戏厂——马家河坝人工砂加工系统生产，粗骨料由塘房坪骨料加工系统生产，均采用胶带运输机运输至本系统。

（3）混凝土冷却制冷水厂。溪洛渡工地施工场地狭窄，山高坡陡，难以在坝体附近设置较大的制冷水厂房，为降低制冷系统施工及运行成本，冷水厂采用移动式冷水站组合而成，分左右两岸对称布置在坝后马道上，冷水厂分期、分高程布置，各层移动式冷水站具体的组合方式及位置高程见表11-4。

表 11-4　　　　　　　移动式冷水站组合方式及布置高程表

| 灌浆层号 | 灌区高程<br>/m | 通水时段<br>/（年-月） | 冷水站布置高程<br>/m | 供水高程<br>/m | 冷水站组合方式 |
|---|---|---|---|---|---|
| 0 | 324.5.00～332.00 | | | | |
| 1 | 332.00～341.00 | | | | |
| 2 | 341.00～350.00 | | | | |
| 3 | 350.00～359.00 | 2008-11—2010-3 | 左、右岸<br>355.00平台 | 324.50～386.00<br>大坝标水垫塘部分 | 1A+4B<br>左、右岸对称 |
| 4 | 359.00～368.00 | | | | |
| 5 | 368.00～377.00 | | | | |
| 6 | 377.00～386.00 | | | | |
| 7 | 386.00～395.00 | | | | |
| 8 | 395.00～407.00 | | | | |
| 9 | 407.00～419.00 | 2008-9—2011-1 | 左、右岸<br>412.00平台 | 324.50～431.00<br>大坝标水垫塘部分 | 1A+5B<br>左、右岸对称 |
| 10 | 419.00～431.00 | | | | |
| 11 | 431.00～443.00 | | | | |
| 12 | 443.00～455.00 | | | | |
| 13 | 455.00～467.00 | | | | |
| 14 | 467.00～479.00 | 2010-5—2012-4 | 左、右岸<br>463.00马道 | 431.00～506.00 | 1A+5B<br>左、右岸对称 |
| 15 | 479.00～488.00 | | | | |
| 16 | 488.00～497.00 | | | | |
| 17 | 497.00～506.00 | | | | |
| 18 | 506.00～515.00 | | | | |
| 19 | 515.00～524.00 | | | | |
| 20 | 524.00～533.00 | 2011-9—2013-1 | 左、右岸<br>517.00马道 | 506.00～560.00 | 1A+5B<br>左、右岸对称 |
| 21 | 533.00～542.00 | | | | |
| 22 | 542.00～551.00 | | | | |
| 23 | 551.00～560.00 | | | | |
| 24 | 560.00～569.00 | | | | |
| 25 | 569.00～578.00 | | | | |
| 26 | 578.00～587.00 | 2012-7—2013-9 | 左、右岸<br>559.00马道 | 560.00～610.00 | 1A+5B<br>左、右岸对称 |
| 27 | 587.00～599.00 | | | | |
| 28 | 599.00～610.00 | | | | |

## 10.4.3　混凝土施工

（1）主要部位混凝土施工程序。

1）主副厂房。单台机组混凝土施工流程：从下往上依次是全厂排水廊道和肘管一期混凝土→肘管二期混凝土→锥管一期混凝土→锥管二期混凝土→座环支墩→蜗壳支墩→蜗壳混凝土（与肋拱吊顶平行作业）→机墩混凝土→风罩混凝土→边墙和梁板柱混凝土→发电机层以上构造柱及联系梁。

2）主变室。主变室开挖结束，自下而上进行主变集水井、底板、板梁柱、楼梯、GIS室桥机吊车梁、吊顶牛腿及吊顶混凝土逐层施工。

3）电缆上、下平洞、进人洞及出线竖井。电缆上、下平洞、进人洞和出线竖井混凝土施工安排在出线竖井开挖结束后进行。电缆平洞混凝土施工流程如下：底板混凝土→边墙和楼板混凝土→顶拱混凝土。

出线竖井结构比较复杂，施工时井壁、电缆井、电梯井、板梁、隔墙及楼梯混凝土同时由下而上逐层浇筑。

（2）施工通道。厂房进入混凝土浇筑衬砌施工阶段后，机电安装与土建施工相互交叉平行作业，施工面上来往人员较多，为解决施工人员到达工作面的交通问题及混凝土在厂房内的水平输送问题，在厂房上游边墙高程376.50m设一钢栈桥，沟通主、副厂房和安装间，用于人员过往和搬运小型材料和工具的通道。在相邻机组之间，分别设置人行爬梯进入机坑，作为机坑混凝土施工的人行通道。

（3）混凝土入仓方式。

1）肘管和锥管。厂房肘管和锥管混凝土施工主要采用从尾水管泵送入仓以及从引水下平洞溜槽加短溜筒入仓或泵送入仓的方式进行。

2）蜗壳。厂房蜗壳混凝土采用在平面上不分块的浇筑方式。由于蜗壳钢筋密集，台阶法施工难以保证施工质量，因此只考虑平铺法施工。另外，座环与蜗壳下表面所形成的区域非常狭小，混凝土施工过程中很容易形成空腔，无法浇筑饱满，因此，该部位采用预埋泵管，泵送入仓方式进行混凝土回填。

3）蜗壳层以上。主机间蜗壳以上各层混凝土采用以泵送入仓为主，20t桥机配6m³吊罐入仓为辅，副安装间混凝土采用泵送入仓和20t桥机配6m³吊罐为主入仓，局部辅以溜槽入仓。副厂房和空调机房框架梁板柱混凝土采用泵送入仓为主，溜槽入仓为辅。肋拱吊顶混凝土施工考虑减少与机电设备安装的干扰，在岩壁吊车梁以上的构造柱上增设混凝土牛腿和纵向工字钢梁，然后在工字钢梁上安装可以行走的钢桁架梁作为吊顶混凝土施工的作业平台，混凝土采用泵送入仓。

（4）模板配置。地下厂房结构变化多，体型复杂，模板要求高。针对不同部位的结构型式，结合不同部位的施工环境，在保证质量的前提下，采用不同材质的模板，不同的模板型式和不同的模板安装与加固方式，确保施工正常。

1）厂房混凝土浇筑模板主要采用组合小钢模，局部采用木模板及悬臂模板。肘管、锥管、蜗壳、风罩、机墩等特殊部位，均采用组合定型钢、木模板相结合，碗口式脚手架和定位锥拉杆固定。

2）主变室底板及边墙混凝土浇筑模板主要采用组合小钢模立侧模及堵头模，碗扣式脚手架支撑。板梁柱、楼梯及吊车梁混凝土浇筑模板主要采用组合式定型模板，碗扣式脚手架支撑、预留孔处采用木模。主变运输洞底板混凝土浇筑模板主要采用组合小钢模立侧模及堵头模。边顶拱模板主要采用定型钢拱架以及组合式定型模板，碗扣式脚手架支撑，拉筋固定。

3）母线洞及出线竖井模板。母线道混凝土底板混凝土浇筑模板主要采用组合小钢模立侧模及堵头模。边顶拱模板主要采用定型钢拱架以及组合式定型模板，碗扣式脚手架支撑，拉筋固定。电缆上、下平洞和进人洞混凝土底板混凝土浇筑模板主要采用组合小钢模立侧模及堵头模。边顶拱模板主要采用定型钢拱架以及组合式定型模板，碗扣式脚手架支撑，拉筋固定。出线竖井井壁采用定型钢模，板梁、隔墙采用组合式定型模板，电梯井、电缆井内模采用爬模，碗扣钢管脚手架或普通钢管脚手架支撑，拉筋固定。

4）进厂交通洞。进场交通洞边顶拱混凝土采用钢模台车进行浇筑，交通洞与施工支洞交叉部位和工具间采用定型钢拱架进行浇筑，排水沟边墙混凝土采用小型钢模进行浇筑。进场交通洞边顶拱堵头模板采用 5 分板进行拼缝，转弯段拼模采用 3 分板外钉 3 层板，排水沟边墙和工具间，主要用小型钢模，局部 5 分板堵缝。

（5）混凝土温控。

1）温控要求。厂房最重要的部位包括蜗壳、锥管和肘管，温控要求各不相同。

蜗壳混凝土夏季施工时，混凝土浇筑温度不超过 20℃，混凝土最高温度不大于 43℃；冬季施工，在混凝土浇筑温度低于 18℃情况下，可以采用自然入仓的混凝土浇筑，混凝土最高温度不大于 41℃。

锥管、肘管部位夏季施工时混凝土浇筑温度不超过 20℃，混凝土最高温度不大于 45℃；冬季在混凝土浇筑温度低于 18℃情况下，可采用自然入仓的混凝土浇筑，混凝土最高温不大于 43℃。

2）温控措施按照设计提出的厂房混凝土温控技术要求，在施工过程中，将采取以下措施，以满足设计指标的要求：

A. 降低混凝土浇筑温度。降低混凝土出机口温度，特殊部位使用预冷混凝土；混凝土水平运输全部采用混凝土搅拌车，尽量减少混凝土暴晒时间，并定时用冷水冲洗车罐降温；尽量避免在高温季节和高温时段施工，夏季混凝土开始浇筑的时段尽可能选择在晚间低温时段进行浇筑。

B. 降低混凝土水化热温升。选用水化热低的普通硅酸盐水泥；在满足施工图纸要求的混凝土强度、耐久性和和易性的前提下，改善混凝土骨料级配，加优质的粉煤灰和外加剂以适当减少单位水泥用量；根据施工图纸所示的建筑物分缝、分块尺寸，在保证结构整体性的基础上，合理进行分缝，尽可能分层不分块；按照设计要求严格控制浇筑层（段）最大高度（长度）和间歇时间；为避免混凝土内部早期温升过高，尽量多浇筑三级配混凝土，少使用胶凝材料多的泵送混凝土和高流态混凝土。

C. 必要时，根据设计或监理工程师的指示要求在仓内采用布置冷却水管的方式通水进行混凝土内部降温。

G